MINISTÈRE DES TRAVAUX PUBLICS

DIRECTION DES ROUTES, DE LA NAVIGATION ET DES MINES

ÉTUDE

DES

MOYENS MÉCANIQUES ET ÉLECTRIQUES

DE TRACTION DES BATEAUX

COMPTE RENDU D'UNE MISSION

PAR

M. MAURICE LÉVY

MEMBRE DE L'INSTITUT, INSPECTEUR GÉNÉRAL DES PONTS ET CHAUSSÉES
PROFESSEUR AU COLLÈGE DE FRANCE ET À L'ÉCOLE CENTRALE DES ARTS ET MANUFACTURES

ET

M. G. PAVIE

INGÉNIEUR DES PONTS ET CHAUSSÉES

PREMIÈRE PARTIE

HALAGE FUNICULAIRE

TOME PREMIER

PARIS

IMPRIMERIE NATIONALE

M DCCC XCIV

663 — 32 - 94

ÉTUDE

DES

MOYENS MÉCANIQUES ET ÉLECTRIQUES

DE TRACTION DES BATEAUX

MINISTÈRE DES TRAVAUX PUBLICS

DIRECTION DES ROUTES, DE LA NAVIGATION ET DES MINES

ÉTUDE

DES

MOYENS MÉCANIQUES ET ÉLECTRIQUES

DE TRACTION DES BATEAUX

COMPTE RENDU D'UNE MISSION

PAR

M. MAURICE LÉVY

MEMBRE DE L'INSTITUT, INSPECTEUR GÉNÉRAL DES PONTS ET CHAUSSÉES
PROFESSEUR AU COLLÈGE DE FRANCE ET À L'ÉCOLE CENTRALE DES ARTS ET MANUFACTURES

ET

M. G. PAVIE

INGÉNIEUR DES PONTS ET CHAUSSÉES

PREMIÈRE PARTIE

HALAGE FUNICULAIRE

TOME PREMIER

PARIS

IMPRIMERIE NATIONALE

M DCCC XCIV

ÉTUDE

DES

MOYENS MÉCANIQUES ET ÉLECTRIQUES

DE TRACTION DES BATEAUX.

INTRODUCTION.

§ 1er. — Objet et nature des études.

L'exécution du programme de M. de Freycinet a transformé nos voies de navigation intérieure; mais, si l'on a beaucoup fait pour les améliorer et en étendre le réseau, on s'est fort peu occupé jusqu'à ces dernières années d'en assurer l'exploitation dans les conditions les plus avantageuses pour le commerce et l'industrie de notre pays.

Le halage à col d'hommes n'a pas disparu, le halage animal est resté la règle, la traction mécanique une exception limitée à quelques rivières et à un certain nombre de souterrains importants.

Justement préoccupé de cette situation, M. Loubet, Ministre des travaux publics, sur la proposition de M. le Conseiller d'État Guillain, Directeur des routes, de la navigation et des mines, demanda dans le courant de juillet 1887 à M. l'Ingénieur en chef Maurice Lévy d'étudier un système de traction mécanique applicable aux canaux et rivières canalisées assimilables aux canaux.

Le 30 décembre 1887, nous présentions le projet d'installation, sur la Marne et les canaux de Saint-Maur et de Saint-Maurice, d'un premier système de traction des bateaux par câble télédynamique imaginé par M. Maurice Lévy.

IMPRIMERIE NATIONALE.

Ce projet fut approuvé en principe par la décision ministérielle du 27 février 1888 ainsi conçue :

MINISTÈRE DES TRAVAUX PUBLICS.

DIRECTION DES ROUTES, DE LA NAVIGATION ET DES MINES.

DÉPARTEMENT DE LA SEINE.

Rivière de Marne et canaux Saint-Maur et Saint-Maurice.

Expérience d'un système de traction des bateaux par câble télédynamique.

DÉCISION.

Paris, le 27 février 1888.

Monsieur l'Ingénieur en chef, j'ai examiné le système que vous avez imaginé en vue de la traction des bateaux par câble télédynamique placé le long des voies navigables.

Dans votre rapport du 30 décembre 1887, l'idée générale de ce système est exposée de la manière suivante :

Un câble sans fin marche sur les rives, de façon que tout bateau montant ou descendant puisse à volonté s'y accrocher ou s'en détacher. Le brin montant est sur une rive, le brin descendant sur l'autre, afin que le croisement des bateaux se fasse sans difficulté. Le câble est supporté de distance en distance par des poulies à axe horizontal dites *poulies de support*, et aux changements de direction il est guidé dans les angles par d'autres poulies à axe vertical ou incliné que vous appelez des *poulies de direction*. Entre chaque poulie de support sont placées plusieurs poulies immédiatement supérieures au câble et dont l'objet est d'atténuer les oscillations horizontales.

Le câble est mû par une machine fixe placée près d'une écluse et actionnée soit par la chute de cette écluse, soit par la vapeur.

Vous avez présenté un projet en vue de l'expérimentation de ce système sur la Marne et les canaux Saint-Maur et Saint-Maurice entre le pont de Joinville et l'écluse de Charenton sur une longueur d'environ 5,200 mètres.

La machine motrice serait placée à l'écluse de Gravelle. Elle mettrait en mouvement quatre circuits de câble : le premier ayant son origine à environ 150 mètres en amont du pont de Joinville et aboutissant à l'entrée du souterrain de Saint-Maur; le second comprenant la traversée de ce souterrain; le troisième s'appliquant à la partie située entre la sortie du souterrain et l'écluse de Gravelle; enfin le quatrième allant de cette écluse à celle de Charenton.

La dépense totale est évaluée à 150,000 francs, dont 50,000 pour le trajet compris entre le pont de Joinville et l'écluse de Gravelle, et 100,000 francs pour celui compris entre l'écluse de Gravelle et l'écluse de Charenton.

Vous proposez de borner quant à présent l'installation de ce système au premier de ces trajets.

Vous commenceriez par établir le circuit allant de l'écluse de Gravelle à la sortie du souterrain sur une longueur de 500 mètres de voie environ, et ce n'est que quand ce circuit fonctionnerait parfaitement que vous exécuteriez le circuit du tunnel et celui de la rivière pour les faire marcher tous trois, commandés par le premier.

J'ai l'honneur de vous informer, Monsieur l'Ingénieur en chef, que j'approuve en principe l'institution des expériences proposées par vous.

Je vous autorise à entreprendre dès maintenant ces expériences pour la partie comprise entre le pont de Joinville et l'écluse de Gravelle, en suivant d'ailleurs l'ordre d'exécution ci-dessus rappelé.

Pour la première partie, c'est-à-dire celle qui s'étend de l'écluse de Gravelle à la sortie du souterrain, je vous autorise à procéder par voie de régie. Quant à la traversée du souterrain et au parcours en rivière, qui seront installés quand cette première partie aura fonctionné, ils devront faire l'objet de soumissions qui seront soumises à mon approbation et dont les prix seront établis en rapport avec les données de l'expérience.

Je vous autorise enfin à faire payer les frais de brevet de votre système sur le crédit qui sera mis à votre disposition; à prendre toutes les additions à ce brevet qui pourraient vous sembler utiles en cours d'expérience; le tout dans l'intérêt de l'État à qui vous déclarez abandonner gratuitement tous vos droits d'inventeur.

Je vous serai d'ailleurs très obligé de me faire tenir exactement au courant de la marche des expériences.

Ci-joint les pièces du projet que vous avez présenté, revêtues de mon visa.

Recevez, etc.

Le Ministre des travaux publics,
Signé : Émile Loubet.

M. Deluns-Montaud, Ministre des travaux publics, étendit la tâche confiée à M. l'Ingénieur en chef Maurice Lévy et le chargea à cet effet, par arrêté en date du 19 juin 1888 d'une mission spéciale dans les conditions ci-dessous indiquées :

MINISTÈRE
DES TRAVAUX PUBLICS.

—

DIRECTION
DU PERSONNEL, DU SECRÉTARIAT
ET DE LA COMPTABILITÉ.

Paris, le 19 juin 1888.

Monsieur l'Ingénieur en chef, j'ai l'honneur de vous informer qu'une mission spéciale a été instituée pour l'étude des moyens mécaniques ou électriques de halage des bateaux.

Cette mission sera placée sous votre direction et sera constituée comme suit :

M. Pavie, ingénieur ordinaire des ponts et chaussées, à Meaux;

M. Joly, conducteur des ponts et chaussées, attaché au service de la navigation de la Marne;

M. Vaudescal, conducteur des ponts et chaussées, attaché au service de la navigation de la Marne;

M. Elquinet, conducteur des ponts et chaussées, attaché au service de la navigation de la Marne.

Cette disposition aura son effet à dater du 16 juin 1888.

Recevez, etc.

Le Ministre des travaux publics,

Pour le Ministre et par autorisation,

Pour le Conseiller d'État,

Directeur du personnel, du secrétariat et de la comptabilité :

Le Chef de la 1re Division,

Signé : Nobécourt.

Nous avions donc, pour répondre complètement au programme tracé par l'Administration, à rechercher et à étudier les modes de traction mécanique ou électrique les plus immédiatement et les plus simplement applicables aux bateaux de navigation intérieure sur les canaux et les rivières canalisées assimilables aux canaux.

§ 2. — Considérations générales. Choix des meilleurs modes de traction.

Les moyens de traction actuellement appliqués sur les canaux et rivières canalisées assimilables aux canaux peuvent se distinguer en deux classes, suivant qu'ils se prêtent ou non à la marche des bateaux en convois.

La première comprend :

Le touage sur chaîne noyée;
Le remorquage par bateau à vapeur;
Le remorquage par locomotive circulant sur la rive.

Dans la deuxième, nous rangerons :

Le halage animal;
Les bateaux porteurs.

Ces divers modes de traction sont tous pratiquement employés; seul le remorquage par locomotive, installé sur les canaux de Neuffossé, d'Aire et de la Deûle, entre les Fontinettes et les environs de Douai, n'a pu résister à la concurrence du halage ordinaire.

Le halage par chevaux est le plus usité, notamment sur les canaux; le touage sur chaîne noyée n'est employé que dans des cas spéciaux, et le remorquage par bateau à vapeur n'est avantageux qu'en rivière où il est possible d'utiliser complètement la grande vitesse de marche qu'il comporte.

Avant d'aborder l'étude et la comparaison des divers systèmes de traction mécanique des bateaux, il convient de rechercher les circonstances dans lesquelles il y a intérêt à remplacer le halage ordinaire, sur les canaux et rivières assimilées, par un système mécanique, et les conditions auxquelles ce système doit nécessairement satisfaire.

Sur les canaux et sur les rivières canalisées où les écluses ne peuvent recevoir qu'un seul bateau, la marche par convois ne doit constituer qu'une exception.

D'abord elle n'est matériellement réalisable que sur les biefs d'une longueur suffisante et devient impossible sur les biefs courts comme ceux que l'on trouve ordinairement aux abords des biefs de partage.

D'ailleurs fût-elle exceptionnellement possible qu'il faudrait, le plus souvent, la bannir comme très onéreuse.

Chaque voie de circulation a ses faiblesses. La faiblesse des canaux et des rivières assimilables aux canaux réside dans leurs écluses et la faible vitesse qu'il est pratiquement possible d'y développer.

Une faiblesse des chemins de fer gît précisément dans la nécessité où l'on est de les exploiter par convois. C'est cette nécessité qui, par les stationnements qu'elle impose aux marchandises, oblige les compagnies de chemins de fer à demander des délais de cinq à six jours pour des transports qui, en raison de la vitesse de marche, exigeraient à peine vingt-quatre heures.

Exploiter les canaux par convois serait donc ajouter à leurs propres faiblesses une des faiblesses des chemins de fer, singulièrement aggravée par la capacité des bateaux, dont le tonnage est sensiblement équivalent à celui d'un train de marchandises.

Il faut au contraire que, sur un canal, tout bateau chargé puisse partir aussitôt, sans avoir à attendre la formation et le départ d'un convoi; il faut qu'il puisse s'arrêter quand et comme il veut pour décharger ou reprendre du fret et repartir dès qu'il est prêt. Il faut, autant que possible, arriver à ce qu'il puisse marcher avec la même sécurité la nuit que le jour; il faut supprimer les relais, les stations en route, les discussions et les rixes entre mariniers et charretiers de halage; abréger les passages aux écluses, s'arranger pour que les traversées des souterrains ou autres passages étroits se fassent sans encombre; il faut, en un mot, sur les canaux où pas plus dans l'avenir que dans le présent on ne pourra compter sur la vitesse, tout attendre de l'ordre et de la continuité dans la marche.

C'est par là seulement que tout en conservant à la navigation intérieure l'économie qui est sa raison d'être, on la mettra à même de faire un gros trafic et, malgré une faible vitesse de marche, de rendre les marchandises à destination dans des délais souvent comparables à ceux que sont obligées d'exiger les compagnies de chemins de fer elles-mêmes.

La marche par convois étant ainsi écartée en principe, le remorquage sous toutes ses formes ne peut lui-même constituer qu'une exception. Comme il en est de même des porteurs, en ce qu'ils ne s'appliquent qu'à des marchandises de prix et ne peuvent le plus souvent développer toute la vitesse dont ils sont susceptibles, on voit qu'en définitive, comme mode général et universel de traction sur les canaux, il ne reste véritablement que le halage. Et c'est là le secret de la vitalité de cet instrument primitif devant lequel la mécanique, qui a renversé et renouvelé tant de choses, a dû jusqu'ici s'incliner.

Il faut ajouter que tous les canaux du monde ont été créés en vue du halage. Il y a donc peu de probabilités pour qu'il décline.

Il y en a peut-être un peu pour qu'il progresse. C'est donc à l'améliorer, à le rendre mécanique si cela est possible et économique, que doivent tendre tous les efforts.

De tous les systèmes mécaniques, la traction par câble télédynamique qui n'impose aux bateaux aucun appareil spécial et aucune attente, soit au départ, soit en route, et qui, tout en étant instituée comme le halage ordinaire pour la marche par bateaux séparés, se prête pourtant aussi, lorsque des circonstances passagères l'exigent, à leur rassemblement en convois, semble donc *a priori* celui qui répond le mieux au but poursuivi; c'était donc le premier qu'il convenait d'étudier.

Le succès a répondu à nos efforts; nous commencerons donc par rendre compte des recherches et des expériences qui ont précédé, et des résultats qu'a consacrés l'installation d'un système de traction par câble télédynamique sur les canaux de Saint-Maurice et de Saint-Maur.

Ce système, imaginé par M. Maurice Lévy, a reçu le nom de *halage funiculaire* qui en caractérise à la fois le principe et les qualités et n'a jamais été employé avant nous.

Mais un système de traction mécanique, si simple et si robuste qu'il soit, entraîne par la nature même des choses des dépenses de premier établissement et des frais d'entretien qui peuvent être hors de proportion avec le trafic de la voie navigable qu'il s'agit de desservir. L'installation de ce système n'est donc industriellement et par suite raisonnablement possible que sur une partie du réseau la plus riche et la plus fréquentée. Nous avons pensé que, pour répondre complètement au programme qui nous était tracé par l'Administration, il convenait de rechercher également une solution applicable à toutes les voies, quelles qu'en soient l'importance et la fréquentation.

Les conditions dans lesquelles se pose le problème en limitent singulièrement la solution qui ne peut évidemment admettre aucune installation à demeure remplaçant le halage.

On est donc ainsi naturellement conduit à se proposer non plus de haler par un moyen quelconque tous les bateaux qui se présentent pour parcourir une voie navigable, mais bien de mettre chacun d'eux en mesure de la franchir grâce à un appareil facile à installer à bord et qui le transforme temporairement en un véritable bateau porteur.

C'est ce que M. Maurice Lévy a cherché à réaliser en utilisant les forces électriques dans un appareil qui n'a pas encore été expérimenté, mais sur lequel nous nous proposons d'entreprendre des expériences aujourd'hui que celles relatives au halage funiculaire sont terminées.

La description de ce système et le compte rendu des essais auxquels il aura donné lieu formeront la seconde partie de cette étude dont la première partie est consacrée au *halage funiculaire*.

PREMIÈRE PARTIE.

HALAGE FUNICULAIRE.

PREMIÈRE SECTION.

HISTORIQUE.

CHAPITRE PREMIER.

RECHERCHES ANTÉRIEURES.

§ 3. — Première idée du halage funiculaire.

L'idée première du halage funiculaire, c'est-à-dire l'idée de traîner les bateaux par un câble sans fin mû par une machine fixe et roulant sur des galets ou poulies établies sur les rives d'une voie navigable, constitue une des multiples applications du câble télédynamique de Ferdinand Hirn.

Cette idée n'appartient à personne, et ceux-là seuls ont quelque mérite qui ont triomphé des nombreuses difficultés que présente son application. . . . .

Beaucoup l'ont tenté, mais quelques-uns seulement avec une compréhension exacte des conditions fondamentales auxquelles doit nécessairement satisfaire une solution de ce difficile problème.

La reproduction des projets que les différents inventeurs ont successivement fait breveter et un compte rendu sommaire de leurs essais, quand leur invention a été portée sur le terrain, auront l'avantage de montrer l'intérêt qui s'attache à cette étude et les difficultés qu'elle présentait.

§ 4. — Brevets de MM. Troll et Mercier.

Le 12 novembre 1862, MM. Troll et Mercier, de Lyon, prenaient le premier brevet que nous connaissions, pour l'*emploi au remorquage sur les voies navigables de moteurs fixes agissant sur câbles sans fin*, puis un brevet d'addition à la date du 20 juin 1863.

Nous donnons ci-après la copie de ces deux pièces :

BREVET 56211, du 12 novembre 1862. — MM. TROLL et MERCIER.

BREVET POUR L'EMPLOI AU REMORQUAGE SUR LES VOIES NAVIGABLES DE MOTEURS FIXES AGISSANT SUR CÂBLE SANS FIN.

Ce système offre, sur les modes de traction ou de propulsion employés jusqu'à présent, les avantages suivants :

1° Substitution d'un moteur fixe aux chevaux ou aux machines sur bateaux et, en conséquence, réduction, dans des proportions connues de tous, du travail mécanique nécessaire au mouvement en avant.

2° Suppression des vagues occasionnées dans les canaux par les propulseurs installés sur les bateaux, de quelque nature qu'ils soient et, par suite, des dégradations constamment occasionnées aux berges de ces canaux. (Économie, dans le cas des canaux, de toute la différence existant entre le travail mécanique et le tirage des chevaux.)

3° Différence notable, en notre faveur, avec les bateaux à vapeur, des frais de premier établissement, d'un matériel nécessaire pour un tonnage, une vitesse et un chemin parcouru égaux dans les deux cas.

4° Moyen facultatif de donner aux marchandises transportées sur les canaux une vitesse moyenne égale et même supérieure à celle de la petite vitesse en chemin de fer, tout en conservant une économie de moitié sur cette voie coûteuse, et une différence encore notable sur la navigation ordinaire des rivières et des canaux.....

5° Remplacement des chaînes immergées de touage, mode de traction dont les inconvénients et même les dangers sont aujourd'hui reconnus...............

....

Description générale. — Ce système se compose essentiellement de poulies placées et espacées suivant les besoins du service, et autant que possible fixées aux points d'arrêt des bateaux, commandées par un moteur quelconque (ordinairement par une machine à vapeur) qui leur communique le mouvement, soit directement, soit à l'aide de cordes ou de courroies et de poulies de renvoi et d'un câble sans fin, de nature quelconque, entraîné par les poulies dont nous venons de parler, avec une vitesse proportionnée aux besoins du service et au courant de l'eau, dans le cas où il est nécessaire d'en tenir compte; il est soutenu, à distances convenables, par des poulies dont la forme peut varier, mais qui doivent permettre à l'amarre, fixée en un point quelconque du câble sans fin, et reliant celui-ci au bateau, de passer sans difficulté sur leur circonférence.

Poulies motrices. — Examinant plus particulièrement les poulies motrices *a*, *a'* (pl. I et II), nous verrons qu'elles sont placées indifféremment dans le sens horizontal ou dans le sens vertical, à gorge simple ou légèrement coniques, munies de guides mobiles pour diriger l'enroulement du câble et de petites poulies de renvoi pour conduire ce câble dans des projections convenables b, b' (pl. II). Les poulies motrices pourront être placées au-dessus du canal ou du cours d'eau à desservir, ou en être à quelque distance, selon les circonstances. Le moteur qui leur communique le mouvement pourra aussi bien être placé sur une charpente (pl. III) (dans ce cas commune aux poulies), au-dessus du cours d'eau, que se trouver sur le côté, et alors commander la marche directement au moyen de manivelles, ou indirectement au moyen du câble lui-même prolongé et renvoyé dans des directions convenables, ou de tout autre moyen mécanique connu.

Ces poulies motrices peuvent enfin avoir un mouvement circulaire continu ou un mouvement circulaire alternatif.

Câble. — Selon les circonstances, l'activité du service, le plus ou moins de régularité du parcours et le tonnage des parties desservies, le câble f, f (pl. I, II, III, IV, V) aura un seul brin de dimensions convenables, ou même deux brins. Dans le premier cas, il s'enroulera normalement sur les poulies motrices verticales ou horizontales. Dans le second cas, si les deux brins sont placés au-dessus l'un de l'autre, il s'enroulera normalement sur une poulie à axe vertical, et après redressement sur une poulie à axe horizontal; tandis que dans le cas où les deux brins seront placés dans le même plan horizontal (pl. V, fig. 1), il s'enroulera normalement sur une poulie à axe horizontal, et après redressement sur une poulie à axe vertical.

Dans l'un et l'autre cas, ce câble double devra être entretoisé, et à ces entretoises pourront être attachées les amarres qui relieront les bateaux aux câbles sans fin.

Poulies de support pour câble à un seul brin. — Si le câble est à un seul brin, et dans ce cas, comme dans celui où il y en aurait deux, le diamètre en sera déterminé en raison de la charge maximum à entraîner et en raison de sa nature, on emploiera l'un des systèmes de poulies de support indiquées (pl. IV, fig. 1, et pl. V, fig. 2).

Pl. IV, fig. 1.

c, c. Pièce du chevalet destiné à supporter l'ensemble des poulies et des câbles.

d, d. Bâti en fonte des poulies.

n, n. Poulies à une seule joue, accouplées deux à deux et placées de sorte à maintenir entre les joues le câble dans une position invariable. Ces poulies sont accoudées au bord dégarni de joues afin que l'amarre du bateau i glisse sur cette face sans accrocher. Cet effet serait produit en cas de parallélisme parfait entre le câble, l'amarre et l'axe du bateau, dans la projection verticale par un léger mouvement du gouvernail portant le bateau, et par conséquent faisant tirer l'amarre du côté nu de la poulie.

o, o. Disque denté horizontal, supportant par précaution le câble de traction et mobile sur son axe. Ce disque tournera à la manière d'un engrenage, quand ses dents seront successivement rencontrées par l'amarre i.

Les poulies de la planche IV, fig. 1, sont celles indiquées dans les plans d'ensemble (pl. I, II, III); mais elles pourront être remplacées par l'une des dispositions suivantes :

Pl. IV, fig. 2.

c, *c*. Pièce du chevalet destinée à supporter l'ensemble des poulies et des câbles.

p, *p*. Bâti supportant les poulies.

q, *q*. Poulies dentées tournant sur un axe vertical, à la façon du plateau *o* (pl. IV, fig. 1); les dents de ces poulies sont tracées à la manière des engrenages, et à telles distances que le câble de traction soit toujours soutenu, quoique l'amarre poussant successivement les dents trouve son passage entre elles.

Pl. V, fig. 2.

c, *c*. Pièce du chevalet de support.

t, *t*. Bâti supportant la poulie.

u. Poulie à gorge ordinaire.

i'. Support soudé et articulé évitant la gorge de la poulie, et auquel vient se fixer l'amarre.

Poulies de support pour câbles à deux brins. — Dans le cas où l'on emploierait deux brins placés dans un plan horizontal, ils seraient disposés et supportés de la manière indiquée (pl. V, fig. 1).

Pl. V, fig. 1.

c, *c*. Pièce du chevalet de support.

r, *r*. Bâti supportant les poulies.

s, *s*. Poulie à gorge, l'une des joues adoucie.

f'. Entretoise.

i. Amarre.

Chevalets de support. — Dans le cas enfin où l'on emploierait deux brins placés dans un plan vertical, ces brins seraient entretoisés, les poulies *s*, *s* (pl. V, fig. 1) seraient placées au-dessus l'une de l'autre, au lieu de l'être à côté, et l'entretoise *f'* aurait une courbure un peu plus prononcée.

Quel que soit le genre de poulies employées, il est nécessaire de les suspendre au-dessus du cours de l'eau, ainsi que le bâti qui les supportera, soit au moyen d'un chevalet de la forme de celui indiqué (pl. I, II, III), soit à l'intrados des voûtes de ponts ou à leurs tabliers, soit enfin à une charpente isolée, quand la largeur du cours d'eau ne permettra pas d'en réunir les deux rives. La forme que nous avons dessinée à ces chevalets permet enfin de ne gêner en rien la navigation ordinaire, puisque nous avons conservé sur chaque berge un chemin de halage en dehors duquel seulement sont assujettis nos supports, et que les poulies seront placées au moins à la hauteur de l'intrados des voûtes de ponts sur les différents cours d'eau.

Enfin, le système complet de poulies motrices et de câbles sera renouvelé autant de fois que le demanderont la longueur de la ligne à desservir et les besoins du service.

Brevet d'addition au brevet d'invention du 12 novembre 1862, n° 56211.

Les poulies de suspension du câble sans fin décrites au brevet supposaient la construction des charpentes en forme de chevalets traversant le canal à une certaine hauteur et destinées à les soutenir.

Afin d'éviter, dans certains cas, la construction coûteuse et de sujétion de ces charpentes, nous substituerons aux poulies déjà brevetées celles représentées (pl. VI, fig. 2 et 3), qui seront placées au sommet de poteaux fixés eux-mêmes sur les bords du canal, ainsi que la figure 1 (pl. VI) l'indique.

Cette poulie tourne sur un axe horizontal et permet à la pince de serrage dont il sera parlé ci-après de passer sur sa circonférence sans s'engager ni engager l'amarre à laquelle elle est fixée dans une gorge qui serait de forme ordinaire; aussi le dessin de la poulie indique-t-il que la zone placée du côté de la traction au lieu d'être pleine est remplacée par un nombre convenable de dents, laissant entre elles un intervalle suffisant pour que la pince et l'amarre passent sans difficultés.

Il est nécessaire de compléter cette disposition en reliant l'amarre qui entraîne le bateau au câble sans fin, générateur du mouvement, non par un nœud ordinaire, mais par un appareil mécanique conçu de telle sorte que ses parties se présentassent dans un plan perpendiculaire au plan de rotation de la poulie, afin d'éviter l'obliquité résultant de la première hypothèse.

Dans ce but est créée la pince de serrage (pl. VII, fig. 1 et 2).

La disposition importante de cet appareil consiste dans une espèce de lanterne dont le mouvement en avant ou en arrière desserre ou serre les mâchoires *b*, *b* qui embrassent le câble d'autant plus fortement que la lanterne *c*, *c* avance davantage dans le sens indiqué par les flèches placées sur l'axe de la figure 1.

On conçoit donc que si l'amarre reliant cette pince au bateau qu'il s'agit d'entraîner est doublée, la pince serrera d'autant plus que le brin attaché en *q* et renvoyé dans la direction convenable par un galet tirera davantage, tandis que le contraire aura lieu si c'est le brin attaché en *f* qui porte, cas auquel on obtiendra l'arrêt, car les mâchoires *b*, *b* desserrées laisseront filer le câble sans fin sans prendre part à son mouvement.

Cette pince de serrage est également applicable dans le cas où l'on emploierait les poulies figurées au brevet principal (pl. IV, fig. 2), que ces poulies soient placées horizontalement ou inclinées à l'horizon.

Les brevets de MM. Troll et Mercier n'ont jamais été portés sur le terrain, ils sont restés à l'état de projet sur le papier; ils n'en constituent pas moins une conception neuve et d'autant plus hardie pour l'époque où ils l'ont eue, qu'il n'était pas encore question alors de chemin de fer funiculaire.

Le problème des chemins de fer funiculaire, attaqué postérieurement à celui du halage funiculaire, a été résolu bien avant. Cela tient à ce qu'il est beaucoup plus facile.

§ 5. — Brevet de M. Malézieux.

Sept ans plus tard, le 17 juillet 1869, M. Malézieux, de Saint-Quentin, prenait de son côté le brevet ci-après relatif à un *système de halage par câble métallique sans fin, mû par la vapeur.*

Brevet 86087, du 1er juillet 1869. — M. Malézieux.

SYSTÈME DE HALAGE PAR CÂBLE MÉTALLIQUE SANS FIN, MÛ PAR LA VAPEUR.

(Planche VIII.)

Ce système de halage consiste à employer pour le halage des bateaux dans les canaux et les rivières le câble métallique sans fin inventé en Angleterre par M. Hogdson pour le transport des matériaux.

Jusqu'à ce jour, le câble de M. Hogdson n'a été appliqué qu'au transport des matériaux sur une seule ligne de poteaux soutenant le câble.

L'invention de cet ingénieur consiste à faire circuler un câble métallique sans fin sur des poulies fixées à des poteaux et à suspendre à ce câble, de distance en distance, des boîtes pour recevoir des matériaux, ce qui forme une espèce de chaîne à godets horizontale mise en mouvement par une machine à vapeur.

Le mérite de mon invention est d'appliquer le câble métallique au halage des bateaux, en disposant des poteaux sur chaque digue ou chaque rive de la voie navigable, de façon que les bateaux puissent se croiser et marcher simultanément à la remonte et à la descente, étant attachés sur le même câble.

Les poulies, devant opposer résistance à la traction du bateau, sont posées horizontalement sur ou contre les poteaux, et la corde ou chaîne pendante, à laquelle le bateau doit être amarré, passe par-dessus la poulie au moyen d'un emboîtement creux qui empoigne la poulie au moment du passage et permet l'échappement de la corde qui conduit le bateau.

Sur cette corde métallique, je mets des cordes ou chaînes pendantes, espacées suivant les besoins de la navigation, qui permettent au batelier d'accrocher son bateau suivant sa volonté.

En un mot, le câble métallique Hogdson, par l'application que j'en fais et par suite des modifications que j'y apporte, devient un moteur continu, auquel peuvent s'accrocher à volonté tous les bateliers, en faisant suivre aux bateaux une rive pour la remonte et une pour la descente.

Ce système, d'après le dire du fils de l'inventeur, a été expérimenté en 1870 dans les fossés de Maubeuge; mais les nécessités de la guerre, en amenant la destruction des appareils, arrêtèrent le succès naissant de cette épreuve qui n'a pas été renouvelée.

§ 6. — Brevet de M. Millerand.

Le 29 juillet 1869, M. Millerand prenait le brevet ci-après :

Brevet 86378, du 29 juillet 1869. — M. Millerand.

SYSTÈME DE HALAGE À APPLIQUER SUR LES RIVES DES CANAUX ET RIVIÈRES.

(Planche IX.)

Ce système consiste à établir un câble métallique sans fin supporté par des poteaux placés sur chaque digue à tous les 50 mètres.

Ce câble qui est un moteur continu, auquel tous les bateaux peuvent s'accrocher, est mû par une machine à vapeur établie en amont de chaque bief, ou de plusieurs biefs, suivant les besoins de la navigation.

Cette machine fait mouvoir une poulie qui entraîne le câble horizontalement et lui fait suivre les deux digues, l'une en montant, l'autre en descendant, de façon que les bateaux puissent se croiser sans difficulté, comme l'indique le dessin.

Sur ce câble sont fixées des attaches qui permettent au batelier de s'accrocher au moteur et de se décrocher, quand il lui plaît, au moyen d'un crochet à déclic.

Les poteaux qui soutiennent les poulies et le câble sont posés sur le bord intérieur de la digue, à 0 m. 50 de terre, pour tout le parcours que le bateau peut faire avec son mât levé, de façon que la corde du mât s'échappe par-dessus les poulies, ainsi qu'il sera décrit ci-après.

Quand le mât est baissé, et lorsque l'angle de traction se fait au-dessous des poulies, c'est le contraire qui a lieu : l'échappement de la corde du bateau se fait au-dessous des poulies qui doivent être, dans ce cas, suspendues à des poteaux d'une plus grande hauteur.

Le passage de la corde qui tire le bateau se fait au moyen de trois poulies A′, B′, C′ (planche IX).

La poulie A′ est horizontale, les poulies B′, C′ sont verticales.

Le câble forme une tangente au diamètre de ces trois poulies : la poulie B′ le supporte, la poulie A′ maintient le câble dans le sens de la résistance occasionnée par le bateau, et comme la corde attachée au mât cherche par sa tension à faire sortir le câble de sa gorge, la poulie C′, qui est une poulie de rappel sans gorge, force le câble à se maintenir et laisse échapper en dessous la corde attachée au mât du bateau.

Lorsque le câble métallique est bien tendu, on peut même supprimer la poulie horizontale et se contenter des poulies B′, C′, l'une engrenant en dessus et l'autre en dessous ; mais si le câble a du mou, il peut s'échapper de la poulie, ce qui ne peut avoir lieu avec la poulie horizontale.

§ 7. — Brevet de M. Rigoni.

Après une nouvelle période de treize années, on trouve le brevet suivant d'un ingénieur italien, M. Rigoni.

Brevet 151248, du 22 septembre 1882. — M. Rigoni.

TRACTION MÉCANIQUE DES BATEAUX DANS LES CANAUX NAVIGABLES.
SYSTÈME À *CÂBLE MARCHEUR*.

Ce système de traction consiste dans un câble sans fin ABCDEF (pl. X, fig. 1) animé d'un mouvement continu le long des berges du canal; plusieurs sections de ces câbles continus se succèdent pour occuper toute la longueur de la voie à servir. Le mouvement est imprimé aux câbles par des machines (pl. X, fig. 1) fixes près du bord du canal. Chaque machine ou moteur donne le mouvement à deux sections consécutives, dans la direction indiquée par les flèches rouges, par l'intermédiaire des deux poulies à pinces P et P (marquées sur la figure avec un petit cercle noir plein) de telle façon, dans le cas que la longueur d'une section soit de 4 kilomètres, que chaque moteur assure la traction des bateaux sur 8 kilomètres de longueur.

Les bateaux à entraîner, comme *a* et *b* (pl. X, fig. 1), s'accrochent au câble marcheur au moyen d'une pince spéciale à mâchoires embrassant ce câble (pl. XII), marchent avec la vitesse du même et, au bout de chaque section, se décrochent pour se raccrocher immédiatement dans la section suivante sans aucune suspension de marche.

Le câble est supporté par des galets spéciaux (pl. X, fig. 4), et dirigé par des poulies de renvoi à gorge *r*, *r* (pl. X, fig. 1) et de courbe *c*, *c* (pl. X, fig. 1, et pl. XI, fig. 2 et 3). Aux deux extrémités du parcours de chaque section, le câble traverse le canal pour se rendre à la berge opposée ou bien passant dans une conduite établie sous le plafond (pl. X, fig. 3) ou bien dans une charpente en forme de pont (pl. X, fig. 2); la direction en est guidée dans les deux cas au moyen de poulies verticales *v*, *v*, aménagées comme on le voit dans les plans.

Le câble étant sujet à des variations de longueur, par suite de la température, un tendeur quelconque QQ gouverne les poulies de renvoi *r*, *r*, qui sont montées pour cela sur une charpente mobile dans une coulisse. Les galets de support sont des poulies à gorge (pl. X, fig. 4) aménagées sur des paliers graisseurs; à la partie supérieure se trouve un cliquet X détaillé (pl. XI, fig. 1), lequel peut tourner sur l'axe P, seulement dans la direction de la flèche et jusqu'à prendre la position *mnop* en suite d'un effort produit par le passage de la pince entraînée par le câble, laquelle traverse entre la lèvre de la gorge et le cliquet sans produire le dégagement du câble susdit; après le passage, la pièce élastique E (en caoutchouc ou ressort) repousse le cliquet à sa place primitive.

Les poulies de courbes sont de deux espèces : dans les courbes concaves sert un tambour (pl. XI, fig. 2) avec la surface supérieure *f*, poulie sur laquelle glisse la corde d'accrochement, avec une gorge spéciale G pour tenir le câble et laisser libre le passage de la pince sans en produire le dégagement, et avec un cliquet X analogue à celui des galets de support, le tambour tourne sur un pivot P. Dans les courbes convexes, on emploie une large poulie, de la forme indiquée dans la figure 3, apte à tenir le câble toujours dans son milieu.

La pince d'accrochement (pl. XII) se compose de deux mâchoires *a*, *b* qui embrassent le câble comme il est détaillé dans les figures 2 et 3, s'appuyant dans la partie postérieure sur un petit gonflement *g* (fig. 1 et 2) du même câble. Les deux mâchoires se ferment ou s'ouvrent, tournant sur l'axe *m* (fig. 1 et 3) selon que la pièce *x* guidée par le levier *l* prend les deux bras *o*, *p* ou se retire dans la cavité Q, dans laquelle se trouve un ressort qui pousse toujours la pièce vers le bras O quand le levier est laissé libre. Contre le levier est aménagé un butoir *y* pour ouvrir automatiquement la pince au premier obstacle imprévu et même aux extrémités des sections du câble marcheur contre un arrêt convenablement préparé.

Les bateliers peuvent en tout temps et à volonté, sans quitter le bord, produire le décrochement au moyen d'une corde agissant sur le levier *l*. La pince est munie d'un appareil dynamométrique qui sert à mesurer l'effort de traction et produit le déclenchement automatique des bateaux dans le cas où un accident, tel qu'un échouage survenant aux bateaux, produirait un effort de traction extraordinaire. L'appareil se compose d'une pièce cylindrique E (fig. 1 et 4) élastique (caoutchouc ou ressort), laquelle se raccourcit par suite de la compression due à l'effort de traction et fait fonctionner l'échappement F, alors que la limite de tension assignée aux différents types de bateaux serait dépassée; dans ce cas les deux mâchoires *c*, *d* jointes à charnière en *e* avec la chaîne *f* d'union à la pince s'ouvriront et le bateau sera séparé du câble marcheur.

En résumé, l'invention consiste dans l'emploi d'une série de câbles continus qui marchent successivement au long des bords d'un canal, mis en mouvement par des moteurs fixes et entraînant les bateaux avec une vitesse considérable; employant aussi des galets de supports, tambours directeurs et appareils d'accrochement tout à fait nouveaux.

§ 8.— Notice sur le système de traction des bateaux par câble marcheur de M. l'ingénieur Rigoni.

Le système de M. Rigoni a été expérimenté une première fois en 1882, en Belgique, sur le canal de jonction de la Meuse à l'Escaut.

Sur cette première épreuve, on trouve les détails suivants dans une notice de M. Schryver en date du 30 juin 1885 ci-après reproduite :

Description du câble marcheur. — Le système de traction mécanique imaginé par M. l'ingénieur Rigoni pour le halage des bateaux dans les canaux est basé sur l'établissement d'un câble animé d'un mouvement continu auquel les bateaux peuvent s'amarrer à volonté et se faire remorquer dans les deux sens.

Dans ses parties essentielles, le système comporte un câble sans fin en acier, de 20 millimètres de diamètre, établi le long des berges du canal, supporté et dirigé,

IMPRIMERIE NATIONALE.

de distance en distance, par des galets ou poulies, et mis en mouvement par des machines fixes établies à des endroits déterminés sur les digues.

Machines. — Chaque machine met en mouvement deux sections de câble s'étendant sur 3 ou 4 kilomètres de longueur. Les machines seront ainsi distancées entre elles de 6 à 8 kilomètres. La force de ces machines est déterminée par l'importance du trafic et par les conditions dans lesquelles se trouve le canal au point de vue de la section fluide et du mouvement de l'eau.

Dans le cas où l'on disposerait, à proximité du canal, de forces hydrauliques, on pourrait employer comme moteur des turbines ou d'autres machines de l'espèce. Si l'on ne dispose pas de ces forces naturelles, on a recours à l'emploi de machines à vapeur à réglage automatique, permettant de maintenir une vitesse constante malgré la variation des efforts qui se présentent. M. Rigoni préconise dans ce but les machines à détente Mayer dans lesquelles un coin guidé par le régulateur modifie, d'une manière très convenable, la course des chapelles de détente.

Les machines sont demi-fixes de manière à pouvoir être facilement montées sur des fondations peu compliquées. Le cylindre est placé en dessous de la chaudière, de manière à présenter les meilleures conditions statiques.

Pour obtenir un service régulier sur un canal ordinaire, sans courant sensible avec un trafic de 500,000 tonnes par an, il faudra des machines à vapeur de 20 chevaux de force.

La transmission du mouvement au câble pourrait se faire au moyen de tambours d'entraînement par frottement, mais il est préférable, pour la durée du câble, d'employer des poulies analogues à celles dites *Fowler* et qui sont munies de pinces mobiles.

Chaque machine comporte deux poulies motrices parallèles, une pour la section du câble marcheur qui se trouve à droite de la machine, et la seconde pour la section qui se trouve à gauche. Les arbres des poulies sont mis en communication avec le moteur au moyen d'un embrayage à friction qui peut mettre en mouvement une seule poulie ou les deux à la fois, selon la nécessité. La disposition adoptée permet aussi de laisser tourner folle la poulie qui, par un dérangement quelconque survenu au câble, présenterait une résistance dépassant la limite fixée.

Dispositions et supports du câble. — Les bateaux à traîner s'accrochent au câble marcheur au moyen d'une attache spéciale, et sont entraînés par le câble avec la même vitesse que celui-ci. Cette vitesse est déterminée d'après les circonstances locales. Arrivés au bout d'une section, les bateaux se décrochent pour se raccrocher immédiatement à la section de câble suivante, et cette manœuvre s'opère sans arrêter la marche, et même sans la ralentir sensiblement.

Dans les alignements droits, les galets ou poulies de support sont établis suivant un plan vertical, et dans les parties courbes ils sont inclinés à raison de l'angle que forme le polygone décrit par le câble.

La ligne suivie par le câble doit être, autant que possible, établie le plus près possible du bord de l'eau, afin de permettre au batelier un accès facile pour s'attacher.

En général, les galets de support sont fixés sur des pieux battus au pied des berges, et la ligne du câble se trouve à 1 mètre environ au-dessus du niveau de la flottaison normale.

Dans les ports ou autres endroits où les bateaux ont l'habitude de stationner, la ligne s'élève à 4 ou 5 mètres au-dessus de la flottaison, et les galets sont suspendus au delà du chemin de halage. Dans les souterrains, les galets sont fixés contre les parois.

Le diamètre le plus convenable pour les galets de support est de 0 m. 40 environ, mesuré sur le fond de la gorge.

Les galets sont montés sur antimoine coulé sur place afin d'éviter l'emploi de coussinets de report, et le graissage se fait à la graisse minérale comprimée automatiquement au moyen d'un contrepoids. L'arbre des galets n'est pas symétrique. De cette manière, le point d'appui antérieur est suffisamment écarté du centre, et la résultante des efforts qui agissent sur le câble au moment du passage d'une attache passe assez près de ce point d'appui. La forme de la gorge est déterminée de façon que la stabilité du câble est assurée à chaque instant sans nécessiter l'emploi d'aucun appareil de garde empêchant le câble de sortir de la poulie.

Les poulies d'angle ont des diamètres supérieurs à ceux des galets. Le type adopté dans les courbes concaves porte une gorge large et profonde dont la lèvre supérieure épouse à peu près le vide de la rainure longitudinale de la pince. La poulie est en partie masquée par un guide qui complète le support et facilite en même temps le passage régulier de la pince et de son amarre au-dessus de la poulie même.

Il est à remarquer que l'inclinaison des axes des poulies étant déterminée par l'angle formé par les deux brins du câble et par la tension de celui-ci, tension qui est variable, entre certaines limites, d'après le nombre de bateaux accrochés, il eût fallu aménager les poulies de façon à pouvoir modifier automatiquement leur inclinaison sur l'horizon. On serait arrivé à cette disposition en employant un support à charnière équilibré par des contrepoids; mais, dans ce cas, la mobilité de l'appareil aurait facilité les vibrations du câble, ce qu'il importe surtout d'éviter autant que possible. Pour ce motif, M. Rigoni a préféré donner aux poulies d'angle une inclinaison fixe correspondant à la tension moyenne du câble.

Le câble étant sans fin traverse le canal à chacune des extrémités d'une section. Cette traversée peut se faire au moyen d'une conduite établie sous le plafond du canal, ou bien au moyen d'un passage supérieur établi à plusieurs mètres au-dessus du niveau de la flottaison. Des grandes poulies de renvoi donnent au câble les inflexions voulues pour pouvoir effectuer convenablement les traversées.

Tendeur. — Par suite des variations de température, le câble s'allonge et se raccourcit; les mouvements qui en résultent sont lents et on peut les annihiler au moyen d'un tendeur à contrepoids. Ce tendeur est constitué dans le système Rigoni par une poulie de renvoi montée sur un chariot mobile sur des rails. Ce chariot est sollicité d'un côté par la tension du câble qui agit sur la poulie de renvoi, et de l'autre côté par des contrepoids retenus par une chaîne et plongeant dans un puits.

Les mouvements parfois fort brusques qui résultent des variations de tension qu'éprouve le câble lorsque des bateaux viennent s'accrocher ou se décrocher sont réglés par un frein hydraulique appliqué à la roue qui conduit la chaîne du contrepoids du tendeur. Cette roue est constituée par une poulie à double gorge avec empreintes pour chaîne à maillons calibrés. Sur l'axe de cette poulie est calée une manivelle agissant par l'intermédiaire d'une bielle sur un piston plongeant dans un cylindre fermé et rempli d'eau. Un léger jeu est ménagé entre le contour du piston et les parois du cylindre, de façon qu'une certaine quantité d'eau puisse passer, quoique avec difficulté, au-dessus et au-dessous du piston. Quand un mouvement brusque du chariot oblige la roue à tourner, le mouvement de celle-ci est aussitôt modéré par le piston qui plonge dans le cylindre et rencontre la résistance de l'eau. Cette résistance étant en raison directe du cube de la vitesse avec laquelle le piston se déplace, on comprend que tous les mouvements se font avec douceur et que les contrepoids agissent toujours avec toute leur action.

Pince. — M. Rigoni a imaginé divers systèmes de pinces pour l'accrochage des bateaux au câble marcheur. On peut les classer en deux groupes différents : le premier groupe comprenant les appareils qui embrassent simplement le câble marcheur sans le serrer et qui s'appuient contre des arrêts fixés au câble, de distance en distance; et le second, des appareils serrant le câble d'après la volonté du batelier sans avoir besoin d'aucun appui pour rester fixés au câble.

Un type de pince du premier groupe était constitué par deux mâchoires s'ouvrant en forme de ciseaux. Sur l'axe de rotation est fixée l'amarre, et sur deux appendices des mâchoires un verrou manœuvré par un levier assure la fermeture, tandis qu'une corde fixée au levier permet au batelier restant sur le bateau d'ouvrir la pince et de se détacher ainsi du câble marcheur. Sur le levier est appliqué un butoir de garde qui provoque l'ouverture de la pince lorsqu'il se produit un obstacle quelconque sur le chemin du câble marcheur. On évite ainsi tout dérangement à l'appareil.

Un deuxième type du premier groupe est formé par deux mâchoires qui restent fermées sous l'effet de la tension de l'amarre, et s'ouvrent quand cette tension vient à cesser. Dans ce dernier cas, la pince quitte le câble automatiquement.

Les mâchoires de cette pince sont analogues à celles du type précédent; l'appareil de fermeture seul est différent. L'amarre n'est pas appliquée à l'axe de rotation, mais à un levier qui, travaillant sur un plan horizontal, pousse lui-même le verrou de fermeture quand la tension commence, et le dégage quand la tension manque.

Afin d'éviter l'inconvénient qui se serait présenté pour le batelier s'il avait dû tenir la pince en main aussi longtemps que la tension de l'amarre ne s'était produite, une fermeture provisoire de la pince a été réalisée au moyen d'un cliquet à glissière. Ce cliquet est repoussé quand le verrou commence à agir, et à partir de ce moment il n'a plus aucune action sur la fermeture.

Ces pinces du premier groupe sont des appareils très solides qui ont fonctionné régulièrement pendant les essais faits sur la troisième section du canal de jonction de la Meuse à l'Escaut, à Grobbendouck, et sur le canal Saint-Martin, à Paris; il est arrivé toutefois que les arrêts en forme de garniture, aménagés de distance en distance sur le câble pour servir de points d'appui aux pinces, s'usaient trop vite.

De plus, les bateliers ne pouvaient ralentir leur marche sans être obligés de laisser tomber la pince, ce qui les mettait dans la nécessité de descendre trop souvent de leur bateau pour se raccrocher au câble marcheur.

Les pinces du deuxième groupe ne présentent pas ces inconvénients.

Le modèle le plus perfectionné imaginé par M. Rigoni se compose d'une partie à peu près tubulaire dans laquelle le câble marcheur est introduit par une ouverture hélicoïdale aménagée longitudinalement.

Sur un appendice de cette partie tubulaire est monté un levier à charnière qui est sollicité à l'une de ses extrémités par l'amarre du bateau à remorquer. L'extrémité opposée fonctionne comme excentrique et, agissant sur le câble marcheur de manière à le tordre, le serre contre la partie tubulaire quand l'amarre se met en tension brusquement.

Le levier présente trois positions différentes :

1° La position d'inertie dans laquelle le câble se trouve embrassé par la pince sans être serré, mais sans pouvoir se dégager. Dans cette position, la pince glisse sur le câble. Le levier est tenu dans cette position d'inertie par un bouton à ressort ménagé près de la charnière, et cette position ne peut être modifiée que par une action brusque et violente de l'amarre;

2° La position active se produisant par l'action brusque et violente de l'amarre dans une direction opposée à la marche du câble marcheur. Dans cette position, la pince serre le câble et est entraînée par lui avec le bateau. Quand la tension de l'amarre vient à cesser, le levier ramène automatiquement la pince à la position d'inertie;

3° La position de dégagement qui se produit lorsque l'action brusque de l'amarre se dirige dans le sens de la marche du câble. Dans ce cas, le levier prend la position extrême, ce qui permet à la pince d'abandonner complètement le câble marcheur.

Le dernier modèle de pince adopté par M. Rigoni présente les avantages suivants :

a. Épouser avec sa section transversale la forme de la gorge des galets de support et des poulies d'angle de manière à pouvoir passer partout sans soulever le câble;

b. Glisser sur le câble quand on tire sans secousse sur l'amarre;

c. Serrer le câble quand on agit sur l'amarre par un coup sec et violent, rester accrochée tant que l'amarre conserve une certaine tension, et glisser de nouveau quand cette tension vient à manquer;

d. Abandonner le câble quand on agit sur l'amarre par un coup sec donné vers l'avant;

e. Glisser sur le câble quand l'amarre bien que tendue prend une direction telle qu'elle forme, avec le câble marcheur, un angle déterminé. On évite ainsi la traction dans une direction transversale au canal.

La pince est coulée en bronze phosphoreux ou en acier. Elle est remise au batelier lorsqu'il veut utiliser le système de traction mécanique, et elle est restituée lorsqu'il n'est plus fait usage du câble marcheur.

Glisseur. — La mise en marche des bateaux se fait progressivement en laissant filer graduellement la corde de halage. Cette manœuvre est toutefois facilitée par l'usage d'un glisseur servant de point d'amarrage sur le bateau.

Le glisseur est composé de deux bittes tournantes montées sur des arbres qui ne se trouvent pas parfaitement dans le même plan vertical. Pour éviter que les brins de la corde se superposent dans le déroulement qui a lieu chaque fois que l'on met le bateau en marche, les bittes sont établies de façon que l'amarre, qui doit faire trois ou quatre tours, se rende d'une bitte à l'autre suivant une direction perpendiculaire aux axes des arbres.

Le mouvement de rotation des bittes est modéré par un frein à friction de façon à laisser dérouler l'amarre jusqu'au moment où la résistance du bateau à l'avancement dépasse la limite d'embrayage donnée au frein.

Au moyen de ce système de bittes, le démarrage des plus grands bateaux se fait sans la moindre difficulté.

Dynamomètre. — Dans les canaux ou rivières où l'on craint l'existence de hauts-fonds ou d'atterrissements qui pourraient entraîner l'échouage de bateaux, on intercale, entre la pince et la corde de halage, un appareil dynamométrique produisant le décrochage automatique du bateau dans le cas d'un effort de traction extraordinaire imprévu. Le fonctionnement de cet appareil est basé sur la compression d'un ressort qui s'appuie sur une bague et provoque la disjonction d'une tige taillée en queue d'hironde renfermée dans deux mâchoires s'ouvrant à charnière.

Il est à remarquer que l'appareil dynamométrique lorsqu'il est gradué permet de mesurer avec une grande exactitude la résistance à la traction.

Essais d'application. — Par arrêté ministériel du 16 mars 1882, M. l'ingénieur Rigoni a été autorisé à faire l'essai de son système sur une partie de 4 kilomètres de longueur du canal de jonction de la Meuse à l'Escaut, afin de pouvoir juger des avantages ou des inconvénients qu'il présenterait pour la navigation.

Cet essai a démontré les points suivants :

1° Qu'un câble d'une longueur considérable peut être mis en mouvement d'une façon continue le long des berges du canal sans présenter aucun inconvénient;

2° Que ce câble peut conserver un mouvement uniforme et une tension régulière alors que des résistances telles que celles résultant de l'entraînement des bateaux se produisent ou cessent de se produire en un point quelconque;

3° Que l'accrochement des bateaux au câble marcheur peut se faire d'une manière pratique;

4° Que la mise en marche des bateaux accrochés au câble marcheur peut se faire doucement sans produire aucun choc;

5° Enfin que les détails de construction ne présentent aucune complication.

A la suite des résultats constatés ci-dessus, le Département de l'intérieur a accordé par arrêté royal du 14 juillet 1883, à M. Rigoni, la concession de l'exploitation du système de traction mécanique sur la troisième section du canal de jonction de la Meuse à l'Escaut entre Anvers et Herenthals.

Les frais de premier établissement du système de traction Rigoni varient d'après les conditions locales entre 6,000 et 7,000 francs par kilomètre.

Les frais d'exploitation proprement dits comprenant le combustible, les mécaniciens, les gardes-lignes, le graissage, l'entretien et l'amortissement du matériel s'élèvent à 1,000 francs par an et par kilomètre exploité.

La vitesse de marche des bateaux traînés par le câble marcheur ne pourra dépasser, sur la troisième section du canal de la Meuse à l'Escaut, 4 kilomètres à l'heure. Cette vitesse correspond à un parcours de 50 kilomètres par jour de 12 heures et demie.

Le prix pour la traction mécanique par câble marcheur que M. Rigoni demanderait au batelage sur la troisième section du canal de la Meuse à l'Escaut est évalué à 6 millièmes de franc par tonne kilométrique. Le prix moyen payé actuellement pour la traction par chevaux dans ce canal est de trois quarts de centime par tonne kilométrique.

Sur le canal de Charleroi ce prix est de 8.22 millièmes de franc par tonne kilométrique; sur le canal de Terneuzen de 13.65 millièmes; sur le canal de Louvain de 6 millièmes; et, sur le canal de Villebroeck où la traction s'opère au moyen de toueurs Bouquier, ce prix est de 5.83 millièmes.

F. de Schryver,
Ingénieur des ponts et chaussées, secrétaire délégué du 24e Comité de la Section belge.

Anvers, le 30 juin 1885.

Le système de M. Rigoni a été également expérimenté sur le canal Saint-Martin, au commencement de l'année 1884.

Le résultat de cet essai ne paraît pas avoir été satisfaisant; le câble obéissant à l'effort oblique et irrégulier du bateau fut à différentes reprises arraché de ses supports et projeté dans le canal.

Cette installation a disparu.

§ 9. — Premiers *brevets de M. Oriolle.*

Le 24 mai 1882, M. Oriolle, ingénieur des arts et manufactures, industriel à Nantes, présenta une demande de brevet justifiée par une description d'appareils faite dans un certificat d'addition du 12 mars 1883 et complétée par un brevet pour « boulard de démarrage » en date du 14 novembre suivant

Nous donnons ci-après ces différentes pièces :

Brevet 149111, du 24 mai 1882. — M. Oriolle.

POUR UN HALAGE PAR CORDE SANS FIN SUR LES CANAUX ET RIVIÈRES CANALISÉES.

Je demande un brevet de quinze années pour un *halage par corde sans fin* sur les canaux et rivières canalisées.

Ce halage a pour but de haler, autrement que par relais de chevaux, les bateaux séparément aussitôt le passage d'écluse, afin d'éviter les pertes de temps qu'éprouvent les derniers bateaux, lorsqu'ils voyagent ensemblent par trains ou rames, traînés par toueurs ou remorqueurs.

Le principe de ce halage consiste en un câble ou chaîne d'une grande longueur et sans fin établi le long du cours d'eau, supporté et dirigé par des galets assez rapprochés pour que la courbe de chaînette, entre les points d'appui, ne puisse toucher la terre, mis en mouvement par un moteur hydraulique ou à vapeur, placé en un point quelconque du bief, spécialement sur une des écluses, où de là le même moteur pourra commander deux chaînes sans fin : l'une pour le bief supérieur, l'autre pour le bief inférieur.

Le moteur devra communiquer à ce câble sans fin la vitesse qui convient suivant le genre de navigation et courant. Cette vitesse sur canaux sera en général de 60 à 75 centimètres par seconde.

Ce câble sans fin, dont tous les points auront la vitesse choisie, formera dans toute la longueur du canal deux brins allant en sens inverses. Ils pourront, suivant les cas particuliers, être placés l'un à côté de l'autre sur la même rive, ou être séparés, un sur chaque rive, ce qui permettrait plus facilement le croisage des bateaux allant en sens inverse.

L'attelage des bateaux se ferait sur le câble en marche (à 75 centimètres par seconde) par le marinier, à l'aide d'un nœud ou d'une tenaille à serrage automatique reliée au bateau à remorquer par une corde que le marinier laissera glisser sur un taquet pendant le démarrage. Ce démarrage sera rendu moins dur par la déformation de la chaînette entre les points d'appui, et cette transformation se fera sentir sur plusieurs de ces courbes en avant du point d'amarrage.

Les machines motrices seront des machines hydrauliques, roues turbines ou norias, suivant le volume d'eau disponible et la nécessité de l'économiser, et par des machines à vapeur pour les biefs où il y aura manque d'eau. La puissance de ces moteurs et les dimensions du câble varieront suivant les longueurs et les cas particuliers des courants qui, seuls, détermineront le nombre des bateaux remorqués qui pourront être attelés en même temps sur ce câble.

L'invention, reposant sur le principe bien déterminé d'un remorquage par un câble sans fin en mouvement sous l'action d'un moteur, n'a pas besoin d'autres explications.

Brevet 149111, du 12 mars 1883. — M Oriolle.

CERTIFICAT D'ADDITION.

SYSTÈME DE HALAGE PAR CORDE SANS FIN SUR LES CANAUX ET RIVIÈRES CANALISÉES.

Mémoire descriptif. — L'invention comprend un nouveau système de traction sur les canaux ou rivières au moyen d'un câble sans fin établi sur berges et actionné par un moteur fixe. Par la présente addition, nous voulons indiquer dans leurs détails les dispositions nouvelles qui nous permettent de réaliser pratiquement l'invention faisant l'objet de notre brevet et, en conséquence, nous assurer, tant la propriété de l'idée en général que celle des dispositions de détail qu'elle comporte.

Pour mieux exposer ces dispositions, nous supposerons une portion du canal sur laquelle se trouverait, comme cela a lieu le plus généralement, des courbes, ponts, écluses et même l'embranchement d'un canal secondaire; et nous exposerons comment, sur un tel parcours, serait établi notre système.

La figure 1 (pl. XIII) représente, en plan, cette portion de canal. Le câble destiné à faire la traction sera en chanvre, fer ou acier, ou encore en fer avec âme en chanvre; son diamètre et sa longueur varieront naturellement suivant le parcours qu'il aura à effectuer et la charge maxima qu'il aura à traîner. Le câble sera sans fin et par conséquent traversera une fois le canal en amont et une fois en aval, soit deux fois en tout. En général, un même câble devra desservir plusieurs kilomètres, 3, 4, 5, et même plus. Dans les parties droites et sur les canaux où le mouvement de la batellerie est peu considérable, cette longueur pourrait encore être augmentée et portée à 8, 9, 10 kilomètres et même plus.

Le moteur sera hydraulique ou à vapeur. Il sera hydraulique chaque fois que l'on pourra emprunter au canal un volume d'eau nécessaire à son fonctionnement, et à vapeur dans le cas contraire. Il pourra être soit au milieu du parcours du câble, soit à l'une des extrémités de ce parcours. En ce cas, il pourrait être établi de façon à actionner deux longueurs successives de câble agissant à l'amont et à l'aval de la suivante.

Le câble sera établi sur chaque berge en dehors du chemin de halage ou tout au moins sur la bordure extérieure de ce chemin. Pour satisfaire à cette disposition, le câble devra donc être porté par des poulies assez élevées pour que les piétons, les cavaliers et les voitures circulant sur le chemin de halage ne soient jamais incommodés par les remorques des péniches. Ces remorques devront donc toujours passer à 2 m. 50 et même plus au-dessus des chaussées.

Les poulies à gorge portant le câble seront espacées de 50 à 70 mètres environ. L'écartement sera d'ailleurs essentiellement variable et subordonné aux conditions spéciales des berges.

Les poulies à gorge seront portées par des poteaux ou chevalets, soit isolés, soit d'applique quand on pourra se servir pour ces derniers des arbres qui presque toujours forment la bordure extérieure des chemins de halage. Au passage des ponts, les câbles devant toujours passer sous leurs tabliers, de façon à ne pas obliger les mariniers à larguer la remorque de leurs péniches; les poulies seront portées par des ferrures scellées aux culées. Ces ferrures auront un double but; elles devront, tout en portant les poulies, être disposées de façon à les défendre contre les chocs des péniches.

A chacune des deux traversées du canal par le câble à l'extrémité de son parcours et à 50 ou 60 mètres en avant de ces traversées, se trouvera un avertisseur à sonnerie, appareil ayant pour but d'aviser les mariniers de la présence du câble et de les obliger à baisser le mât de leur péniche comme ils doivent le faire à l'approche des ponts.

Telles sont les dispositions d'ensemble de notre système de traction par câble. Pour le mieux faire comprendre, nous allons : 1° les rappeler d'une façon générale en supposant l'application à la portion de canal (fig. 1, pl. XIII); 2° entrer dans le détail de chacune des parties constituantes du système, décrivant alors toutes les dispositions particulières dont nous entendons nous garantir la propriété exclusive par notre brevet et la présente addition.

La figure 1 (pl. XIII) représente donc une portion quelconque de canal (qui d'ailleurs pourrait aussi bien être une rivière ou toute autre voie maritime).

En AS se trouve d'abord l'avertisseur à sonnerie destiné à prévenir les mariniers négligents ou malveillants de la présence du câble et les obliger à baisser leur mât.

Le câble est figuré par le trait rouge, en dehors du chemin de halage. Les poulies qui le portent sont figurées par des petits ronds portant les numéros 1, 2, 3 en descendant, puis 187, 188, 189 en remontant. Ce nombre total de 189 pour les deux rives est d'ailleurs très variable suivant la longueur du parcours et les conditions spéciales d'établissement du câble.

Les supports des premières poulies 1 et 2 sont espacés normalement. Les supports 3 et 4 ainsi que ceux qui sont vis-à-vis font franchir une courbe au câble et par conséquent seront forcément rapprochés pour que le câble n'empiète pas sur le chemin de halage, ou ne frotte pas sur les arbres.

Si, comme le suppose la figure 1, il y avait un pont P entre les poulies 6 et 9, le câble devant passer sous son tablier, on établirait deux poulies 7 et 8 portées par des ferrures scellées aux culées. La hauteur des poulies 7 et 8 est réglée par le tablier du pont; celle des poulies 6 et 9 devra être telle que le câble laisse au-dessous de lui la hauteur suffisante pour le passage des piétons ou des voitures qui, du chemin de halage, passeraient sur les rampes d'accès du pont.

La figure 2 (pl. XIII), feuille 1, montre la disposition au $\frac{1}{200}$ du câble au passage sous le pont P. Dans les parties droites, les poulies sont à axe horizontal, dans les courbes ou au passage des ponts où le câble doit changer de direction l'axe de la poulie s'inclinera plus ou moins suivant l'angle que fera le câble.

Une première écluse E est figurée entre les poulies 10 et 12, mais là, aucune disposition spéciale n'est nécessaire, les poulies peuvent donc conserver leur espacement normal.

L'emplacement qui semble le plus convenable pour le moteur d'un câble isolé est à peu près le milieu de son parcours. Cependant, cet emplacement peut être subordonné à des considération spéciales et, dans tous les cas, il conviendra de choisir de préférence l'amont d'une écluse.

Pour le cas considéré qui suppose un moteur à vapeur M (pl. XIII, fig. 1), la place la plus convenable serait donc à 15 ou 20 mètres en amont de la deuxième écluse F. En effet, les péniches sont, dans tous les cas, forcées de quitter le câble en aval du tambour moteur pour le reprendre en amont, mais elles sont également forcées de quitter le câble pour écluser, et il vaut mieux faire coïncider ces deux nécessités et n'avoir à abandonner le câble qu'une fois au lieu de deux. Or, le moteur en M est justement à la place voulue pour pouvoir amener les bateaux jusque dans le sas de l'écluse F et les en faire sortir.

En aval de l'écluse F est supposé un deuxième pont Q dont nous avons supposé le tablier très bas par rapport à la plate-forme de l'écluse. Dans ce cas particulier que figure au $\frac{1}{200}$ le profil en long (pl. XIII, fig. 3), nous empêchons le soulèvement du câble en mettant la poulie au-dessus ou plutôt en mettant deux poulies nos 174 et 174 *bis*. De cette façon, soit que le câble ait un certain mou au repos, soit qu'il se tende en travaillant, il trouvera toujours une gorge de poulie pour le recevoir.

Après le pont Q, nous avons supposé une courbe qui, comme nous l'avons dit, obligerait à rapprocher les poulies et à incliner convenablement leurs axes; puis, continuerait un alignement droit ou bien, les conditions spéciales que nous venons d'énumérer se reproduisant, il n'y a pas lieu à revenir dessus. Au bout de son parcours, le câble traverserait normalement le canal comme en amont et reviendrait sur la berge opposée. Si nous supposons qu'en face de la poulie n° 23 soit la poulie n° 168 (pl. XIII, fig. 1), la série continuera par les poulies nos 169, 170..... et ainsi de suite. Entre les nos 170 et 171 nous avons supposé un câble se branchant sur le premier.

Ce branchement obligerait seulement à avoir les supports des poulies nos 170 et 171 plus élevés pour ne gêner en rien la navigation, et avoir en outre un avertisseur à sonnerie A' S' pour garantir le câble.

A partir de la poulie n° 171, la disposition est identique à celle de la rive opposée déjà décrite. Le câble arrive à la dernière poulie n° 189, traverse le canal, repasse sur la poulie n° 1 et ainsi de suite.

Telle serait donc la disposition d'ensemble de notre câble sans fin établi sur berges et actionné par un moteur fixe. Donnons maintenant la disposition sommaire de chacun des organes de notre système.

Avertisseurs à sonnerie. — Ces avertisseurs se composent de deux supports A et S (pl. XIII, fig. 1-3), reliés par une corde transversale. Les figures 1 à 3 (pl. XIV) montrent un de ces supports vu de face, de profil et en plan. Ces supports se composent d'un poteau montant P consolidé par des jambes de force. Dans une caisse en planches adossée au poteau I se meut un poids S attaché à une corde passant sur le galet à gorge G traversant le canal pour passer sur le galet G du support opposé et aboutissant finalement à un deuxième poids S' semblable au poids S.

En réalité, on a donc, comme le représente la figure 4-5 (pl. XIV), une corde tendue en travers du canal au moyen de deux poids. Si l'on suppose une péniche s'avançant avec le mât levé sur la corde, elle prendra en plan la position GKG' restant toujours maintenue dans la gorge des galets G et G' par deux petits galets à axes verticaux H', H'' (voir pl. XIV, fig. 1 et 2). Or la corde, en faisant tourner le galet G, fait en même temps tourner deux galets K' et K'', et ces galets à leur tour

4.

agitent violemment deux sonnettes L' et L''. Le marinier est alors averti de son manque d'attention. La corde en travers du canal pourra porter une toile ou toute autre indication bien visible; elle devra être de petit échantillon de telle sorte que si le mât n'était pas abaissé à temps, la corde à bout de course casse sans qu'il y ait aucune avarie causée soit à la péniche, soit à l'avertisseur.

Nous avons dit que le câble pourrait être en chanvre, fer, acier, ou le plus généralement en fer avec âme en chanvre. L'amarrage sur le câble se fera soit au moyen de mâchoires entraînées par le serrage, mâchoires pouvant alors se poser ou s'enlever à tout moment et en tout endroit du câble, soit au moyen de brins de remorque placés de distance en distance et à poste fixe, ces brins étant terminés par une cosse ou une boule à laquelle le marinier s'amarrera de la façon qu'il sera dit plus loin.

Mâchoires d'entraînement. — Ces mâchoires sont en fer, acier ou fonte malléable; elles sont composées de deux pièces A, B (fig. 6 et 7) ayant chacune la forme d'un demi-cylindre creux. Ces pièces sont articulées au moyen d'une broche C dont l'axe est parallèle à celui du câble. En outre la pièce A porte une queue terminée par un crochet D, et la pièce B une queue terminée par un œillet E. Ces queues sont du côté opposé à la broche d'assemblage; elles partent à peu près du milieu des deux mâchoires A, B, et ont une inclinaison en rapport avec celle des cordes de halage; de plus, elles sont coudées au même rayon que le bourrelet des poulies à gorge P, de façon à pouvoir y passer facilement.

L'appareil étant ainsi établi, et conforme au croquis, on comprend facilement que si l'on a une remorque nouée à l'œil E et dont les deux bouts EF et EDG reviennent à la péniche, l'un EF librement, l'autre EDG après avoir été engagé dans le crochet D, on comprend, disons-nous, que si l'on amarre à la bille de remorque le brin EDG, il exercera un serrage énergique des deux mâchoires dont le diamètre intérieur est plus petit que celui du câble, ou du moins qui ne décrivent pas chacune une demi-circonférence complète, et que ces mâchoires seront entraînées par le câble. Si au contraire on mollit le brin EDG et qu'on raidisse le brin EF, les deux mâchoires n'étant plus serrées deviendront folles sur le câble qui continuera son mouvement sans les entraîner.

Dans certains cas, pour le remorquage, nous aurons recours à ce que nous désignons sous le nom de *brins de remorque.* Ces brins de remorque auront environ 1 mètre de longueur et seulement le diamètre nécessaire pour remorquer une péniche. Ils seront également en fer, chanvre ou acier. Ils seront établis à poste fixe sur le câble, et le marinier devra attendre leur passage pour s'y amarrer. Leur nombre, et par conséquent leur espacement, variera suivant l'importance du mouvement sur le canal. Ces brins A, B (fig. 8) ne seront pas fixés directement au câble, mais ils seront entraînés par des bourrelets ou butées d'entraînement C réunies à la fabrication ou rapportées sur câble après coup. Ces bourrelets pousseront devant eux l'œil A du brin qui, de cette façon et tout en étant forcé de suivre le câble, restera indépendant et ne pourra pas s'enrouler ou se nouer autour de ce câble par la torsion qui se produira dans un sens ou dans l'autre à la mise en route, ou par les variations de tension pendant la marche.

Le bout du brin de remorque se terminera par une cosse B ou par une boule D. Si c'est une cosse dont il est fait usage, pour s'y amarrer le marinier n'aura qu'à l'attendre au passage; il y engagera sa remorque dont il renverra les deux bouts à bord. Quand il voudra s'arrêter, il n'aura qu'à larguer un des deux bouts de cette double remorque, qui se défilera d'elle-même de la cosse B et la péniche restera sur place.

Si c'est une boule D qui termine le brin AD, l'assemblage de remorque y sera fait au moyen d'une pièce en fer figurée (pl. XIV, fig. 9). Cette pièce en fer rond se compose d'une partie E formée de deux fers parallèles entre lesquels le brin de remorque peut jouer librement, mais trop peu écartés cependant pour laisser passer la boule D. Au contraire, la partie de la pièce a un diamètre intérieur plus grand que celui de la boule. Enfin, deux yeux G, H servent à passer la remorque; elle est amarrée à l'œil H; un brin HI retourne directement à la péniche, l'autre brin HGK s'engage avant dans l'œil G, et de là retourne également à la péniche. Dans ces conditions, on comprend que si l'on amarre à la péniche le brin HI, la boule D se loge le plus près possible de l'œil G, et la péniche est entraînée; mais si l'on mollit HI et qu'on raidisse HGK, alors la ferrure bascule et la boule passe à travers l'ouverture E. De son bateau, le marinier peut donc à volonté quitter le câble et s'arrêter en un point quelconque du parcours, le câble continuant toujours son mouvement. Tels sont les différents moyens d'amarrage dont nous réservons l'emploi pour remorquer les péniches.

Poulies-supports. — Les poulies seront en fonte, à gorge suffisamment profonde. Le diamètre sera essentiellement variable suivant les conditions particulières d'établissement. La figure 1 (pl. XV) y donne la coupe verticale d'une poulie de 0 m. 80 de diamètre. La gorge doit être profonde pour empêcher tout ressaut du câble; sa largeur doit être assez grande, non seulement pour recevoir le câble, mais pour laisser librement passer les nœuds d'entraînement des brins ou les mâchoires décrites précédemment.

Les joues intérieures de la gorge seront presque verticales et les bords arrondis en bourrelet auront une épaisseur suffisante pour ne pas couper les brins de remorque à leur passage. Le fond de la gorge pourra être en fonte brute ou tournée, et dans certains cas être garni de bois ou de cuir pour éviter une usure trop rapide du câble.

La poulie est folle sur son axe, et au moyen de grande largeur réduit la pression de façon à empêcher toute fatigue ou usure trop prompte des surfaces frottantes. Le graissage pourra se faire soit par les moyens ordinaires, soit par l'emploi de métalline ou coussinets en antifriction.

Bien que la profondeur de la gorge et l'inclinaison des galets aux changements de direction du câble assurent la stabilité, pour éviter tout accident ou empêcher tout acte de malveillance, la poulie sera recouverte à sa partie supérieure d'une petite planchette P (pl. XV, fig. 1, 2, 3) fixée à la tête du support au moyen d'une équerre en fer E. Cette petite planchette recouvrira la poulie de façon à laisser un libre passage au brin de remorque de petit diamètre, mais s'opposer au passage du câble si, pour une cause quelconque, il avait une tendance à sauter de la gorge.

Nous avons dit que les supports des poulies seront isolés, en applique, ou enfin formés de ferrures scellées aux ponts. Les figures 2 et 3 donnent le détail d'un support isolé. La figure 1 indique la tête d'un de ces supports et les détails d'assemblage de la poulie sur ladite tête.

Un étrier en fer F coiffe la tête du poteau vertical. Cet étrier est percé de deux trous ainsi que le poteau. L'arbre de la poulie enfile ces trous et est maintenu en place par des clavettes et des rondelles. Au lieu que l'axe XY (pl. XV, fig. 1 et 3) des trous de l'étrier soit horizontal, comme cela aura lieu dans la plupart des cas, quand la poulie devra être inclinée dans un sens ou dans l'autre, il suffira de percer ces trous en correspondance avec l'inclinaison nécessaire, soit suivant les axes X′Y′, X″Y″, ou tous autres, suivant tel ou tel angle rentrant ou saillant du câble.

Le poteau vertical est soutenu par deux jambes de force latérales; une plus petite en avant fait en outre fonction de chasse-roue et garantit le poteau. La hauteur du poteau et sa fondation varient naturellement suivant la hauteur à donner au câble et la nature du sol. Les figures 1 et 2 (pl. XVI) indiquent la disposition d'un support d'applique. Ces supports sont moins coûteux que les précédents, et l'on devra, autant que possible, en faire usage. Les chemins de halage étant presque toujours plantés d'arbres, on placera ces supports contre ces arbres. Ils se réduiront alors à de simples chevalets en madriers M, reliés aux arbres par deux traverses de faible échantillon T et deux boulons à longue tige B. On aura soin d'ailleurs de préserver les arbres de toute dégradation au moyen de coussins de paille ou autres. Dans ces conditions, toute la fatigue étant reportée sur l'arbre, le support de la poulie pourra être beaucoup plus léger. Au cas où de jeunes arbres sembleraient trop faibles pour résister à l'effort des poulies, il sera toujours possible d'en intéresser deux ou trois au moyen de tirants en fil de fer reliant à ses voisins l'arbre contre lequel s'appuiera le support de la poulie. Tant sur les supports isolés que sur les supports d'applique, et tant pour les poulies à axe horizontal que pour les poulies à axe incliné, nous devons mentionner également un deuxième mode d'assemblage dont nous réservons aussi l'emploi. Ce support consiste en une semelle en fonte S (pl. XVI, fig. 4) dans laquelle on engage l'arbre de fonte A de la poulie. Cette semelle porte une tête T réglant sa position au sommet du poteau P; deux ou trois boulons servent à maintenir la pièce en place.

En taillant suivant l'inclinaison voulue la face de contact de la semelle avec le poteau, on pourra, avec des pièces d'un même modèle, satisfaire à tous les cas de changement de direction du câble formant soit des angles rentrants, soit des angles saillants.

Pour terminer ce qui a trait à la façon dont nous établissons les supports, nous devons encore signaler la disposition spéciale des supports pour la traversée du câble d'une berge à l'autre, savoir des deux supports portant les poulies n°s 1 et 1 *bis*, 189 et 189 *bis* de la figure 1 (pl. XIII). La figure 3 (pl. XVI) donne une élévation d'un de ces supports. Il est plus élevé que les supports normaux pour que le câble traverse le canal à une certaine hauteur au-dessus du plan d'eau. De plus, il est solidement entretoisé et muni de jambes de force s'opposant au renversement que tend à produire la tension du câble. Ce support porte deux poulies n°s 1 et 1 *bis*, la première à axe horizontal du type courant, la deuxième à axe vertical du même type, ou, ce qui serait préférable, d'un diamètre sensiblement plus grand pour ne pas fatiguer le câble à l'enroulement sur un quart de circonférence.

Moteur. — Nous avons dit que le moteur pouvait être placé en un point quelconque du parcours du câble, point qu'il y aurait lieu de déterminer au mieux des conditions particulières à chaque installation. Nous avons également dit que ce moteur serait hydraulique ou à vapeur.

Si l'on peut disposer d'un volume d'eau suffisant, le moteur hydraulique sera préférable; en ce cas, c'est la turbine qu'il conviendra d'employer, et son emplacement devra être choisi aux abords d'une écluse, non seulement parce que là les mariniers doivent larguer les remorques, mais parce que, de plus, c'est aux écluses qu'on pourra établir avec le moins de frais des canaux d'amenée ou de fuite de longueur minima, tout en profitant de la chute maxima.

La transmission de la turbine au tambour moteur serait en ce cas à peu près celle que nous allons décrire, sauf un premier engrenage d'angle sur l'arbre vertical de la turbine. Si l'on suppose un moteur à vapeur, il pourrait alors être disposé comme l'indiquent en plan, coupe et élévation les figures 1, 2, 3 (pl. XVII).

L'ensemble de l'installation serait abrité par une baraque en bordure du chemin de halage. En A serait le moteur (locomobile, machine fixe, demi-fixe ou autre) qui, par une transmission B formée de deux pignons et de deux roues dentées, transmettrait le mouvement au tambour moteur C.

Ce tambour aura toujours le plus grand diamètre possible, soit cent ou deux cents fois celui du câble. Il sera cylindrique et sa surface sera en fonte ou en bois.

Les deux faces latérales de la baraque porteront quatre forts poteaux montants recevant les poulies à gorge. Dans la figure 1 (pl. XIII), ces poulies sont celles portant les n°s 14 et 15.

Les poteaux seront plantés de telle sorte que les deux poulies n°s 14 et 15 ne soient pas dans le même plan, mais dans deux plans verticaux parallèles distants de 0 m. 05 à 0 m. 15, de telle sorte que sur le tambour moteur le câble entrant et le câble sortant n'aient jamais tendance à monter l'un sur l'autre.

Entre le tambour moteur C et la poulie n° 14 se trouve un galet tendeur D qui a pour but de compenser l'allongement possible du câble et d'augmenter son adhérence sur le tambour d'entraînement.

Ce galet D est attaché à une double bielle E articulée en F aux deux poteaux de la poulie n° 14; il agit par son poids ou au besoin par une surcharge qu'on peut fixer à la tête de la bielle.

Tel est l'ensemble de toutes les dispositions de détail qui doivent assurer le bon fonctionnement de notre système, et pour lesquelles nous revendiquons le bénéfice du présent brevet. Ces dispositions se résument plus particulièrement dans les points suivants :

1° Disposition du câble sans fin montant sur une berge et descendant sur la berge opposée;

2° Emplacement du câble en dehors du chemin de halage ou tout au moins en bordure de ce chemin du côté extérieur;

3° Établissement du câble à une grande hauteur au-dessus du sol, laissant toujours le passage libre sous le câble aux ponts, routes et tous autres endroits où le câble traverse le chemin de halage ou ses abords;

4° Établissement de mâchoires d'entraînement pouvant, par le jeu des remorques, produire l'entraînement ou devenir folles sur le câble;

5° Établissement de brins de remorque à poste fixe, dans les cas où l'on voudrait éviter l'amarrage direct sur le câble;

6° Disposition de ces brins de remorque à cosse ou à boule avec ferrure spéciale permettant par le jeu des remorques d'abandonner le brin;

7° Entraînement de la tête de ces brins au moyen de butées dites *butées d'entraînement*, poussant devant elles l'œil du brin fou sur le câble, de façon à éviter les nœuds ou paquets par torsion;

8° Le couvrement de la partie haute des poulies à gorge, de façon que le brin de petit diamètre puisse seul passer, mais que, dans aucun cas, le câble ne puisse échapper de la gorge de la poulie.

Brevet 158536, du 14 novembre 1883.

BOULARD À FRICTION POUR LE DÉMARRAGE DES BATEAUX REMORQUÉS.

Je demande un brevet de quinze années pour un boulard à friction pour le démarrage des bateaux remorqués.

Le but de la disposition que je décris ci-dessous est de permettre de vaincre la force d'inertie du bateau à remorquer, en limitant à un l'effort maximum déterminé aux points d'attache du remorqueur et de la remorque, et d'éviter à cette dernière l'usure rapide qu'elle subit par un coup trop rude en son filage.

Cette disposition est surtout nécessaire pour le cas d'un remorquage par un moteur continu comme celui de la traction funiculaire dans lequel le câble de traction est animé d'un mouvement continu qui ne doit pas ralentir sensiblement.

Pour mieux exprimer ma pensée, je suppose, comme dans l'essai de traction funiculaire que je fais à Tergnier sur le canal de Saint-Quentin, en vertu de l'autorisation ministérielle en date du 29 juin 1883, que j'aie le câble moteur animé d'une vitesse de 0 m. 60 à la seconde, et que le marinier accroche, à l'aide de la pince ou crochet que je décrirai ci-après, la remorque de sa péniche chargée pesant 260 tonnes de chargement, plus 40 tonnes de poids mort, soit en totalité 300,000 kilogrammes. Si les deux extrémités de la remorque étaient fixées invariablement, l'une au câble, l'autre à la péniche, pour que la péniche prît la vitesse de 0,60 égale à celle du câble, il faudrait développer un travail demi-moteur égal à 5,400 kilogrammes. Si ce travail de 5,400 kilogrammes s'effectuait dans une seconde, il y aurait évidemment rupture de la remorque, ou des points fixes du câble, ou du câble de traction.

Le boulard à friction placé à un point de la remorque a pour but de diviser ce travail de 5,400 kilogrammes en autant de secondes que le nécessitera la force de la remorque et des points d'appui, en maintenant un effort régulier et égal pendant un temps déterminé. Ainsi, si vous avez laissé une longueur de remorque égale à 54 × 0,60 ou 32,40, vous aurez fait le lancement en 54 secondes et le travail par seconde sera de 100 kilogrammes seulement, et la péniche aura pris une vitesse accélérée sous l'effort constant de 100 kilogrammes par seconde, et tous les organes soumis à ce travail continu et sans choc pourront résister.

L'appareil a en même temps pour but d'éviter l'usure de la partie de la corde qui doit se dévider pendant ces 54 secondes.

Description du principe de l'appareil qui peut varier de forme et de force :

L'appareil, très simple, se compose d'une poulie à large gorge (capable de contenir trois ou quatre tours de la remorque ayant une face posée sur une base sur laquelle doit s'opérer le frottement).

La poulie est pressée contre la base de frottement à l'aide d'un ressort ou d'un levier réglés de manière à ne laisser la poulie tourner que sous un effort tangentiel déterminé.

Le bout libre de la remorque est pressé dans un écubier pour former une retenue suffisant à produire une adhérence de la remorque dans la gorge de la poulie pour qu'il n'y ait pas de glissement. Si l'effort du frottement de la poulie sur sa base est réglé à 400 kilogrammes pendant tout le temps que la remorque fera tourner la poulie, le bateau recevra l'impulsion due à un effort de 400 kilogrammes et accélérera de vitesse; en conséquence, la remorque n'aura pas frotté sur la poulie, elle aura participé à son mouvement de roulement; elle aura supporté seulement un mouvement de glissement suivant l'axe, mouvement égal par tour au diamètre de la remorque.

Partout où cela sera possible, au lieu d'une seule poulie à frottement à large gorge unique, je mettrai deux poulies de frottement à trois gorges chacune, montées sur deux axes parallèles.

La remorque entourera les deux poulies à l'extérieur dans chaque gorge qui, pour augmenter d'adhérence, auront un profil triangulaire au lieu d'un profil circulaire. Cette disposition empêchera tout glissement de la remorque, il n'existera que le faible frottement dû à la retenue nécessaire, mais très affaibli par la forme triangulaire des poulies.

Cet appareil peut être placé verticalement ou horizontalement aux points nécessaires d'application de la remorque et trouvera son utilité dans tous les cas où il y a fréquence de démarrage.

Là où les poulies de frottement peuvent recevoir un frottement à frein sur leur circonférence ou un frein placé sur l'arbre qui forme leur axe, leur principe reste le même : une consommation de force vive par un frottement autre que celui de la remorque dont il faut éviter l'usure et les secousses. Ci-joint un dessin explicatif variant avec les différents cas (pl. XVIII).

L'emploi devant être principalement utile dans la navigation des canaux à traction funiculaire, je juge à propos de décrire l'agrafe, de la remorque au câble de traction, pour en réclamer le brevet.

IMPRIMERIE NATIONALE.

L'agrafe, dont le dessin est annexé, est une douille à manche percée d'un trou R, pour recevoir la remorque; un autre trou A, percé le plus près possible du trou de la douille, reçoit une petite corde.

Une échancrure du diamètre du câble faite dans la partie inférieure permet d'introduire la douille sur le câble. Si vous faites travailler la remorque R, la douille étrive sur le câble au point où elle se trouve, et la remorque est fixée et entraînée ainsi que le bateau. Si, au contraire, vous lâchez la remorque, et que vous teniez la corde A, la douille étant droite glisse sur le câble et le bateau n'est pas entraîné.

A l'aide de la remorque R et de la corde d'arrêt A, le marinier peut donc, à sa volonté, participer au mouvement du câble ou s'en séparer.

En 1884, M. Oriolle, avec l'autorisation de l'Administration, mais à ses risques et périls, essaya son système à Tergnier sur le canal de Saint-Quentin.

Pas plus que son devancier, M. Oriolle ne paraît avoir alors empêché le déraillement du câble dans les courbes un peu prononcées.

CHAPITRE II.

RECHERCHES DE M. MAURICE LÉVY.

§ 10. — Premier brevet de M. Maurice Lévy.

Toutes les recherches antérieures étaient restées sans résultat ou n'avaient donné que des résultats incomplets lorsque, en juin 1887, M. le Ministre des travaux publics chargea M. l'Ingénieur en chef, Maurice Lévy, d'étudier les moyens mécaniques ou électriques de traction des bateaux sur les canaux et les rivières canalisées assimilables aux canaux.

Le 8 octobre 1887, M. Maurice Lévy, en possession du principe et des éléments principaux d'un système complet et nouveau de halage funiculaire, prenait un brevet pour assurer la propriété de son invention et permettre à l'État d'en disposer de la façon qui lui paraîtrait la plus favorable au bien public.

Nous donnons ci-après la copie de ce brevet :

Brevet 186283, du 8 octobre 1887. — M. Maurice Lévy.

TRACTION DES BATEAUX PAR CÂBLE TÉLÉDYNAMIQUE PLACÉ SUR LA RIVE, PAR M. MAURICE LÉVY, INGÉNIEUR.

(Planche XIX.).

La présente demande de brevet d'invention a pour objet de me garantir la propriété exclusive de diverses dispositions, permettant d'effectuer la traction des bateaux par câble télédynamique placé sur rive.

On suppose, pour fixer les idées, qu'on se propose de marcher à une vitesse de 2 mètres par seconde, que le câble en acier avec âme en chanvre a 0 m. 025 de diamètre; qu'il est supporté de distance en distance par des poulies dites *poulies de support* de 0 m. 50 de diamètre avec gorge de 0 m. 10 de profondeur; que chaque changement de direction d'un des brins du câble est obtenu à l'aide d'un rouleau avec ou sans gorge, à axe vertical, horizontal ou incliné suivant les cas, ce rouleau étant, si on le juge utile, précédé et suivi d'une poulie de support (fig. 1).

Plaque de garde. — L'appareil que je nomme ainsi a pour objet d'empêcher que la corde de halage, quelque oblique que soit sa traction sur le câble, puisse le faire sortir des gorges des poulies qui servent soit à la supporter, soit à changer sa direction.

5.

Il est formé d'une plaque métallique A ayant (fig. 2 et 2 *bis*) la forme d'un polygone régulier étoilé.

La circonférence inscrite dans le polygone est sensiblement celle de la poulie B à laquelle la plaque sert de garde; celle-ci est percée en son centre d'une ouverture circulaire qui permet de l'appliquer (sauf un petit jeu) contre la poulie, en la laissant folle sur l'essieu. Un contrepoids permet, s'il est utile, de lui donner une position convenable.

On peut donner d'autres formes à la plaque; en faire une roue à rochets analogues à celles usitées; on peut aussi la fixer à la poulie dont elle forme alors une des joues, au lieu de la laisser immobile.

Dans ce dernier cas, il suffit de pratiquer dans la joue de la poulie B un *cran unique* C, formé (fig. 3) des deux parties symétriques de la développante du cercle, qui forme le fond de la gorge, comprises entre ce cercle et celui de pourtour de la poulie. Alors la corde de halage pénètre naturellement et par le seul fait de son mouvement relatif à celui de la poulie dans le cran dès qu'elle le rencontre et en sort de même le long de l'arc symétrique du cran.

Poulies à plusieurs gorges munies chacune d'un cran. — Si l'on veut que la corde de halage soit emprisonnée dans la gorge et ensuite guidée pendant un temps plus ou moins long (ce qui sera nécessaire dans les tournants), on appliquera l'idée du cran, en pratiquant dans la poulie plusieurs gorges (comme dans les tambours de toueurs); deux gorges consécutives communiquent par un cran; ces crans ne devront pas être en face l'un de l'autre, mais être disposés de telle sorte qu'ils ne se superposent pas en projection sur un plan perpendiculaire à l'axe de la poulie; qu'au contraire, ils se présentent dans cette projection comme les creux d'une roue d'engrenage à dents à développantes de cercles. Les figures 3 *bis* et 3 *ter* représentent une poulie à deux gorges D, D'. Le cran *pq* relie ces deux gorges, et le cran *rs* met la gorge D' en communication avec l'extérieur. Alors, en quittant le cran *pq* de la gorge D (celle qui porte le câble télédynamique), la corde tombe dans la gorge voisine D' où elle reste jusqu'à ce qu'elle trouve le cran *rs* correspondant à cette gorge pour se dégager, c'est-à-dire pendant un tour entier, moins la largeur du cran. S'il y avait plus de deux gorges, la corde passerait de la gorge D' dans la gorge suivante par le cran *rs*, et ainsi de suite jusqu'à la dernière d'où elle s'échappe.

Poulie avec rainure hélicoïdale. — Dans un tirage très oblique et lorsque le cran de la plaque de garde (fixe ou mobile) se présente juste au-devant du point d'attache de la corde et du câble, on peut craindre que celui-ci ne pénètre plus ou moins dans le cran et, par suite du mouvement, soit ensuite expulsé de la poulie en même temps que la corde.

Pour éviter cela, à coup sûr, je trace (fig. 4 et 4 *bis*), à côté de la gorge circulaire D recevant le câble, une rainure ou gorge E, de même section transversale, en forme d'hélice de très faible inclinaison et faisant exactement un tour. Le fond de la gorge en hélice E part du fond de la gorge circulaire D, de sorte qu'à leur jonction la paroi ou nervure qui les sépare commence en pointe G, comme la pointe d'une aiguille de chemin de fer et va constamment en s'élargissant. C'est à la pointe que se trouve le cran *pq* de la gorge circulaire. Ce cran perce la paroi dont il vient d'être parlé dans sa plus grande largeur, et relie la gorge circulaire D à l'extrémité supérieure de la gorge hélicoïdale E.

D'après cela, si le câble s'échappe par le cran *pq*, il tombe dans la gorge hélicoïdale E et de là revient nécessairement par la pointe G reprendre sa position normale dans la gorge circulaire. Quant à la corde, elle quittera la gorge hélicoïdale par un cran *rs* ménagé dans celle-ci, du côté opposé à la gorge circulaire.

Attelage de la corde au câble (fig. 5 et 6). — Nous avons imaginé, pour compléter la solution du problème de la traction télédynamique, un mode d'attelage de la corde au câble télédynamique, tel qu'on puisse dételer, à un moment quelconque, sans quitter le bateau. Le câble télédynamique porte de distance en distance des bouts de câble pendants A de plus petit diamètre et se terminant par un œil B. Nous appellerons un de ces bouts de câble un *trait*. C'est à l'extrémité de ce trait qu'on attache la corde de halage C par l'intermédiaire dn petit appareil qui suit : deux carrés de tôle D de 0 m. 100 environ de côté sont découpés en forme sensiblement d'équerre, écartés l'un de l'autre d'environ 0 m. 050 à 0 m. 060, de façon à pouvoir recevoir la corde entre eux, et reliés par trois essieux E de 0 m. 010 de diamètre environ. L'un de ces essieux, celui qui est dans l'angle de l'équerre (fig. 5), reçoit la corde de halage C qui y est fixée invariablement; le second, celui de la branche horizontale de l'équerre, porte une petite manivelle (ou goujon cylindrique mobile) de 0 m. 070 environ de rayon; le troisième porte un renvoi de sonnette G.

Le goujon mobile est coiffé : 1° par l'œil qui termine le trait A; 2° par un œil qui termine la branche horizontale du renvoi de sonnette G, la branche verticale de celui-ci recevant un cordeau H de 0 m. 006 à 0 m. 008 de diamètre, dont l'autre extrémité est fixée au bateau. Quant le bateau est en marche, la corde de halage C est tendue, et le cordeau H lâche; si l'on veut dételer, on lâche la corde, alors le cordeau se tend sous l'action du câble, le renvoi de sonnette joue et le goujon d'attache du trait devient libre et se sépare du trait.

En résumé, je revendique comme ma propriété exclusive :

1° Dans le système de traction des bateaux par câble télédynamique placé sur la rive des fleuves, en vue de soutenir et guider le câble télédynamique, tout en laissant échapper les cordes de halage reliant les bateaux audit câble : l'application de la plaque de garde en polygone étoilé ou forme analogue; la poulie à cran; la poulie à rainure hélicoïdale et à cran; la combinaison de plusieurs gorges circulaires (ou l'une hélicoïdale) avec des crans;

2° Le mode d'attache de la corde de halage au moyen d'un accrochage à sonnette; le tout ainsi qu'il a été ci-dessus décrit.

§ 11. — Premiers essais de ce système.

Le principe du système imaginé par M. Maurice Lévy et le programme des expériences auxquelles il allait être soumis sont nettement définis dans l'extrait suivant de la décision du 27 février 1888 :

Dans votre rapport du 30 décembre 1887, l'idée générale de ce système est exposée de la manière suivante :

Un câble sans fin marche sur les rives de façon que tout bateau montant ou descendant puisse à volonté s'y accrocher ou s'en détacher.

Le brin montant est sur une rive, le brin descendant sur l'autre, afin que le croisement des bateaux se fasse sans difficulté. Le câble est supporté de distance en distance par des poulies à axe horizontal dites *poulies de support*, et aux changements de direction il est guidé dans les angles par d'autres poulies à axe vertical ou incliné que vous appelez des *poulies de direction*.

Entre chaque poulie de support sont placées plusieurs poulies immédiatement supérieures au câble et dont l'objet est d'atténuer les oscillations horizontales.

Le câble est mû par une machine fixe placée près d'une écluse et actionnée soit par la chute de cette écluse, soit par la vapeur.

Vous avez présenté un projet en vue de l'expérimentation de ce système dans la Marne et les canaux de Saint-Maur et de Saint-Maurice, entre le pont de Joinville et l'écluse de Charenton sur une longueur d'environ 5,200 mètres.

La machine motrice serait placée à l'écluse de Gravelle. Elle mettrait en mouvement quatre circuits de câble : le premier ayant son origine à 150 mètres en amont du pont de Joinville et aboutissant à l'entrée du souterrain de Saint-Maur; le second comprenant la traversée du souterrain; le troisième s'appliquant à la partie située entre la sortie du souterrain et l'écluse de Gravelle; enfin la quatrième partie allant de cette écluse à celle de Charenton. . . . .

. . . .

Vous proposez de borner, quant à présent, l'installation du système au premier de ces trajets.

Vous commenceriez par établir le circuit allant de l'écluse de Gravelle à la sortie du souterrain, sur une longueur de 500 mètres de voie, et ce n'est que quand ce circuit fonctionnerait parfaitement que vous exécuteriez le circuit du tunnel et celui de la rivière pour les faire marcher tous les trois commandés par le premier.

J'ai l'honneur de vous informer, M. l'Ingénieur en chef, que j'approuve en principe l'installation des expériences proposées par vous.

Je vous autorise à entreprendre dès maintenant ces expériences pour la partie comprise entre le pont de Joinville et l'écluse de Gravelle, en suivant d'ailleurs l'ordre d'exécution ci-dessus rappelé. . . . .

. . . .

En mai 1888 on procéda au piquetage de la première partie, qui s'étendait de l'écluse de Gravelle à la sortie du souterrain de Saint-Maur.

L'installation exigea quatre mois de travail; le plan et les croquis (pl. XX à XXX) permettent de se rendre compte des dispositions adoptées, sur lesquelles nous reviendrons ultérieurement avec tous les détails nécessaires, mais qui ne diffèrent pas, en somme, dans leurs éléments essentiels, de celles que l'expérience a consacrées.

Au mois d'octobre 1888 on put voir, pour la première fois, des péniches de 250 tonnes franchir sans difficulté et sans déraillement possible du câble un des coudes les plus brusques qu'il soit possible de rencontrer : celui qui relie les canaux de Saint-Maur et de Saint-Maurice.

Le Ministre des travaux publics, le Conseil général des ponts et chaussées, la Société des ingénieurs civils, un grand nombre d'ingénieurs français ou étrangers assistèrent à ces expériences.

Le problème était résolu au point de vue mécanique.

Il s'agissait de savoir ce que la solution donnerait, appliquée sur une plus grande échelle, et surtout ce qu'elle donnerait, mise entre les mains des mariniers.

C'est dans ce but qu'une décision ministérielle du 29 novembre 1888 autorisa l'établissement du système sur tout le parcours des canaux de Saint-Maur et de Saint-Maurice, parcours de 5 kilomètres où l'on trouve réunies toutes les difficultés qu'on peut rencontrer dans la pratique : un port de 250 mètres de longueur à Charenton, dont la traversée exigeait que le câble passât au milieu d'un ancien bras de la Marne, de 5 mètres de profondeur; un tunnel de 600 mètres de longueur à Saint-Maur; le coude brusque réunissant les deux canaux; une suite de courbes au départ de Charenton avec le pont du chemin de fer de Lyon et celui de la route nationale n° 5; l'écluse de Gravelle précédée à la fois d'un pont et d'un coude qui en rendent l'entrée particulièrement difficile; enfin la traversée, par une travée de 121 mètres de portée, de la branche du canal Saint-Maur formant descente en Marne.

M. Deluns-Montaud, Ministre des travaux publics, s'exprimait ainsi dans sa dépêche du 29 novembre 1888 :

La décision du 29 février 1888 autorisait en principe l'institution des expériences sur les trois premières sections. Elle stipulait d'ailleurs que l'installation des appareils serait faite d'abord entre la sortie du souterrain et l'écluse de Gravelle; que la traversée du souterrain et le parcours en rivière seraient installés quand cette première partie aurait fonctionné. . . . .

. . . .

Le système de M. Lévy est aujourd'hui organisé entre la sortie du souterrain et l'écluse de Gravelle et, à la suite des expériences concluantes auxquelles on a procédé le 21 novembre dernier, en ma présence, j'ai reconnu qu'il y avait lieu d'en décider l'établissement immédiat sur le surplus des canaux de Saint-Maur et de Saint-Maurice.

A cet effet, et conformément aux conclusions d'un rapport qu'ils ont présenté à la date des 24/26 novembre 1888, j'autorise MM. les Ingénieurs de la navigation de la Marne à faire les commandes et à demander, pour les soumettre à l'Administration supérieure, les soumissions nécessaires pour l'exécution en régie du double prolongement du circuit actuel jusqu'à Charenton d'une part, et jusqu'à l'entrée en Marne d'autre part, afin que l'installation puisse être inaugurée au printemps prochain, avec l'ouverture de l'Exposition . . . .

. . . .

§ 12. — Installation définitive du halage funiculaire sur les canaux *de Saint-Maurice et de Saint-Maur.*

En exécution de la décision ministérielle précitée, nous avons commencé le 3 janvier 1889 les études définitives de l'installation du halage funiculaire sur les canaux de Saint-Maurice et de Saint-Maur, entre l'écluse de Charenton et la tête amont du souterrain de Saint-Maur à Joinville-le-Pont.

L'installation comprend un grand circuit qui s'étend de l'écluse de Charenton à l'écluse de Gravelle, et un petit circuit entre l'écluse de Gravelle et la tête amont du souterrain de Saint-Maur.

Ces deux circuits, animés de vitesses différentes, sont actionnés par une même machine motrice installée sur le terre-plein de l'écluse de Gravelle. Le plan et les profils en long et un certain nombre de vues des parties les plus intéressantes du tracé définissent cette installation où toutes les difficultés que l'on rencontre ordinairement dans la pratique se trouvent accumulées et résolues.

Malgré la mauvaise saison, l'installation était terminée dans les premiers jours du mois de juillet 1889, et le 23 du même mois, le Congrès pour l'utilisation des eaux fluviales pouvait la visiter et en apprécier le fonctionnement dès lors assuré.

§ 13. — Perfectionnements du système.

Le mode d'attelage et les perfectionnements apportés à l'invention primitive de M. Maurice Lévy ont fait l'objet de six certificats d'addition au brevet original du 8 octobre 1887 ci-après reproduits :

Premier certificat d'addition au brevet du 8 octobre 1887, 186283, pour *Traction des bateaux par câble télédynamique placé sur la rive*, par M. Maurice Lévy.

(Planche XXXI.)

La présente addition a pour but la combinaison du mode d'échappement de la corde de halage décrit dans le brevet principal, avec un nouveau mode d'attache de cette corde et du câble haleur.

La figure 1 montre la cosse pour l'attache du câble de halage.

La figure 2 représente une coupe longitudinale de l'appareil de déclenchement, une coupe suivant 1-2, une coupe suivant 3-4.

La figure 3 un câble d'attache.

La figure 4 représente un support-guide du câble de déclenchement.

Le câble haleur porte de distance en distance (fig. 1) un œil formé d'un anneau métallique autour duquel passent les fils flexibles formant le câble.

La corde de halage *aa'* (fig. 2) porte à son extrémité l'appareil de déclenchement.

Nous rappelons que cet appareil se compose de deux plaques reliées par les tiges *a*, *b*, *c*. Cette dernière est l'axe de rotation d'un petit levier *bd*, retenu en *d* par le renvoi de sonnette lorsqu'il a la position indiquée sur la figure 2. La corde de halage *aa'* est rattachée en *a* aux plaques fixes qui portent l'appareil de déclenchement.

La cordelle *eh* qui va aussi au bateau s'attache à l'extrémité *e* de l'une des branches du renvoi de sonnette. La corde de halage *aa'* et la cordelle *eh* passent de distance en distance dans des supports-guides afin de ne pas s'emmêler, ainsi qu'on le voit (fig. 4). D'autre part, un câble en acier (fig. 3) d'environ 10 mètres de longueur, portant en son milieu une portion formée de chaînons, s'attache par l'une de ses extrémités aux plaques fixes (fig. 2) de l'appareil de déclenchement en *b*; à son autre extrémité il est fixé par un anneau B engagé dans le levier *bd*, après avoir passé dans l'anneau du câble haleur représenté (fig. 1). Lorsqu'on veut arrêter le bateau, on lâche de la corde en tirant sur la cordelle *eh*, alors le renvoi de sonnette joue, le levier *bd* se dégage; l'anneau B se dégage par l'extrémité *d* devenue libre de ce levier, en sorte que le câble *b*KB quitte le câble haleur par le seul effet de la marche de celui-ci, en glissant dans l'anneau A de la figure 1. Pour partir, après avoir passé l'anneau B (fig. 2) dans celui A (fig. 1), on l'engage dans le levier *bd* par l'extrémité *d*, puis on engage à son tour celle-ci dans le renvoi de sonnette.

IMPRIMERIE NATIONALE.

En résumé, je revendique comme ma propriété exclusive les perfectionnements que j'ai apportés à la traction des bateaux par câble télédynamique placé sur la rive, ainsi qu'il a été ci-dessus décrit et représenté sur le dessin annexé au présent mémoire.

DEUXIÈME CERTIFICAT D'ADDITION au brevet du 8 octobre 1887, 186283, pour *Traction des bateaux par câble télédynamique placé sur la rive*, par M. Maurice LÉVY.

(Planche XXXII.)

L'une des difficultés pratiques du problème de halage par câble provient du mouvement de torsion qu'éprouve le câble haleur. Il en résulte que la corde de halage qui y est attachée s'enroule sur lui, et bientôt on n'a plus de prise sur elle pour se déclencher.

J'évite cette difficulté à l'aide d'un mode d'attache très simple que je revendique comme ma propriété, sous le nom d'*attache différentielle*.

Il consiste dans la disposition de la figure 1.

Je prends à cet effet un filin en chanvre ou acier. J'en enroule la moitié sur le câble XX, suivant *lm*A, puis l'autre moitié suivant A*np*, en sens contraire, de façon que si, par suite de la torsion du câble, l'une des extrémités s'enroule, l'autre se déroule d'autant, et le point A reste toujours libre.

C'est ce point A, ou plutôt la bande triangulaire dont il est le sommet que je prends comme attache remplaçant la cosse, en l'utilisant exactement de la même manière que cette dernière.

A est l'attache du câble de halage *aa'* par l'intermédiaire du câble additionnel *b'*KAB de la figure 1 et de l'appareil de déclenchement. Ce câble additionnel est renvoyé en *k* pour éviter tout enchevêtrement. Ce câble additionnel pourrait être également établi en chanvre; *ch* est la cordelle servant au déclenchement, comme on l'a vu dans une addition précédente.

Pendant le fonctionnement de ce mode d'attache, la traction exercée sur la corde *aa'* serre le filin sur le câble XX, de sorte que celui-ci entraîne le bateau.

J'observe, en outre, qu'en ménageant une boucle en *l* et en *k* je puis, en tirant sur une cordelle S*t* passant dans ces boucles, fixée en *l* et allant au bateau, desserrer de nouveau les spires, et j'obtiens de la sorte un nouveau genre de déclenchement, puisque le câble général peut continuer sa marche sans entraîner les spires desserrées et par suite le bateau.

Enfin, au lieu de laisser les extrémités *l* et *p* séparées, je puis aussi les relier par un circuit, de façon que le contour *lm*A*npl* soit fermé. Alors l'appareil devient continu en s'avançant en hélice sur le câble principal.

On peut obtenir aussi la continuité avec une des moitiés de l'enroulement, par exemple (voir fig. 4) celle *lm*A*l* rendue continue en rejoignant le point A au point *l*; en ce cas, les deux points extrêmes de l'hélice devraient être maintenus à distance invariable.

J'ai également perfectionné le mode de dégagement de la corde au passage d'une poulie horizontale.

Soit en plan (fig. 2) une poulie horizontale C portant un ou plusieurs de mes crans, et soit XYZ le câble haleur passant sur cette poulie et marchant dans le sens XYZ.

Je reçois le brin d'arrière XY sur une petite poulie verticale b (fig. 3) portant un cran.

Sur l'arbre aa' de cette poulie, je cale deux croisillons P,Q (fig. 2 et 3).

Ils sont calés de façon que le cran soit à l'arrière et contigu à l'une des barres de chaque croisillon.

Je relie les extrémités des bras correspondants de ceux-ci par des tiges c, c' (fig. 2).

Quand la corde de halage a échappe le cran de la poulie verticale b, elle tombe sur une des tiges c, c' placée immédiatement à l'arrière du cran. Celle-ci, par suite de son mouvement de rotation, la soulève, comme on le voit (fig. 2), à une certaine hauteur à laquelle les quatre tiges la maintiennent successivement. Par suite, elle pourra échapper le cran de la roue horizontale C et passer par-dessus cette roue.

On peut naturellement multiplier le nombre des branches du croisillon ou remplacer les barres c, c' par un cylindre continu en tôle. On peut aussi n'employer qu'une simple manivelle munie d'un manche, à la condition que ce manche, après avoir relevé la corde, la rejette sur un guideau fixe placé un peu plus bas que le sommet de la course de ladite manivelle.

En résumé, je revendique comme ma propriété exclusive :

1° Le mode d'attache différentiel ci-dessus décrit;

2° Le déclenchement par simple desserrage des spires d'un filin enroulé (différentiellement ou non) sur un câble, à l'aide d'une cordelette comme celle *st* (fig. 1);

3° Le système d'échappement de la corde de halage par-dessus une poulie horizontale, comme on le voit (fig. 2 et 3).

Troisième certificat d'addition au brevet du 8 octobre 1887, 186283, pour *Traction des bateaux par câble télédynamique placé sur la rive*, par M. Maurice Lévy.

(Planche XXXIII.)

La présente demande a pour objet de me garantir la propriété exclusive de nouveaux perfectionnements que j'ai apportés dans mes appareils de traction des bateaux par câble télédynamique, dont je vais donner ci-dessous la description.

Manille d'amarrage (fig. 1 et 2). — L'appareil que je nomme ainsi a pour but de rendre l'attelage des bateaux indépendant des mouvements du câble, d'assurer le passage de l'amarre dans les poulies avec ou sans creux, et constitue, en outre, un mode d'attelage et de déclenchement assuré.

Il se compose d'un anneau de forme spéciale AA (fig. 1 et 2) dans lequel passe le câble B qui forme l'axe de rotation de l'anneau; ce premier anneau en porte un autre C en forme de maillon de chaîne, mobile autour d'un axe D perpendiculaire au câble. Ce système est donc constitué par la réunion de deux anneaux, de formes spéciales, respectivement mobiles autour de deux axes perpendiculaires. Les déplacements dans le sens de la marche du câble sont limités par deux bagues fixes E, E goupillées sur le câble et de dimensions assez restreintes pour se loger dans le vide du grand anneau en forme de maille, quand celui-ci se couche sur le câble au passage d'une poulie. Cette manille constitue un mode d'échappement, car lorsque la corde d'amarre s'y trouve fixée, elle la soulève au passage d'une poulie en tournant autour du câble et l'oblige à passer par-dessus la joue de la poulie, que celle-ci soit ou non munie de crans, ou qu'elle soit simplement dentelée, quelles que soient la largeur et la profondeur des dents. De plus, que le câble soit ou non animé d'un mouvement propre de torsion et quels que soient les changements qui se produisent dans la position relative de la corde d'amarre et du câble, par suite de la marche du bateau, ce système mobile autour de deux axes perpendiculaires maintient toujours l'amarre dans la même direction et l'empêche de se tordre.

Ce système combiné, d'une part, avec la double corde qui remplacera généralement dans la pratique le câble en acier portant dans son milieu des chaînons, et dont j'ai déjà décrit l'emploi, et, d'autre part, avec l'un quelconque des déclics brevetés, constitue un mode d'attelage et de déclenchement dont je revendique la propriété exclusive.

Si l'on imagine en effet que la corde d'amarre est fixée invariablement par une de ses extrémités au déclic et porte à l'autre un œil, il suffit, après avoir passé cet œil dans le grand anneau en forme de maille, de venir ensuite le fixer dans la partie mobile du déclic, pour constituer un attelage absolument sûr et facile à réaliser, que le câble soit arrêté ou en marche. Pour se dételer, il suffit d'ouvrir la partie mobile du déclic, l'œil l'abandonne aussitôt et la corde d'amarre sort nécessairement et immédiatement de la manille par suite de la marche même du câble et de l'arrêt plus ou moins rapide du bateau sur lequel l'effort de traction a cessé de s'exercer.

Manille avec cônes de protection (fig. 3). — Le système a le même principe que le précédent, mais l'anneau mobile autour du câble porte, au lieu du grand anneau en forme de maille, un petit anneau G qui peut s'effacer à l'abri des cônes de protection.

Le premier de ces cônes, dans le sens de la marche du câble, est formé de deux pièces A, B assemblées et invariablement fixées au câble; le second de trois pièces, dont deux, la première C et la troisième D, sont fixes, celle du milieu E mobile autour du câble. Cette disposition a pour but d'empêcher la corde d'amarre passée dans la manille de se coincer sur les cônes de protection.

Bobine d'amarrage (fig. 4). — Entre deux cônes fixes de protection A et C invariablement fixés au câble se trouve une bobine B de 9 à 10 centimètres de longueur, mobile autour du câble. Il suffit pour s'atteler de jeter sur cette bobine la double corde dont l'usage a été breveté en faisant un nœud de cravate; la corde s'arrête sur la partie renflée de la bobine et l'amarrage, indépendant des mouvements du câble combiné avec un des déclics et la double corde, constitue un mode d'attache et de déclenchement dont je revendique la propriété.

Trébuchet (fig. 5, 6 et 7). — Cet appareil, qui forme un des déclics dont l'emploi avec la double corde et l'une des manilles d'amarrage constitue un mode d'attache et de déclenchement, se compose d'un rectangle en fer évidé A terminé par une partie méplate B. Au sommet de la partie évidée, un anneau C reçoit l'extrémité fixe de la double corde; l'œil qui se trouve à l'autre extrémité est placé sur un doigt D, mobile autour d'un axe E, qui s'appuie sur les deux côtés du rectangle.

Pour fermer le déclic, il suffit d'emprisonner le doigt mobile dans un manchon F qui glisse à frottement doux réglé par des vis sur la partie méplate. Ce manchon reçoit la cordelle de déclenchement, tandis que l'amarre du bateau est attachée à la partie méplate du déclic par un émerillon qui l'empêche de se tordre.

Pour ouvrir le déclic, il suffit de mollir l'amarre, la traction s'exerce sur la cordelle et par suite sur le manchon; ce dernier en glissant dégage l'extrémité du doigt mobile qui, sollicité par la corde d'amarre, saute en laissant échapper l'œil qui la termine.

Trébuchet à ressort (fig. 8 et 9). — Le système auquel je donne ce nom a le même principe que le précédent, mais le manchon F est remplacé par un piston F_1 qui s'appuie sur un ressort à boudin H, traversé par une tige I sur laquelle s'exerce la traction de la cordelle. Le système plus facile à régler a l'avantage de rester fermé tant qu'on ne tire pas sur la cordelle pour se déclencher; il est, en outre, à l'abri des chocs, et peut tomber impunément dans la vase ou traîner à terre dans le sable.

Déclic à crochet (fig. 10 et 11). — Dans ce système, l'amarre du bateau est fixée par un émerillon à un crochet dont le bec B est mobile autour d'un axe M et peut être fermé au moyen d'un double levier H, appuyé sur un ressort I. Ce double levier a deux branches, la plus courte en forme d'anneau qui reçoit et maintient en place le bec du crochet, la grande à laquelle on attache par une chape K la cordelle de démarrage. Sur l'axe de rotation M du bec du crochet sont montées deux bielles G terminées par un anneau à émerillon E. C'est cet anneau qui reçoit la partie fixe de la double corde d'amarre; l'autre terminé par un œil, après avoir passé dans la manille, est reçue par le bec du crochet que l'on ferme au moyen du double levier.

Pour déclencher, il suffit de mollir l'amarre du bateau, la traction s'exerce sur la cordelle et par suite sur la grande branche du levier qui dégage nécessairement le bec du crochet.

Déclic à rotation (fig. 12 et 13). — Une pièce coudée A, en forme de fer à cheval, porte : 1° à l'une de ses extrémités une petite roulette B sur laquelle on attache l'extrémité fixe de l'amarre; 2° en son sommet un anneau C qui reçoit la cordelle de déclenchement; 3° à l'autre extrémité un doigt recourbé D dans lequel on engage l'œil qui termine la double corde.

Les deux extrémités de la pièce A sont réunies par un axe E, autour duquel tourne un manchon F dont le serrage peut être réglé au moyen de vis et qui, par l'intermédiaire d'un émerillon G, reçoit l'amarre du bateau. Le bateau étant attelé, le fer à cheval A, entraîné par le poids de la cordelle de déclenchement fixée à son extrémité C, se trouve placé verticalement, cet anneau du côté de terre, et le doigt recourbé D du côté du ciel; pour déclencher, il suffit comme toujours de mollir l'amarre de manière que la traction s'exerce sur la cordelle, le système tourne de 90 degrés et, le doigt recourbé se trouvant alors dirigé du côté du câble, l'œil qui termine la double corde d'amarre s'échappe du doigt recourbé comme dans l'un des systèmes précédents.

En résumé, je revendique comme ma propriété exclusive les appareils ci-dessus décrits, et j'insiste en particulier sur la double corde fixée par l'une de ses extrémités à la partie fixe du déclic quel qu'il soit, et par l'autre à sa partie mobile et reliée par son milieu au câble.

Quatrième certificat d'addition au brevet du 8 octobre 1887, N° 186283, pour *Traction des bateaux par câble télédynamique placé sur la rive*, par M. Maurice Lévy, ingénieur.

(Planche XXXIV.)

La présente demande a pour objet de me garantir la propriété exclusive de nouveaux perfectionnements que j'ai apportés dans mes appareils de traction des bateaux par câble télédynamique, dont je vais donner ci-dessous la description :

1° *Rondelles d'arrêt des manilles.* — La manille d'amarrage qui a fait l'objet d'une addition précédente a ses déplacements limités dans le sens de la marche du câble par deux bagues fixes, goupillées sur le câble.

La disposition dont je réclame la priorité et qui est représentée figures 1 et 2 a pour but d'assurer le maintien à demeure de ces bagues sur le câble, sans goupilles ou tout autre moyen nécessitant l'introduction dans le câble d'une broche ou d'un rivet; elle se compose : 1° d'une bague en acier ou en fer A dont la surface extérieure est cylindrique et la surface intérieure légèrement conique; dans cette bague on loge un manchon de cuivre recuit B, et sur le câble on place un autre manchon cylindrique C, également en cuivre, qui épouse exactement la forme du câble. Entre ces deux manchons on enfonce des coins en acier ou en fer D, qui assurent le serrage énergique recherché. La conicité de la bague et des coins est, bien entendu, dirigée dans le sens inverse de la marche du câble, de façon que cette marche et la traction exercée sur la bague par la manille d'amarrage tendent à augmenter le serrage et, par suite, l'adhérence de la bague d'arrêt.

2° *Changement de direction du câble sous un angle quelconque, avec des poulies verticales.* — Les changements de direction que l'on est obligé d'imposer au câble pour le plier au tracé sinueux de la voie navigable constituent une sujétion considérable surtout quand l'angle que font les deux directions du câble est concave, c'est-à-dire à son ouverture dirigée du côté de la voie navigable. Si l'on place en effet le câble sur une poulie à axe horizontal, de manière que les deux directions du câble soient tangentes à la gorge, on voit que le câble, dans le cas de l'angle concave, se trouve en arrière de la poulie et, par suite, de son support, on est donc conduit, pour assurer le passage de l'amarre qui relie le bateau au câble à placer ces poulies horizontales soit au niveau du plan d'eau de manière que l'amarre passe au-dessus du plan de la poulie, soit en porte-à-faux à une grande hauteur, de façon que ladite amarre passe en dessous de ce plan.

Ces deux solutions, les seules connues jusqu'à ce jour, sont également défectueuses.

Celle que je vais décrire, et qui est obtenue par la disposition représentée en élévation et en plan figures 3 et 4 et comme variante figure 5, résout complètement le problème par l'emploi de poulies verticales à crans, du type qui fait l'objet du brevet principal, quel que soit l'angle sur lequel se fait le changement de direction et quelle que soit son orientation. Il suffit, pour réaliser la disposition, de prendre deux poulies verticales du type ordinaire et de les placer à des niveaux différents, suivant les deux directions que l'on veut faire suivre au câble et qui forment entre elles l'angle que l'on veut réaliser.

Soit le câble MEN marchant dans le sens indiqué par les flèches, les deux directions ME et EN faisant entre elles l'angle MEN. Dans le plan vertical ME, je place la poulie O de manière que le câble passe en dessus et descende verticalement en E tangentiellement à la gorge; dans le plan vertical EN, je place une autre poulie verticale I, de même diamètre que O et dont l'axe est à un niveau inférieur à celui de la première.

Le câble arrive sur cette poulie I suivant la verticale E tangentiellement à la gorge et sort en dessous. Bien entendu, on peut inversement faire passer le câble en dessous de O et au-dessus de I en changeant la hauteur respective des axes des poulies O et I. Le changement de direction se trouve donc ainsi réalisé avec deux poulies verticales.

Au lieu de faire descendre verticalement le câble au sommet de l'angle, on peut le faire passer du niveau supérieur au niveau inférieur suivant une ligne oblique plus ou moins inclinée, à condition d'incliner également le plan des poulies comme il est représenté figure 5, montrant le système développé.

3° *Crans d'entraînement de la remorque sur poulies verticales de toutes sortes.* — La manille d'amarrage décrite dans une précédente addition constitue, comme nous l'avons dit, un mode d'échappement, car lorsque la corde d'amarre s'y trouve fixée, elle la soulève au passage d'une poulie, en tournant autour du câble, et l'oblige à passer par-dessus la joue de la poulie ; mais si celle-ci ne porte que deux crans profonds, du type primitivement revendiqué, il faut alors ménager entre les joues de la poulie et le rouleau de fermeture G (fig. 3) un petit jeu pour laisser passer la corde d'amarre. La disposition ci-dessous décrite permet de supprimer ce jeu par lequel le câble pourrait à la rigueur s'échapper, en offrant cependant à la corde d'amarre un passage. Il suffit de denteler la joue de la poulie d'une manière quelconque appropriée ; je préfère employer la disposition suivante représentée sur la poulie O (fig. 3). — On divise l'arc compris entre deux crans profonds en un certain nombre de parties égales, que l'on joint au centre de la circonférence, et, par chacun des sommets de ce polygone, on mène une perpendiculaire au rayon précédent et l'on découpe les petits segments compris entre la circonférence et ces deux perpendiculaires. La joue de la poulie porte ainsi des crans de faible profondeur dans lesquels vient nécessairement tomber la corde d'amarre soulevée par la manille et où elle reste jusqu'à sa sortie de la poulie.

Ayant ainsi décrit les dispositifs nouveaux que j'applique à mon système de traction des bateaux par câble télédynamique placé sur la rive, je revendique comme ma propriété exclusive :

1° Le nouveau mode d'attache des bagues sur le câble ;

2° La disposition spéciale des poulies d'angle destinées à supporter le câble à l'endroit d'un coude dont l'ouverture est tournée vers la rivière ;

3° La nouvelle poulie munie de crans supplémentaires de dégagement pour l'amarre du bateau.

Le tout, tel qu'il a été ci-dessus décrit et représenté.

Cinquième certificat d'addition au brevet du 8 octobre 1887, N° 186283, pour *Traction des bateaux par câble télédynamique placé sur la rive*, par M. Maurice Lévy.

(Planches XXXV et XXXVI).

La présente demande a pour objet de me garantir la propriété exclusive des nouveaux perfectionnements que j'ai apportés dans mes appareils de traction des bateaux par câble télédynamique et dont je vais donner ci-dessous la description :

Manille d'amarrage démontable (pl. XXXV, fig. 1, 2, 3, 4, 5.) — Cet appareil est un perfectionnement de la manille d'amarrage qui a fait l'objet d'une addition précédente ; il en conserve la forme et les propriétés essentielles, mais il est construit de façon à pouvoir se placer à volonté en un point quelconque du câble sans qu'il soit nécessaire de couper ce câble ; cette disposition a le grand avantage de rendre faciles et rapides les déplacements de la manille, soit pour la réparer, soit pour modifier l'espacement des attaches qui règle la marche des bateaux, soit pour faire porter successivement sur toutes les sections du câble le surcroît d'efforts qu'entraîne la traction de ces bateaux, ce qui est très avantageux pour l'entretien et la conservation de cet organe essentiel du système. Pour réaliser cette disposition, je remplace les deux bagues fixes qui dans l'ancien système sont goupillées sur le câble et limitent les mouvements de la manille, par deux bagues mobiles A, A (fig. 1, 3, 4) formées chacune de deux demi-douilles d'arrêt réunies par 6 vis disposées en quinconce. Au milieu de chacune de ces douilles on a placé une petite vis d'arrêt à pointe arrondie, que l'on serre sur le câble après la pose des bagues et qui, s'engageant entre deux torons, déterminent une adhérence suffisante.

Ces bagues sont légèrement évasées à leur extrémité opposée à la manille, de manière à faciliter les mouvements du câble au passage des poulies d'angles ; elles maintiennent dû côté de la manille un manchon E (fig. 2) formé de deux demi-bagues qui s'appliquent exactement sur le câble et sur lequel tourne l'anneau de la manille; ce manchon, maintenu en place par le serrage des deux bagues, protège le câble et l'empêche de s'user par le frottement de l'anneau.

Cet anneau BB' (fig. 1, 2, 5) est en deux parties; l'une B en forme de fer à cheval se pose sur le manchon; on place ensuite la manille C et, pour compléter l'anneau, la partie mobile B'. Ces trois pièces sont alors réunies par l'axe D que l'on goupille à B'.

L'ensemble parfaitement rigide constitue une manille tout à fait analogue à celle précédemment décrite, mais que l'on peut démonter à volonté.

Les perfectionnements apportés à l'appareil consistent donc à en rendre toutes les parties absolument mobiles, et d'assurer la protection du câble beaucoup mieux qu'on ne l'avait fait préalablement par l'addition d'un manchon sur lequel se font tous les mouvements de l'anneau et qu'il est facile de remplacer en cas d'usure.

Déclic en corde (pl. XXXV, fig. 6, 7, 8). — Cet appareil est une combinaison des trébuchets à friction et à ressort, précédemment décrits, réalisée au moyen d'une corde et de quelques morceaux de cuir, ce qui assure au système une grande flexibilité, diminue considérablement son poids et le prix de revient qui est insignifiant.

Ce déclic se compose d'une simple corde A; à l'un des bouts on attache le câble d'amarre par l'intermédiaire d'un émerillon B, à l'autre extrémité fixe la double corde C que l'on passe dans la manille et dont l'emploi a été plusieurs fois décrit.

La partie intermédiaire est garnie de cuir, c'est sur elle que glisse à frottement doux une bague en cuir D maintenue par un morceau de caoutchouc formant ressort EE et à laquelle on attache la cordelette de déclenchement F; cet anneau porte une petite bride G dans laquelle on engage à volonté le doigt mobile en fer H quand il a reçu l'extrémité libre L de la double corde.

Tout étant ainsi disposé, le déclic est fermé et l'attelage assuré; pour déclencher, il suffit d'agir sur la bague par l'intermédiaire de la cordelette de déclenchement, comme il a déjà été expliqué. Cette bague, que le caoutchouc est impuissant à maintenir, glisse en dégageant le doigt mobile qui laisse échapper l'extrémité libre de la corde d'amarre; le mouvement de cette bague, qui pourrait être dangereux pour le ressort en caoutchouc, est limité par un renflement M de la garniture en cuir.

Ce système, simple, robuste et peu coûteux, fonctionne sûrement et peut passer impunément dans les poulies, traîner à terre ou dans l'eau; bien qu'inspiré des dispositions précédemment décrites, il réalise sur elles un véritable perfectionnement.

Poulies d'angles concaves (pl. XXXVI, fig. 1, 2, 3). — L'emploi de deux poulies verticales superposées pour le passage des angles concaves répond à tous les besoins, mais peut être simplifié dans beaucoup de cas en profitant de la propriété indiquée qu'offre cette solution d'être très élastique et de s'appliquer également bien avec une inclinaison quelconque de la tangente commune, à condition d'incliner convenablement le plan des poulies.

On peut alors s'arranger pour que l'une des poulies (la poulie supérieure) soit une poulie ordinaire de 0 m. 60 de diamètre, et n'avoir plus qu'une grande poulie

IMPRIMERIE NATIONALE.

d'angle convenablement inclinée (voir fig. 9, 10, 11, 12, 13). Cette inclinaison aussi bien que l'orientation de la poulie, relativement au brin d'arrivée et à celui de départ, doivent être déterminées dans chaque cas avec la plus entière précision; elle présente quelques dispositions générales qui méritent d'être décrites bien qu'elles soient inspirées de celles qui ont fait l'objet du présent brevet; ces dispositions portent sur la poulie, le support n'a rien de particulier et est seulement disposé de manière à assurer à la poulie l'inclinaison que l'on veut réaliser.

Cette poulie, dont le diamètre varie avec l'angle dans lequel elle est placée, est une poulie ordinaire, mais dont la gorge a des joues très inégales. La joue inférieure a environ 10 centimètres, la joue supérieure, au contraire, a près d'un mètre, elle est d'autant plus grande que le diamètre à fond de gorge est lui-même plus grand. Cette joue est découpée par de grands crans à développantes de cercle, comme ceux qui ont été décrits à différentes reprises, qui descendent jusqu'à fond de gorge et la font ressembler à une grande roue d'engrenage.

Grâce à la largeur et à la profondeur de ces crans, le passage de l'amarre est assuré quelle que soit son obliquité.

Bitte tournante de démarrage (pl. XXXVI, fig, 4, 5, 6, 7). — Pour faciliter le démarrage, il est commode, si l'on ne veut pas se servir d'un treuil muni d'un frein, d'employer une bitte tournante dont on peut modérer le mouvement. Cette disposition est facile à réaliser à peu de frais sur tous les bateaux en plaçant, sur la bitte ordinaire A qui sert d'axe, un manchon en fonte B sur lequel on enroule la corde; pour modérer le mouvement de ce manchon, il suffit de serrer plus ou moins au moyen du levier F (fig. 4) un plateau D mobile autour d'une vis E fixée dans la bitte; ce plateau porte des tasseaux en bois C, C qui viennent en contact avec la partie supérieure du manchon B; on crée ainsi un frottement et par suite une adhérence suffisante pour modérer à volonté et arrêter au besoin le mouvement du manchon. Quand le démarrage est terminé, le système peut être réglé de manière que le manchon rendu fixe devienne mobile si l'effort de traction dépasse une certaine limite déterminée à l'avance.

On obtient le même résultat en adaptant au manchon un frein à lame (fig. 5) sur lequel on agit par l'intermédiaire d'un levier D équilibré au moyen d'un poids mobile P.

On peut encore découper dans la partie supérieure du manchon B (fig. 6 et 7) des crans C dont l'inclinaison est calculée de manière que le taquet de même forme D d'un levier L équilibré, qui s'y trouve engagé, ne puisse en sortir que si l'effort exercé sur le manchon dépasse une certaine limite déterminée à l'avance et qu'on peut faire varier dans une certaine mesure en déplaçant le poids P du levier.

En résumé, je revendique comme ma propriété exclusive les perfectionnements apportés à mon système de traction par câble et plus spécialement caractérisés par:

1° La disposition de la nouvelle douille d'amarrage en vue de faciliter le démontage et de préserver le câble;

2° La disposition du déclic en corde dérivé du déclic métallique précédemment décrit ;

3° La disposition des poulies d'angles concaves à joues inégales ;

4° La disposition de la bitte tournante de démarrage avec plateau de frein ou frein ordinaire à lame ou enfin avec sautoir d'un levier à contrepoids, en vue de faciliter le démarrage et de limiter l'effort de traction.

Le tout tel qu'il a été décrit dans le présent mémoire et représenté sur les dessins annexés à titre de spécimen.

Sixième certificat d'addition au brevet du 8 octobre 1887, N° 186283, pour *Traction des bateaux par câble télédynamique placé sur la rive*, par M. Maurice Lévy.

(Planche XXXVII.)

La présente demande a pour objet de me garantir la propriété exclusive de nouveaux perfectionnements que j'ai apportés dans mes appareils de traction des bateaux par câble télédynamique dont je vais donner ci-dessous la description :

Déclic à nœud coulant. — Le déclic qui fait l'objet de la présente addition est construit entièrement en corde; il remplace ceux qui ont fait l'objet d'additions précédentes, et comporte comme eux l'emploi de la double corde déjà brevetée.

Cette double corde AA porte à son extrémité fixe un œil B dans lequel on passe la corde d'amarre CC en faisant un nœud coulant D; le bout libre E se termine par un nœud.

Pour attacher, on passe comme d'habitude le bout libre de la double corde dans la manille d'amarrage, puis on vient le fermer dans le nœud coulant; la traction du bateau tend à fermer le nœud, et l'attache est complète et d'autant meilleure que la traction est plus forte.

Pour se détacher, on agit sur l'œil du nœud coulant de la corde d'amarre au moyen de la cordelette de déclenchement F en mollissant la corde d'amarre, et laissant la traction du bateau s'exercer par l'intermédiaire de la cordelette; le nœud s'ouvre nécessairement et le bout libre E de la double corde s'échappe et peut sortir de la manille d'amarrage comme dans les systèmes déjà décrits. Pour donner plus de solidité aux œils qui terminent la double corde et la corde d'amarre, on les renforce avec une cosse en fonte ou en tôle.

Attache à nœud coulant. — Le système de nœud coulant que nous venons de décrire constitue également un mode d'attache dont je revendique également la propriété et qui permet de supprimer la manille d'amarrage et la double corde : cette attache est mobile sur le câble, sur lequel elle peut glisser; elle permet de ralentir à volonté, de s'arrêter et de repartir sans descendre à terre pour s'attacher de nouveau.

Avec la corde d'amarre CC on fait le nœud coulant sur le câble en avant d'un arrêt constitué, soit par un transfil, soit par des anneaux démontables qui ont fait l'objet d'une des additions précédentes à mon brevet; on serre et, le nœud étant d'autant mieux fermé que la traction est plus forte, le bateau se trouve entraîné. Quand on veut ralentir ou s'arrêter, on mollit l'amarre et l'on agit comme il a été dit sur le nœud par l'intermédiaire de la cordelette F, le nœud s'ouvre et laisse passer l'arrêt, l'attache glisse alors sur le câble jusqu'à ce que, en raidissant l'amarre, on le ferme en avant d'un autre arrêt. Ce mode d'attache constitue donc une sorte de pince glissante mobile sur le câble, que l'on peut ouvrir ou fermer à volonté.

Ayant ainsi décrit mon système de nœud, j'en revendique la propriété exclusive.

CHAPITRE III.

RECHERCHES ULTÉRIEURES.

§ 14. — Nouveaux brevets de M. Oriolle.

Le succès et le retentissement des expériences de 1888 provoquèrent les nouveaux efforts d'un des inventeurs dont nous avons signalé les recherches antérieures, demeurées alors sans résultat pratique.

En 1889, M. Oriolle prit un nouveau brevet, ou plus exactement trois brevets partiels constituant dans leur ensemble un nouveau système, à savoir :

Le 2 janvier 1889, un brevet pour « menotte et pare-menotte destinés à servir d'attache de remorque sur un câble de traction funiculaire ».

A la même date un brevet pour « un système de poulie coupée ou galoche destinée à supporter le câble sans fin dans la traction funiculaire sur les voies d'eau ».

Le 24 mai 1889, un brevet pour « un boulard à tension graduelle automatique réglable avec limiteur d'effort de remorquage, et déclenchement instantané automatique destiné au halage funiculaire ».

Ces trois brevets dont le plus ancien en date est de quinze mois postérieur à celui de l'État, constituent dans leur ensemble une invention n'ayant plus guère de commun avec celle du même ingénieur brevetée en 1884 qu'une partie du boulard de démarrage, ainsi d'ailleurs qu'on en peut juger par les libellés mêmes de tous les brevets qui sont reproduits ci-après :

Brevet 195124, du 2 janvier 1889. — M. Oriolle.

SYSTÈME DE POULIE COUPÉE OU GALOCHE DESTINÉE À SUPPORTER LE CÂBLE SANS FIN DANS LA TRACTION FUNICULAIRE SUR LES VOIES D'EAU.

(Planche XXXVIII.)

Je demande un brevet d'invention de quinze années pour un système de poulie coupée ou galoche destinée à supporter le câble sans fin dans la traction funiculaire sur les voies d'eau.

Dans la marine, on donne le nom de galoche à une poulie dont l'axe est fixé à une demi-chape de telle sorte qu'on puisse engager une corde sans être obligé d'engager son extrémité entre deux montants. La disposition dont j'entends me réserver l'application par ce brevet permet au plan de la poulie de se mouvoir dans tous les sens et à son axe de prendre toutes les directions possibles.

Des essais de traction funiculaire faits par moi en 1883-1884 sur le canal de Saint-Quentin et des expériences de M. Rigoni, sous le boulevard Richard-Lenoir, à Paris, il résulte pour moi qu'il est extrêmement difficile, sinon impossible, d'opérer un remorquage sans déraillement du câble si les poulies de support ont leurs axes invariablement fixes, quelque bien calculée que soit la direction de ces axes.

Pour se rendre compte de cette difficulté, qu'on considère une longueur de câble comprise entre deux parties déterminées P, P'. Dès que le point d'attache R de la remorque a franchi la poulie P, se dirigeant vers P', la courbe formée par le câble, qui était d'abord une chaînette, devient gauche et se divise en deux courbes dont l'extrémité commune R tend à se rapprocher du canal avec une force d'autant plus grande que le bateau est plus lourd et maintenu dans sa voie par l'action du gouvernail. La corde de l'arc P'R tend à se placer dans le prolongement de la remorque, et elle y arrive dès que sa longueur devient infiniment petite, c'est-à-dire au moment où le point R se présente pour franchir P'. Remarquons que depuis le moment considéré le câble est appliqué sur une joue de la gorge de P'. Le point R prend alors son contact avec cette joue et non dans le fond de la gorge, et comme l'effort a lieu à cet instant dans une direction très oblique sur le plan de la poulie, le contact avec le fond de la gorge ne peut s'établir et il y a déraillement si le poids du bateau est très grand, s'il se trouve sur le bord opposé du canal et si la vitesse du courant est grande.

Dans mon système de galoche, j'ai adopté un mode de suspension tel que la direction de l'effort se trouve toujours dans le plan de la poulie qui est mobile autour d'axes différents. Le dessin ci-joint rend compte de la disposition de mon appareil (pl. XXXVIII).

Le présent brevet repose donc bien sur la disposition qui permet à la poulie de se déplacer dans tous les sens de façon que la direction de l'effort se trouve toujours dans son plan.

Brevet 195123, du 2 janvier 1889. — M. Oriolle.

MENOTTE ET PARE-MENOTTE DESTINÉS À SERVIR D'ATTACHE DE REMORQUE SUR UN CÂBLE DE TRACTION *FUNICULAIRE*.

Je demande un brevet d'invention de quinze années pour une menotte et un pare-menotte dont je décris ci-dessous l'usage et l'utilité.

Une menotte destinée à servir d'attache à une remorque de bateau sur un câble de traction doit satisfaire aux trois conditions suivantes : 1° permettre au marinier qui monte le bateau de le faire participer ou non au mouvement du câble, suivant qu'il veut marcher ou s'arrêter, et cela, seul, sans aide, sans descendre à terre, ni grand effort. Il pourra ainsi, comme il est nécessaire, stationner devant les écluses, y séjourner et repartir;

2° Être disposée de façon à éviter l'enroulement de la remorque autour du câble qui est animé d'un mouvement de rotation sur lui-même en même temps que de son mouvement de translation.

3° Pouvoir, quels que soient les efforts et la direction de la remorque, passer au fond de la gorge des poulies sans faire dérailler le câble, en ligne droite comme en ligne courbe, concave ou convexe, à une entrée ou à une sortie de pont comme en tout point du parcours.

Le menotte que j'ai imaginée se compose (pl. XXXIX) d'une rondelle métallique A percée d'une fenêtre et fendue longitudinalement pour s'engager sur le câble; de deux appendices à cette douille qui laissent entre eux un passage au câble, et évidés en partie pour le logement et le dégagement de l'axe du levier d'attache; de six pièces demi-cylindriques qui s'assemblent à queue d'aronde pour former trois bagues B, B′, B″; enfin d'un levier d'attache C qui porte par son axe D sur les deux appendices; à la branche E de ce levier est fixée la remorque, à la branche E′ la corde de débrayage, au sommet E″ du coude se trouve un petit galet.

Pour monter la menotte, on assemble les trois bagues sur le câble, on coiffe celui-ci en avant de la douille A; B, B′, B″ viennent d'elles-mêmes se placer dans leurs logements à l'intérieur de A et elles y sont emprisonnées avec l'obturateur F. On place le levier sur les appendices de manière que le galet se trouve dans la bague du milieu qui, grâce à la fenêtre de la douille, peut se déplacer entre les deux autres perpendiculairement à la direction du câble. On peut alors attacher la remorque à la branche E et la corde de débrayage en E′, soit au moyen d'un mousqueton, soit par tout autre procédé.

Le fonctionnement de l'appareil est très simple : une tension de la remorque E détermine l'appui de E″ sur la bague médiane et par suite donne lieu à un effort de cisaillement du câble entre les deux bagues extrêmes, effort qui entraîne la menotte avec une force proportionnelle a la tension de la remorque. Si l'on cesse de tendre celle-ci et qu'on tire sur la corde E′, les trois bagues se replacent dans le prolongement l'une de l'autre et laissent glisser le câble qui devient indépendant de la menotte. Dans les deux cas, le jeu laissé aux bagues dans leur mouvement s'oppose à l'enroulement de la remorque sur le câble dont le mouvement de rotation sur lui-même s'effectue soit à l'intérieur des bagues, soit à l'intérieur de la douille. Aussi, est-il important de tenir toujours toutes ces parties propres et bien huilées.

La manœuvre de la remorque E et de la corde E′ se fait à bord du bateau au moyen du boulard que j'ai décrit et qui est indispensable au démarrage.

Grâce à mes appareils, le service de la traction par câble funiculaire peut se faire très simplement. Un ouvrier attacheur se tient à l'entrée de chaque section du câble, dispose toujours à l'avance plusieurs menottes, et accroche sans retard les cordes E, E′ du bateau qui se présente. Un autre ouvrier à la sortie de la section les décroche et les fixe de nouveau à une menotte qu'il a apprêtée sur la section suivante ou sur le brin de retour, et ainsi de suite.

Pare-menotte. — Le pare-menotte est une pièce métallique fixée à la chape de la poulie; elle a la forme d'une spire allongée et contourne le câble à l'approche de la poulie; la branche E du levier d'attache de la menotte prend appui sur cette pièce, se relève de façon que la douille A vienne se présenter toujours sur la gorge et reprend sa position après avoir franchi la poulie.

Le pare-menotte a en outre l'utilité de rejeter en dehors vers le canal les cordes E, E′, et de les empêcher de s'engager dans la gorge de la poulie en même temps que le câble, ce qui produirait l'accostage du bateau contre la berge près du poteau support de la poulie. Un dessin rend compte de la disposition du pare-menotte (pl. XXXVIII).

Avertisseur. — Je décrirai dans un autre travail le moyen à employer pour permettre d'informer le poste moteur de ce qui pourrait arriver d'anormal le long du câble et pour mettre à la disposition des mariniers un avertisseur également destiné à mettre le poste moteur au courant des accidents.

Le présent brevet a donc pour but de me réserver l'emploi de la menotte qui satisfait aux trois conditions énoncées plus haut.

Brevet 198478, du 24 mai 1889. — M. Oriolle.

(Planche XL.)

BOULARD À TENSION GRADUELLE AUTOMATIQUE RÉGLABLE AVEC LIMITEUR D'EFFORT DE REMORQUAGE ET DÉCLENCHEMENT INSTANTANÉ AUTOMATIQUE DESTINÉ AU HALAGE FUNICULAIRE.

Mémoire descriptif déposé à l'appui de la demande d'un brevet de quinze ans formée par M. Paul Oriolle.

L'appareil pour lequel nous demandons un brevet est destiné à relier la corde de remorque d'un bateau avec le câble de traction funiculaire; il doit remplir les conditions suivantes :

1° Permettre un démarrage progressif avec tension graduellement croissante dans la corde de remorque;

2° Permettre de régler à volonté cet effort de démarrage en lui fixant un maximum que l'on peut faire varier, mais qui, une fois choisi, ne peut être dépassé;

3° Éviter les accidents que produirait une tension anormale dans la remorque, au moyen d'un déclenchement automatique, déclenchement susceptible d'être produit à tout instant, au gré du batelier.

Nous donnerons à titre d'exemple un des moyens de réaliser cet appareil indispensable pour la commodité et la sécurité du halage funiculaire.

Le boulard est composé de deux poupées en fonte *a*, *a′* (fig. 1), à trois gorges; ces poupées sont à axe vertical, leur portée est conique, de sorte qu'un effort vertical agissant sur les poupées, de bas en haut, tend à les coincer sur leur support et à empêcher la rotation. Les supports sont venus de fonte avec le socle.

Pour fixer le boulard sur le pont du bateau, le socle est muni d'une chaîne avec crochets à maillons.

Les deux poupées sont coiffées d'un sommier *c* appuyé d'un côté sur un ressort *d* placé entre ce sommier et un chapeau reposant sur la poupée. L'extrémité opposée du sommier repose sur la poupée *a'* par l'intermédiaire d'un chapeau *e* dont les entailles 1, 2 pénètrent dans deux tétons venus de fonte sur la poupée *a'*, de sorte qu'elle entraîne, en tournant, le chapeau *e*. La poupée 3-4 du chapeau est excentrée.

Quand le chapeau tourne avec la poupée sous l'action de la remorque enroulée sur les poulies, cet excentrique 3-4 vient buter contre un galet *f* et le repousse dans le sens de la flèche. Un ressort à boudin *g* ramène la pièce porte-galet *h* et la maintient appuyée contre la courbe de l'excentrique 3-4. Cette pièce *h* a ainsi un mouvement de va-et-vient horizontal. Dans ce mouvement, le cliquet à ressort *i* agit sur une roue à rochet dont nous verrons plus loin la disposition; au-dessus du sommier *c* décrit ci-dessus, se placent deux écrous, puis un deuxième sommier K maintenu entre ces écrous et deux nouveaux écrous placés en dessus. Ce deuxième sommier porte un axe horizontal *l* perpendiculaire à la longueur du boulard (fig. 2). Cet axe est contenu par deux petits paliers avec chapeau à vis venant s'ajuster sur les faces intérieures du sommier inférieur.

Au centre de cet axe se trouve une roue à rochet portant dix-huit crans. Deux crans disposés aux extrémités d'un même diamètre ont une longueur telle, que le cliquet n'aie pas une amplitude de mouvement suffisante pour entrer à nouveau en prise avec la dent de la roue à rochet. Sur les deux côtés de l'axe de la roue à rochet et au droit du sommier inférieur se trouvent disposés deux excentriques *c'* qui viennent, dans le mouvement de rotation communiqué par le rochet, exercer une pression sur le sommier inférieur, qui transmet cet effort aux poupées et les applique sur leurs supports coniques. Il y a alors entraînement par la remorque qui cesse de filer.

Quand les excentriques ont leur grand rayon suivant la verticale et au-dessous de l'axe, les poupées sont appliquées sur leurs supports. Quand leur position se trouve diamétralement opposée, les poupées sont libres et tournent sur leurs supports.

Un levier à poignée avec cliquet se trouve placé sur l'axe *l*; le cliquet du levier agit sur l'une des encoches a^1, a^2 de la roue O (fig. 2 et 3). En faisant basculer ce levier de 180 degrés on met les excentriques dans la position de desserrage.

La roue O est disposée de façon que, les excentriques étant au serrage, le cliquet du levier à poignée porte sur l'une des encoches *a*, de sorte qu'en tournant ce levier de 180 degrés on produit immédiatement le desserrage.

Au moment du démarrage, la corde de remorque est enroulée sur les gorges des poupées. Sous la traction du câble de halage la remorque fait tourner les poupées, et à chaque tour ces poupées se trouvent progressivement appliquées sur leurs supports coniques par l'intermédiaire du levier et de la roue à rochet qui fait tourner les excentriques par l'action du levier à cliquet.

Après un certain nombre de tours (9 dans l'exemple choisi) qui dépend du nombre de dents de la roue à rochet, les excentriques partis de la position de desserrage complet ont tourné de 180 degrés, à ce moment le rochet cesse de tourner; pour cela, on a aménagé aux extrémités d'un diamètre de la roue à rochet deux dents *m*

IMPRIMERIE NATIONALE.

qui ont une longueur supérieure au chemin décrit par le cliquet; celui-ci ne peut donc arriver à franchir la dent et cesse de faire tourner le rochet.

Le grand axe de l'excentrique se trouve alors vertical et au-dessous du centre de l'axe, les poupées sont alors appliquées sur leurs supports avec l'effort maximum et cessent de tourner lorsque le bateau est lancé; la remorque cesse de filer et le halage s'opère normalement sous un effort déterminé et réglable.

En effet, la pression qui applique les poupées sur leurs sièges dépend de la tension du ressort; on peut, au moyen de rondelles ou par tout autre mode convenable, régler cette tension de façon à obtenir dans la corde de la remorque l'effort maximum de traction que l'on s'impose. Si cet effort était dépassé, les poupées continueraient à tourner et le câble de remorque à filer. Ceci se produira quand, pour une raison quelconque telle que échouage, talonnement, abordage, etc., un effort anormal se produira dans la remorque. Celle-ci filera, mais il convient alors, pour éviter tout accident, que le boulard se déclenche automatiquement; dans ce but, la cordelette de remorque qui est rattachée à un levier de déclenchement de la menotte (appareil permettant de rendre la remorque solidaire du câble ou de l'isoler) se trouve fixée à sa partie inférieure sur un levier à poignée calé sur l'arbre des excentriques. Le câble de remorque filant, la cordelette se tend, et il arrive un moment où la tension est suffisante pour faire basculer le levier, le boulard se trouve alors déclenché automatiquement et ramené à l'effort minimum, ce qui permet l'isolement de la menotte sur le câble.

Ce déclenchement peut être produit par le batelier; lorsqu'il voudra se rendre indépendant du câble, il fera basculer à la main ledit levier de déclenchement et, tirant sur la cordelette de remorque, il agira sur le levier de déclenchement de la menotte et la rendra indépendante du câble qui filera sans haler le bateau.

Nous revendiquons comme notre propriété exclusive l'invention ci-dessus relative à l'emploi d'un boulard remplissant les conditions suivantes que nous considérons comme indispensables à l'emploi sûr et pratique d'un câble de halage funiculaire :

1° Démarrage progressif avec tension graduellement croissante de l'effort dans la remorque, produite automatiquement par la corde de remorque;

2° Variabilité et réglage à volonté de cet effort de démarrage au moyen d'un ou plusieurs ressorts dont on peut régler la tension par le moyen de rondelles, vis de pression ou tout autre mode usuel;

3° Limite de cet effort de remorquage à un maximum que l'on détermine à volonté par la tension du ressort;

4° Déclenchement automatique, si l'effort de halage dépasse le maximum que l'on s'est imposé, produit par la suppression de la tension du ressort au moyen d'un levier à bascule actionné par une cordelette remorquée, levier qui peut également être manœuvré par le batelier.

Le tout réalisé comme nous l'avons décrit ci-dessus ou par tout autre mode de construction qui n'en différerait que par des variantes.

C'est ce nouveau système que M. Oriolle a fait fonctionner devant le Congrès des eaux fluviales le 29 juillet 1889; nous ne croyons pas qu'il ait fait depuis cette époque l'objet d'une exploitation régulière.

§ 15. — Nouveaux brevets de M. Maurice Lévy.

Le 3 janvier 1890, M. Maurice Lévy prenait un nouveau brevet, complété depuis par un certificat d'addition, dans lesquels se trouvent décrits un certain nombre de perfectionnements qui complètent définitivement son invention primitive, et ont subi comme toutes les dispositions successivement adoptées l'épreuve de l'expérience et de l'exploitation.

Brevet du 3 janvier 1890. — *Halage funiculaire ou traction des bateaux par câble télédynamique*, par M. Maurice Lévy.

La présente demande de brevet d'invention a pour objet de me garantir la propriété exclusive de diverses dispositions constituant un système de halage funiculaire complet et permettant d'effectuer la traction des bateaux par câble télédynamique.

On suppose, pour fixer les idées, qu'on se propose de marcher à une vitesse de 0 m. 50 au minimum et de 3 mètres au maximum par seconde; que le câble entièrement métallique a de 0 m. 025 à 0 m. 035 de diamètre; que ce câble fortement tendu est supporté de distance en distance par des poulies dites *poulies de support*, de 0 m. 40 à 1 mètre de diamètre, une gorge de 0 m. 10 à 0 m. 20 de profondeur; que chaque changement de direction d'un des brins du câble est obtenu à l'aide d'une poulie spéciale dite *poulie d'angle* ou *de changement de direction*, horizontale ou inclinée suivant les cas, cette poulie étant, si on le juge utile, précédée ou suivie d'une poulie de support ordinaire.

Poulies de support (pl. XLI, fig. 1 et 2). — Le diamètre à fond de gorge des poulies de support peut varier, comme il est dit plus haut, de 0 m. 40 à 1 mètre suivant les conditions dans lesquelles ces poulies doivent être établies, et surtout suivant la vitesse que l'on veut imprimer au circuit dont elles font partie, de manière à réduire au minimum les frottements et l'usure des divers organes du système.

Ces poulies peuvent être scellées dans des maçonneries le long d'un mur de quai ou des parois d'un tunnel, par exemple, supportées par un pieu en bois convenablement contreventé, fixées à un support métallique ancré sur un massif de béton ou des pieux battus dans le lit de la rivière ou du canal. Toutes ces dispositions trouvent suivant les circonstances un emploi avantageux, mais, quelle que soit celle à laquelle on s'arrête, la forme de la gorge doit rester la même, car elle est indispensable au succès du système.

Il s'agit, en effet, d'assurer le passage de la corde d'amarre qui relie le bateau au câble, tout en empêchant le câble de s'échapper de la gorge des poulies qui le supportent, quelle que soit l'obliquité de la traction.

On obtient ce résultat en donnant à la gorge de la poulie un profil spécial ci-dessous défini, et en la fermant complètement au moyen de rouleaux qui assurent le maintien du câble sans gêner le passage de l'amarre.

Les poulies de support sont symétriques par rapport au plan de gorge, de manière qu'il soit toujours possible et même facile de les retourner en cas d'usure ou d'avarie; la description que nous allons donner s'applique donc seulement à une moitié de la poulie, celle comprise par exemple entre le plan de gorge et le plan de tête du côté du canal.

Connaissant le diamètre du cercle de gorge OA (fig. 1), la profondeur AC (fig. 2), et la demi-largeur *cd* de la gorge, données qui résultent des conditions auxquelles on doit satisfaire, vitesse de marche, diamètre du câble et des arrêts, saillies des appareils d'attelage, etc..., on détermine immédiatement la position et le diamètre du cercle de tête. Ces deux cercles sont réunis par une surface continue de révolution autour d'un axe normal au plan des cercles de gorge et de tête, et qui passe par leurs centres O, O (fig. 1).

Cette surface constitue la gorge de la poulie; elle se compose de deux parties distinctes : la première qui forme le fond de la gorge est engendrée par la rotation d'un quart de cercle *ab* (fig. 2) de diamètre légèrement supérieur à celui du câble garni de ses arrêts, dont l'une des extrémités *a* s'appuie sur le cercle de gorge OA, tandis que l'autre décrit nécessairement un cercle OB placé dans un plan parallèle aux plans de gorge et de tête, que nous appellerons *cercle intermédiaire*. Cette première partie constitue, comme on voit, une sorte de rainure torique dans laquelle le câble se loge facilement. On peut en modifier le profil d'une façon souvent avantageuse en se donnant le cercle intermédiaire et en remplaçant l'arc de cercle *ab* par un arc de parabole ayant son sommet sur le cercle de gorge.

La deuxième partie de la surface de la gorge, et la plus importante, est comprise entre le cercle intermédiaire OB et le cercle de tête OC; on l'obtient par la rotation autour de l'axe ci-dessus défini d'un arc de parabole déterminé comme suit :

On mène la tangente horizontale supérieure *fb* au cercle intermédiaire, et par le point de contact *f* une parallèle *fg* à l'axe de rotation. Ces deux droites perpendiculaires sont respectivement la tangente au sommet et l'axe de la parabole qui, ayant ainsi son sommet sur le cercle intermédiaire, est assujettie, en outre, à passer par le point *h* où son plan coupe le cercle de tête.

Le raccordement des deux surfaces ci-dessus définies qui constituent la gorge se ferait suivant une arête vive facile à adoucir, mais on peut, si on le préfère, engendrer la surface par la rotation autour de l'axe de sa section méridienne, formée de l'arc de courbe *bc* que l'on obtient immédiatement en vertu de la définition précédente, d'un arc de courbe *ab* ayant en *b* une tangente commune avec *bc*.

La surface ainsi engendrée peut être lisse, mais on la munira de préférence de cannelures obtenues en ménageant dans la surface et suivant l'arc de parabole qui l'a engendrée une petite gorge demi-circulaire HH, de 0 m. 02 à 0 m. 03 de diamètre, dans laquelle le câble d'amarre viendra s'engager.

Le nombre de ces cannelures est indifférent, mais il semble convenable d'en prévoir au moins deux.

On comprend que ces cannelures dans lesquelles la corde d'amarre vient se loger nécessairement par le seul fait de son mouvement relatif à celui de la poulie, et par lesquelles elle se trouve entraînée, suffisent à assurer le passage de l'amarre même si la gorge est fermée à sa partie supérieure par un rouleau fixe A laissant un jeu égal *aa* au demi-diamètre de la corde d'amarre (0 m. 01 environ) absolument insuffisant pour livrer passage au câble.

Fermoir (pl. XLI, fig. 3). — Ce système de fermeture résout complètement le problème, et l'on pourra l'adopter dans certains cas particuliers; j'en ai d'ailleurs imaginé un autre un peu plus compliqué, mais beaucoup plus parfait.

Un axe horizontal B, placé à la partie supérieure de la poulie, reçoit deux bras BC, BD en forme de A, terminés chacun par un rouleau CD qui vient s'appuyer sur le câble un peu en dehors de la poulie de support. Si ces bras étaient de même longueur et parfaitement symétriques par rapport à la verticale passant par l'axe de rotation, on comprend qu'on empêcherait bien tout soulèvement et, par suite, tout échappement du câble maintenu dans une position invariable, mais on rendrait en même temps impossible ou du moins fort difficile le passage des arrêts, de la corde d'amarre et des épissures. Mais si l'un des bras BD, par exemple, est un peu plus court que l'autre, ou si, ayant une même longueur il fait avec la verticale un angle plus grand, on réalise un système tel que l'un des rouleaux appuie toujours sur le câble et le maintient en place, tandis que l'autre, devenu libre, livre passage aux cordes d'amarre.

On obtient ainsi une sorte de balance automatique assurant, quoi qu'il arrive, le maintien du câble dans la gorge où il se trouve emprisonné et fermement maintenu.

Poulies de changement de direction (fig. 1, 2, 3, 4, 5, 6 et 7). — Les changements de direction que l'on doit imposer au câble pour le plier au tracé sinueux de la voie navigable constituent une sujétion considérable, surtout quand l'angle que font les deux directions du câble est concave, c'est-à-dire a son ouverture dirigée du côté de la voie navigable, car, dans ce cas, la poulie et son support se tournent en avant du câble et font obstacle au passage de l'amarre.

Angles convexes. — Quand on veut réaliser un changement de direction avec un angle convexe, c'est-à-dire dont l'ouverture est opposée à la voie navigable, on peut se borner à plier le câble sur une poulie horizontale de diamètre convenable, ce diamètre étant déterminé par la valeur de l'angle et par suite de l'effort d'incurvation qui ne doit pas dépasser certaines limites fixées *a priori* en tenant compte de la qualité du câble et de sa résistance à la rupture.

Il est cependant préférable de placer la poulie de changement de direction un peu dans un plan horizontal, mais bien dans le plan oblique passant par la résultante des efforts qu'elle a à supporter, savoir la tension et le poids du câble.

Quelle que soit la position de la poulie, le tracé de la gorge et de ses cannelures reste le même, et tel que je l'ai décrit pour les poulies de support ordinaire (pl. XLI, fig. 1 et 2), les lignes et les courbes qui entrent dans la définition étant toujours parfaitement déterminées dès qu'on connaît la position de la poulie, son diamètre à fond de gorge, la profondeur et la demi-largeur de la gorge, toutes données résultant des conditions particulières dans lesquelles on se trouve placé.

Quant au système de fermeture de la gorge, il reste également celui que j'ai décrit plus haut (fig. 3); les rouleaux à fermeture dont l'arc est nécessairement parallèle à celui de la poulie devenant seulement verticaux ou légèrement obliques, suivant la position qu'on adopte pour cette poulie.

Angles concaves (pl. XLI, fig. 4, 5, 6 et 7). — Pour réaliser un changement de direction sous un angle concave, c'est-à-dire ayant son ouverture dirigée du côté de la voie navigable, on peut adopter deux dispositions distinctes dont je revendique la propriété.

La première consiste, la poulie O étant placée dans le plan passant par la résultante des efforts qu'elle a à supporter, déterminé comme je l'ai indiqué plus haut pour la poulie d'angle convexe, à assurer le passage de l'amarre au moyen d'un rouleau d'entraînement A.

Dans ce cas, la poulie est identique à celle des angles convexes, même diamètre sous le même angle, même profil de la gorge, même système de fermeture; la position seule diffère, c'est-à-dire que l'obliquité est dirigée du côté de la voie navigable au lieu de l'être en sens inverse.

Mais comme cette obliquité est nécessairement faible, la corde d'amarre attendrait trop longtemps avant de s'engager dans les cannelures de la gorge; on place alors en avant du câble, entre celui-ci et la poulie, un cylindre A, de 0 m. 10 à 0 m. 20 de diamètre, incliné à 45 degrés environ, portant une cannelure hélicoïdale continue, dont la base *a* affleure la partie supérieure de la poulie. L'amarre, dès qu'elle vient en contact avec ce cylindre, qu'elle met en mouvement, tombe dans la cannelure et est ainsi conduite jusqu'au sommet de la poulie où elle est entraînée par les cannelures de la gorge et franchit la poulie et son support.

La seconde disposition dont je revendique également la propriété ne comporte pas l'emploi d'un appareil auxiliaire, elle consiste uniquement à augmenter notablement le diamètre du cercle de tête OC et légèrement l'inclinaison du plan de la poulie.

Connaissant la tension et le poids du câble, l'orientation, à peu près obligée par des considérations locales, de la poulie par rapport au brin d'arrivée, l'inclinaison également déterminée par la position que l'on peut adopter pour les poulies de support ou de direction placées en avant, tout en maintenant le câble à une hauteur convenable, le diamètre du cercle de gorge OA qui dépend de la valeur de l'angle et la demi-largeur *cd* de la gorge qui ne doit pas varier dans toute l'installation, on détermine le diamètre du cercle de tête OC de manière que la corde d'amarre rencontre immédiatement la surface de gorge et vienne par conséquent tomber dans l'une des cannelures H, H qui l'entraînent. Le tracé de la surface de gorge et des cannelures est d'ailleurs toujours le même et n'a pas besoin d'être décrit à nouveau.

Si, en raison de la profondeur assez grande *ad* de la gorge, dans le cas qui nous occupe, on veut faire une économie sur le poids de la poulie, en sacrifiant la possibilité du retournement, il suffit de faire la poulie dissymétrique et de remplacer les joues inférieures par un simple bourrelet dont la hauteur soit légèrement supérieure au diamètre du câble. Cette remarque est d'ailleurs générale, et l'on comprend que dans toutes les poulies déjà décrites il suffit de tracer comme il a été dit la partie de la gorge qui doit entraîner l'amarre, l'autre partie ne jouant aucun rôle utile et pouvant être remplacée par un plan tangent à la rainure dans laquelle se meut le câble ou par une surface quelconque arbitrairement choisie.

Quant à la fermeture automatique des poulies d'angle concave, on peut également la réaliser au moyen de deux rouleaux mobiles ci-dessus décrits ; on peut encore, comme on le comprend immédiatement, profiter de cette disposition pour assurer le maintien du câble à fond de gorge dans une position invariable, par une inclinaison convenable des rouleaux qui s'appuient alternativement sur lui.

Câble. — Le câble dont nous venons de décrire les supports doit être entièrement métallique de manière à supporter, sans fatigue et surtout sans déformation, les efforts qui résultent tant de la tension propre assez forte qu'on lui donne et qui forme un des éléments essentiels du système, que du travail d'incurvation et des efforts qu'exige la traction des bateaux.

Les câbles à âme en chanvre qu'on emploie généralement ne tarderont pas, en effet, à perdre leur forme primitive, par suite de la rupture ou de la dislocation de l'âme en chanvre, les torons en fil d'acier n'étant plus maintenus abandonnent successivement leur position primitive pour remplacer l'âme, et l'on se trouve en présence d'un câble informe dont la résistance n'offre plus aucune garantie, quelle que soit la qualité du métal employé, puisque certaines sections peuvent être soumises à des efforts cinq ou six fois plus grands que ceux sur lesquels on aurait compté.

On s'affranchit de tous ces inconvénients en remplaçant l'âme en chanvre par une âme métallique, mais, pour que ce toron central ne supporte pas tout l'effort, ce qui arriverait nécessairement s'il était de même nature que les torons qui forment la couverture, il convient de le constituer avec un métal très facilement dilatable, qui s'allonge et laisse supporter aux autres torons les efforts pour lesquels ils ont été calculés, tout en empêchant d'une façon absolue leur déplacement relatif et par suite la déformation du câble. Le fil recuit convient bien pour cet usage et permet d'obtenir des câbles aussi souples que ceux qui ont une âme en chanvre.

Je revendique comme ma propriété l'idée d'appliquer à la traction des bateaux les câbles entièrement métalliques avec âme en fil recuit en vue d'éviter les inconvénients ci-dessus décrits que j'ai signalés le premier.

Tension du câble. — Je revendique également comme ma propriété exclusive l'idée de donner au câble employé pour une installation de halage funiculaire une tension assez forte pour que l'amplitude de ses oscillations, dans un plan quelconque, ne dépasse pas dans chaque travée une limite déterminée, 5 centimètres par exemple, sous l'action des efforts qu'il est appelé à supporter pendant la traction des bateaux, ce qui détermine bien, en effet, les deux éléments constitutifs du câble, savoir son poids et sa tension. On réalise ainsi le maximum de stabilité qu'il soit possible d'obtenir dans un système de cette nature et une régularité de marche des bateaux absolument frappante.

Attelage de la corde d'amarre au câble. — Pour compléter la solution du problème de la traction des bateaux par câble télédynamique, il faut pouvoir en tout point du circuit atteler facilement un bateau de manière à lui imprimer le mouvement régulier et continu, dont le câble est animé, et s'en séparer à volonté sans descendre à terre, que l'on veuille s'arrêter complètement ou simplement ralentir sa marche dans un passage difficile ou dangereux.

J'ai imaginé et réalisé pour satisfaire à ces différentes conditions un certain nombre de dispositions nouvelles dont je revendique la propriété.

Pour saisir le câble et faire participer la corde d'amarre et par suite le bateau au mouvement dont il est animé, on peut adopter deux solutions absolument distinctes que nous indiquerons successivement. La première consiste à placer à demeure, sur le câble, des arrêts qui doivent être, bien entendu, faciles à poser, à déplacer et à remplacer, sur lesquels on s'appuie pendant la traction et que l'on abandonne quand on veut ralentir ou s'arrêter. Cette solution, la seule qui ménage convenablement le câble, offre encore d'autres avantages qui nous semblent devoir la faire définitivement préférer ; elle permet notamment, par une répartition convenable des arrêts, d'assurer l'exploitation régulière de la voie navigable quelle que soit l'intensité du trafic.

La seconde consiste, au contraire, à s'atteler au câble au moyen d'un appareil, pince ou mâchoire qui fonctionne en même temps comme arrêt; elle dispense, il est vrai, d'attendre quelques secondes le passage d'un point d'attache, mais elle ne permet pas d'assurer une exploitation régulière sans embarras ni encombrement, et elle a l'énorme inconvénient de détruire très rapidement le câble, quelle que soit la disposition imaginée pour assurer le serrage du système.

Ce sont là deux inconvénients graves qui ne doivent faire admettre cette solution que dans des cas tout à fait particuliers et encore avec la plus grande réserve.

Arrêts posés à demeure sur le câble (pl. XLII, fig. 1, 2, 3, 4, 5, 6, 7, 8, 9 et 10). — Ces arrêts doivent être facilement démontables pour que leur pose, leur déplacement, leur remplacement puissent se faire en quelques minutes, pendant les très courts arrêts du système en exploitation régulière, au besoin même pendant la marche.

Je vais en décrire trois dispositions qui satisfont également à cette condition nécessaire et présentent chacune des avantages particuliers.

Arrêt simple (pl. XLII, fig. 1 et 2). — Cet arrêt se compose de deux demi-bagues A, A, figure 1, en acier ou en bronze, qui embrassent exactement le câble et qui sont réunies par 2, 4 ou 6 vis *b*, *b* suivant la longueur que l'on veut donner à l'arrêt ; ces bagues sont terminées à leurs extrémitées par des surfaces planes ou légèrement arrondies. C'est sur l'extrémité avant B (figure 2), dans le sens de la marche du câble, que s'appuie le système d'attache.

Si les bagues étaient simplement serrées sur câble au moyen des vis qui en réunissent les deux parties, elles n'offriraient qu'un point d'appui très précaire et le plus souvent insuffisant. Mais elles sont butées à l'arrivée D par un transfil DE de 0 m. 10 de longueur qui empêche tout déplacement. Ce transfil est fait avec de la ficelle ou du caret posé en couches régulières, avec interposition d'un mélange de résine et de goudron ; ce mélange durcit rapidement et offre au bout de quelques heures une résistance égale à celle du bois ; il est d'ailleurs facile à enlever ou à remplacer.

Cette disposition dont je revendique la propriété exclusive fournit un arrêt extrêmement solide et qui n'impose au câble ni fatigue ni usure. Le transfil qui adhère solidement au câble, dont il épouse parfaitement la forme, n'exerce pas sur lui une pression ou un frottement capable d'en modifier la composition ou d'en user les fils, comme le ferait une surface métallique serrée à bloc.

Dans la disposition ci-dessus décrite, l'appareil d'amarrage qui s'appuie sur la partie antérieure de l'arrêt tourne librement sur le câble en avant de cet arrêt; on peut craindre qu'il finisse par l'user si l'on n'a pas la précaution de déplacer de temps en temps les arrêts.

Plusieurs dispositions permettent d'ailleurs de parer à cet inconvénient; on peut, par exemple, garnir le câble en avant de l'arrêt d'un petit transfil plat sur lequel tourne et s'appuie l'appareil d'attelage; on peut aussi employer un *arrêt à bec* (pl. XLII, fig. 3, 4, 5, 6); cet arrêt ne diffère du précédent qu'en ce que les deux bagues A, A sont terminées à leur partie antérieure par deux demi-cuillers ou becs C, C de très faible épaisseur, qui enveloppent complètement le câble et sur lesquels tourne l'appareil d'attelage butté à l'arrière par la partie saillante B de l'arrêt; cette disposition protège complètement le câble et en assure la conservation.

Arrêts à deux talons (pl. XLII, fig. 7, 8, 9 et 10). — Cette disposition est une combinaison de celles que nous venons de décrire; elle offre les mêmes avantages et plus de garanties de solidité et de durée. L'arrêt a la forme d'une bobine. Les demi-bagues A, A portent à chaque extrémité un renflement ou talon dans lequel sont logées les vis de serrage et qui fait une saillie BB sur la partie intermédiaire assez mince CC ; la demi-cuiller ou bec de la disposition précédente enveloppe simplement le câble. Les deux morceaux qui composent l'arrêt se trouvant réunis à leurs deux extrémités n'ont pas de tendance à se séparer, et l'on peut à volonté placer l'appareil d'attelage soit entre les deux talons où le câble est complètement protégé, soit en avant comme nous le verrons plus loin.

Système d'attelage. — Je vais décrire un certain nombre de systèmes d'attelage dans lesquels on fait usage des arrêts, avant d'aborder la description des pinces qui sont à elles-mêmes leur propre arrêt.

Ces systèmes d'attelage, assez nombreux, peuvent se ramener à trois types principaux que j'examinerai successivement, savoir : l'étrier, le crochet et la manille.

Étrier (pl. XLIII, fig. 1, 2, 3, 4, 5 et 6). — C'est une pièce extrêmement simple dont la forme rappelle celle d'un étrier auquel on aurait enlevé l'appui.

La première disposition que j'ai réalisée est celle de l'étrier simple (fig. 1, 2 et 3). On l'obtient en courbant, suivant la forme indiquée, un tube en acier A dans lequel passe la corde d'attelage B. Ce tube porte à l'arrière et à sa partie inférieure TT deux petits talons qui viennent s'engager sous la saillie de l'arrêt O en avant, et à sa partie supérieure, un anneau C pour y attacher la cordelette de déclenchement.

La corde qui passe sur l'étrier n'est, bien entendu, pas la corde du bateau, mais une corde auxiliaire qui fait partie du système d'attelage et dont les deux bouts symétriques de 5 ou 6 mètres de longueur sont terminés par des boucles ou des mousquetons de manière qu'on y puisse fixer facilement et rapidement la corde du bateau.

Ce système constitue un mode d'attelage parfaitement sûr, très simple et peu coûteux, qui permet au marinier de s'atteler à loisir, de remonter sur son bateau, de partir quand il lui plaît, de ralentir sa marche ou de s'arrêter à volonté, enfin de disposer de tous les avantages et de toutes les facilités que peuvent offrir les systèmes glissants les plus compliqués et les plus nuisibles au câble.

Pour s'atteler on pose l'étrier sur le câble et, ouvrant le mousqueton qui termine l'un des bouts de la double corde BB, on y passe l'amarre du bateau déjà fixée à l'autre extrémité de la double corde. La cordelette de déclenchement, fixée à l'anneau supérieur C, peut être placée soit en avant, soit en arrière du câble.

Le système glisse ainsi sur le câble jusqu'au passage d'un arrêt, contre lequel il vient se butter et qu'il ne peut plus abandonner, quelle que soit la position qu'il prenne au passage des poulies, parce qu'il est maintenu par les deux talons T, T qui se sont engagés sous l'arrêt O. Ces talons, dont je revendique l'entière et absolue propriété comme une des dispositions les plus importantes du système, assurent la fermeture et le maintien de l'étrier, comme le ferait un collier, et tout en le laissant libre et entièrement ouvert à sa partie inférieure.

Ce mode d'attelage est excellent; il fatigue très peu le câble et résout bien la grande difficulté que présente le problème de l'attache, et qui résulte de la nécessité où l'on se trouve de se rendre indépendant du mouvement de torsion du câble. Avec tout système d'attache fixe, ce mouvement de torsion enroulerait l'amarre sur le câble et amènerait rapidement le bateau à terre sans qu'il lui fût possible de se détacher.

On comprend que cet étrier soit très facilement mobile autour du câble; rien n'empêche, en effet, de lui donner tout le jeu qu'on juge nécessaire; de plus, les deux cordes, à leur sortie du tube, peuvent se placer dans toutes les directions que peut occuper la traction, et l'on a en somme constitué ainsi, avec les dispositions les plus simples, un appareil mobile autour de deux axes perpendiculaires qui peut occuper toutes les positions.

Si, à un moment quelconque, on mollit légèrement la corde d'amarre en agissant en même temps sur la cordelette de déclenchement, l'appareil tiré par la partie supérieure et antérieure C bascule nécessairement en D et échappe l'arrêt O; le bateau est donc rendu libre jusqu'au passage d'un nouvel arrêt; il peut soit s'arrêter complètement, soit ralentir sa marche à volonté. Rien ne l'oblige, en effet, de profiter du passage d'un nouvel arrêt; en tirant légèrement sur la cordelette on fait tomber l'étrier, soit en avant, soit en arrière, suivant la position qu'occupe la cordelette, mais, dans les deux cas, le système ne porte plus sur le câble que par un des brins de la double corde, qui non seulement laisse passer les arrêts et les épissures sans s'y fixer, mais passe encore facilement dans les poulies, si le bateau continue sa marche pendant quelque temps en vertu de la vitesse acquise.

Pour repartir, il suffit de tirer légèrement sur la corde d'amarre, l'étrier remonte immédiatement sur le câble et s'engage sur le premier arrêt qui vient à passer.

Pour se détacher complètement du câble, il suffit, quand on est déclenché et que le bateau descend libre et diminué de vitesse, de descendre à terre pour détacher le mousqueton ; c'est une sujétion sans importance, puisqu'elle ne se produit qu'à la fin du voyage, mais on peut l'éviter, comme nous l'indiquerons plus loin, et se détacher à volonté sans descendre à terre.

Mais, avant d'aborder la description des dispositions qui permettent d'obtenir ce résultat qui complète si heureusement le système, nous allons indiquer les perfectionnements que nous avons apportés au type primitif, mais qui, s'ils en augmentent les qualités, n'en modifient ni le principe ni l'usage.

La fabrication d'un tube recourbé en acier et le passage d'une corde dans ce tube sont deux opérations assez difficiles que l'on évite sans inconvénient pour le système en supprimant le demi-cylindre supérieur du tube dans toute la partie courbe et ne laissant subsister, comme l'indiquent les figures 1, 2 et 3, que deux bouts de tubes aux extrémités, bien suffisants pour maintenir la corde dont on limite les déplacements quand elle est placée au moyen de deux petits transfils qui assurent l'égalité des deux bouts pendants. On peut d'ailleurs, sans inconvénient, ouvrir ces tubes suivant la génératrice extérieure, ce qui facilite encore l'entrée de la corde. Enfin, si l'on trouve que le montage de la corde présente encore quelques difficultés, on peut remplacer la corde à bouts pendants verticaux par deux cordes horizontales passées dans des trous ménagés de chaque côté de l'étrier, et où on les arrête au moyen d'un nœud placé sur la face antérieure de cette pièce. Cette disposition a l'avantage de maintenir l'absolue égalité des deux brins ; elle est très commode, car on peut donner à l'axe des tubes l'inclinaison que l'on veut et par suite faire sortir les cordes sous un angle quelconque ; elle a l'inconvénient de grossir un peu la pièce, et nous lui préférons pour la pratique ordinaire celle où les deux brins sont verticaux.

Pour diminuer la fatigue et l'usure du câble sous l'étrier, bien qu'il soit facile de le protéger, comme nous l'avons dit, soit avec un transfil, soit avec un arrêt à bec, nous avons imaginé plusieurs dispositions : l'une consiste à prolonger l'étrier vers l'avant (pl. XLIII, fig. 4, 5, 6) par une sorte de selle S au sommet de laquelle on fixe la cordelette au moyen d'un anneau C. Le déclenchement devient ainsi particulièrement facile, puisqu'on dispose d'un très grand bras de levier pour l'effectuer, mais le principal avantage de cette disposition est le suivant : la pièce est dyssymétrique et la traction s'effectue à l'arrière ; dans ces conditions ce n'est pas l'arête antérieure toujours plus ou moins coupante qui vient porter sur le câble, tandis que l'étrier est buté à l'arrière contre et sous l'arrêt, c'est une partie cylindrique de la selle comprise entre l'extrémité antérieure légèrement retroussée et le point d'application de l'effort de traction. On peut compléter et améliorer encore cette disposition en faisant tourner l'étrier sur la saillie antérieure de l'arrêt.

Étrier à emboîtement (pl. XLIV, fig. 1, 2, 3). — Pour obtenir ce résultat, il suffit de prolonger l'étrier en arrière des cordes par une surface cylindrique R qui avec les talons coiffe exactement l'arrêt; on laisse au contraire un peu de jeu dans la partie qui porte sur le câble lorsque l'étrier n'est pas en prise, mais, dès que cette prise a commencé, l'étrier ne touche plus le câble qui n'a plus rien à supporter. Cette solution est excellente à tous égards, et l'on doit la considérer comme tout à fait complète.

Pour que l'étrier puisse passer dans les poulies qui supportent ou dirigent le câble, il est indispensable que les talons ne descendent pas au-dessous du plan horizontal tangent à l'arrêt sur lequel ils font prise, et qu'en avant de l'arrêt, toutes les parties de l'étrier soient également limitées au plan horizontal tangent au câble. Cette disposition a une grande importance et j'en revendique spécialement la propriété, car tout système dans lequel elle ne serait pas observée ne présente ni solidité ni durée.

Le système, tel que nous l'avons décrit, suffit à toutes les nécessités de la pratique ordinaire, puisqu'il permet de s'atteler à l'avance, de partir, de ralentir, de s'arrêter à volonté. Mais on peut se proposer de le compléter de manière que le marinier puisse se détacher complètement du câble et ramener à lui tout le système sans descendre à terre.

Plusieurs dispositions permettent d'obtenir ce résultat (pl. XLIV, fig, 4 et 5). On peut d'abord, au lieu de prendre les deux cordes pendantes, absolument égales, et de les terminer par deux boucles ou deux mousquetons, prendre l'une un peu plus longue en la terminant par un nœud coulant B (fig. 4) et terminer la plus courte par une sorte de poire ou de pompon en corde A (fig. 4). Quand cette poire est passée dans le nœud coulant, le système forme une boucle allongée, complètement fermée, et si, après avoir passé l'amarre D du côté opposé à l'étrier E, en la fixant au moyen d'un nœud quelconque, on exerce une traction, le nœud coulant se serre de plus en plus et maintient la boucle fermée. Si au contraire on mollit l'amarre et l'on tire directement sur le nœud coulant, au moyen d'une cordelette spéciale F, ce nœud s'ouvre et laisse sortir la poire qui termine la courte corde.

Le système est ainsi complet, il comprend tous les organes nécessaires à l'attache, au glissement et au déclenchement.

Il est important, on le comprend facilement, que l'amarre porte bien exactement au milieu de la boucle opposée à l'étrier pour qu'elle exerce sur le nœud un effort suffisant pour le fermer; on obtient facilement ce résultat en épissant en ce point une cordelette C que l'on rattache au brin qui porte le nœud; on réalise ainsi une boucle qui maintient la corde d'amarre et l'oblige à porter l'effort sur le nœud qu'il importe de fermer. Ce système exige deux cordelettes de manœuvre : l'une G attachée au sommet de l'étrier le fait basculer et assure le glissement; l'autre F ouvre le nœud coulant quand on veut se détacher complètement. On peut, il est vrai, supprimer cette dernière en utilisant l'autre, il suffit de le faire passer dans une boucle fixée au nœud coulant et de lui faire porter un renflement dans la partie comprise entre le nœud coulant et l'étrier; ce n'est qu'en tirant suffisamment sur la cordelette qu'on amène le renflement sur la boucle dans laquelle il ne peut pas s'engager, et l'on ouvre alors le nœud.

Mais cette disposition, bien que tout à fait complète, a l'inconvénient d'exiger un effort assez grand pour ouvrir le nœud, quand il a été fortement serré par la traction d'un bateau lourdement chargé.

Je l'ai perfectionné (pl. XLIV, fig. 5) en réunissant les deux brins *a*, *a* à la hauteur du nœud B par un anneau en fer H, qui passe à la fois dans le nœud coulant B et dans une petite boucle I épissée sur l'autre brin; on n'a pas besoin avec ce système d'une cordelette pour ouvrir le nœud coulant, la rondelle G fixée en tête de l'étrier E suffit pour toutes les opérations. Si, après avoir échappé l'arrêt, on veut se détacher complètement, on tire un peu plus sur la cordelle jusqu'à amener l'anneau en fer H à porter sur le câble O; un effort assez faible suffit alors généralement pour se détacher complètement, car l'anneau appuyé sur le câble et invariablement fixé à l'un des brins forme levier et ne peut agir qu'en ouvrant le nœud coulant B.

J'ai enfin imaginé et je vais décrire une disposition encore plus simple, qui permet de se détacher sûrement du câble à peu près sans effort (pl. XLIV, fig. 6).

Les bouts pendants *a*, *a* sont tels que je l'ai indiqué plus haut, l'un court terminé par une poire A, l'autre long terminé par un nœud coulant B, ou une boucle, ou un simple mousqueton. C'est à cette extrémité qu'on attache la corde d'amarre; quant à la poire qui termine le brin court, on la passe dans un œil L ménagé dans le brin long où elle pénètre et d'où elle puisse sortir librement.

Dans cette disposition, la traction du bateau se fait presque tout entière sur une seule corde, mais le système fonctionne d'une manière aussi satisfaisante, et, en outre, on peut le disposer de façon à obtenir le relèvement automatique de l'étrier, ce qui dispense d'une manœuvre et constitue un perfectionnement considérable dont je revendique la propriété exclusive.

On obtient ce résultat en augmentant le poids du brin long au moyen de deux ou trois olives en plomb M, M, et, dès que l'étrier a basculé, s'il est tombé à côté du câble, le poids de la corde ainsi alourdie suffit pour le faire remonter et le remettre en place sans qu'il soit nécessaire de tirer sur la corde d'amarre. Cette disposition rend très facile le passage des poulies quand on se borne à glisser et que le bateau continue sa marche. Pour se détacher complètement du câble, il suffit de renverser l'étrier au moyen de la cordelle G (figures 4 et 5); le câble, en appuyant sur le brin court au point de jonction avec le brin long, fait sortir la poire A (figure 6) de l'œil L dans lequel elle est librement engagée.

Crochet (pl. XLV). — On peut remplacer l'étrier par un simple crochet; on perd, il est vrai, la faculté de glisser sur le câble sans se détacher, mais, en revanche, dès qu'on a déclenché, le bateau est complètement indépendant du câble et c'est là une propriété de ce mode d'attache qui peut avoir, dans certains cas, une certaine valeur. Mais, en somme, le crochet ne diffère guère de l'étrier à une seule corde, qui offre les mêmes avantages, et fournit une solution beaucoup plus complète.

Les dispositions des crochets que je vais décrire rappellent nécessairement celles des étriers.

Le crochet ordinaire à talons avec corde verticale ou horizontale (pl. XLV, fig. 1, 2, 3) rappelle l'étrier à talons (pl. XLIII, fig. 1, 2, 3.) Le dessin indique la disposition avec corde horizontale, que je n'avais pas figurée pour les étriers.

Le crochet à manille (fig. 4 et 5) où la corde est attachée à une petite manille N mobile autour d'un axe S perpendiculaire au câble M. Bien entendu, on peut prolonger les crochets à l'arrière pour leur faire coiffer complètement l'arrêt sur lequel s'exerce alors la pression, disposition excellente déjà décrite pour les étriers (pl. XLIV, fig. 4, 5, 6) qui ménage le câble et prévient l'usure.

Enfin, un crochet encore plus simple sans talons (fig. 6, 7), qui se place entre les deux saillies de l'arrêt; cet appareil a, il est vrai, l'inconvénient de ne pouvoir être attelé à l'avance puisqu'il faut le poser au passage de l'arrêt.

Dans ce système, le déclenchement se fait d'une façon un peu différente, il ne se produirait pas par basculement, en tirant le crochet par la tête, puisqu'il est pris entre les deux saillies de l'arrêt; il faut attacher la cordelette au bec du crochet en V de manière à le faire tourner.

La hauteur des crochets, comme celle des étriers, est limitée par la condition, dont j'ai montré plus haut l'importance, de ne pas dépasser le plan horizontal, tangent soit au câble, soit à l'arrêt, suivant la partie du crochet que l'on considère.

La stabilité d'un crochet simplement posé sur le câble est naturellement médiocre, puisque tout le poids porte d'un seul côté; il serait donc difficile de s'atteler à l'avance, si je n'avais imaginé d'assurer le maintien du crochet sur le câble jusqu'à ce qu'il ait fait prise sur l'arrêt au moyen de deux lames de ressort R, R (pl. XLV, fig. 1, 2, 3).

Manille (pl. XLVI). — Le troisième système d'attelage que j'ai imaginé et qu'il me reste à décrire est surtout avantageux sur les voies navigables où l'on n'a pas à s'arrêter en cours de route, sauf dans certains cas tout à fait exceptionnels.

La manille, dite à tabatière (pl. XLVI, fig. 1, 2, 3), se compose essentiellement d'un anneau métallique A qui tourne autour du câble M et porte à sa partie inférieure une manille N ou grande maille de fer mobile autour d'un axe horizontal *a*.

Le système mobile autour de deux axes perpendiculaires occupe facilement toutes les positions, quelles que soient l'obliquité de la traction ou les conditions dans lesquelles il se présente au passage des poulies.

La partie supérieure de l'anneau A, qui embrasse le câble, peut s'ouvrir; elle est, en effet, reliée à la partie inférieure d'un côté par un axe *b* autour duquel elle tourne, de l'autre par un crochet R dont les déplacements sont limités par un petit ressort S et un ergot *d*.

En tirant sur le crochet, soit avec le doigt, soit avec un morceau de fil de fer, on ouvre l'anneau que l'on ferme plus facilement encore en appuyant sur la partie supérieure avec les doigts ou la paume de la main.

La manille à tabatière est faite pour être placée normalement entre les têtes de l'arrêt à deux talons, elle s'y trouve parfaitement maintenue et ne touche le câble en aucun point. On peut aussi la placer en avant de l'arrêt, mais alors elle porte toujours un peu sur le câble, ne fût-ce que par une arête; on peut craindre qu'elle finisse par l'user.

Dans le cas où l'on voudrait ainsi s'atteler à l'avance, en remontant ensuite sur son bateau et attendant le passage du premier arrêt, il conviendrait de placer dans tout le circuit des arrêts à bec sur lesquels la manille viendrait s'engager. Mais, dans ce cas, la solution de l'étrier est bien préférable. La manille convient, au contraire, dans les sections où le bateau se rend normalement d'une écluse à l'autre sans s'arrêter; on l'attelle au départ en fermant sur l'arrêt la manille qui porte la corde d'amarre. Quand on a déclenché pour entrer dans l'écluse suivante, l'éclusier détache facilement cette manille restée sur le câble et s'en sert pour atteler le bateau au départ de l'écluse.

L'abandon de la manille, quand on déclenche, ou l'obligation de descendre à terre la chercher est, à vrai dire, le seul inconvénient sérieux que l'on puisse théoriquement reprocher à ce système, d'ailleurs excellent à tous égards; il oblige à munir les bateaux d'une manille de rechange pour parer à toutes les éventualités.

En réalité, l'obligation de se détacher en cours de route se présente si rarement que cette objection perd beaucoup de sa valeur d'autant que, si le câble est animé d'une vitesse modérée, le marinier a toujours le temps après s'être déclenché de descendre à terre pour y reprendre sa manille et s'attacher s'il le désire au premier arrêt qui suivra.

Le déclenchement dans ce système est simple et absolument sûr; il se fait grâce à une disposition que nous avons déjà décrite (pl. XLIV, fig. 4, 5, 6).

On prend une corde de 10 mètres environ de longueur, dont l'une des extrémités est terminée par une poire A, l'autre par un nœud coulant B, à laquelle on attache la corde d'amarre D et que l'on passe ensuite dans la manille; on ferme le circuit en passant la poire dans le nœud coulant.

La corde d'amarre qui agit à l'opposé de la manille considérée comme point fixe tend à fermer le nœud coulant; pour l'ouvrir et, par conséquent, se déclencher, il suffit de mollir un peu l'amarre en tirant au moyen d'une cordelle F sur le nœud coulant qui s'ouvre nécessairement, car rien n'empêche de fixer la cordelle en un point du bateau qui exerce alors sur elle pendant quelques instants au moins tout l'effort de traction. Dès que le nœud est ouvert, la poire s'échappe et, comme le câble continue son mouvement, elle sort nécessairement, au bout de quelques secondes, de la manille; le bateau est alors complètement libre.

Ce système est simple, très robuste et très sûr; il a l'avantage de permettre de se détacher sans aller à terre, même si la corde vient par hasard à s'enrouler sur le câble.

Pinces. — Les pinces ont l'avantage de former à elles seules arrêt, et de permettre le glissement en cours en route, mais il faut les abandonner ou les démonter quand on veut se détacher complètement. Enfin, elles détruisent rapidement le câble sur lequel elles sont posées, par la pression et les frottements qu'elles exerçent, pression et frottements qu'il est impossible d'évaluer et de limiter, car ils dépendent de l'état constamment variable des surfaces en contact. Enfin, leur fonctionnement, souvent capricieux, ne donne aucune sécurité pour une exploitation sérieuse et peut même offrir des dangers si le trafic est un peu important.

C'est donc seulement dans des circonstances exceptionnelles que l'on doit avoir recours à ces appareils dont je décrirai deux systèmes.

Pinces à coins (pl. XLVI, fig. 4, 5). — La pince à coins se compose de deux demi-cuillers ou manchons A, A, dont la partie antérieure cylindrique *a* est suivie d'une partie légèrement conique *b*, sur laquelle on pose un anneau à charnière B, fermé par une goupille G. Cet anneau est lui-même légèrement conique. En avant de l'anneau on ferme sur la partie cylindrique *a* des cuillers une manille à tabatière M, ordinaire, à laquelle on attache le câble d'amarre; cette manille bute naturellement sur l'anneau B et tend à le coincer sur le cône formé par les deux demi-manchons qui embrassent le câble; on obtient ainsi rapidement un serrage très énergique et un mode d'attelage très satisfaisant.

Pour desserrer la pince et lui permettre de glisser sur le câble, quand on veut s'arrêter ou ralentir, on agit au moyen d'une cordelle sur une petite bague F à section rectangulaire, placée entre l'anneau B et les talons d'arrière C, C des deux manchons; cette bague, dont la partie supérieure est horizontale, agit à la façon d'un levier et sépare l'anneau des manchons, sur lesquels il était coincé; aussitôt que le serrage est détruit, la pince devient libre et glisse facilement sur le câble. Pour empêcher les déplacements relatifs des demi-cuillers, dans le sens du mouvement du câble, il suffit de les réunir par un ressort R logé dans une petite rainure qui ne fait pas obstacle au fonctionnement du système tel que nous venons de le décrire. On pourrait également les réunir au moyen de tenons ou d'un assemblage à trait de Jupiter. Cette pince, qui fonctionne bien, est facile à monter ou à démonter, même pendant la marche du câble.

Pince à came (pl. XLVI, fig. 6, 7). — Dans la pince à came, le serrage est produit par une petite came C qui appuie sur le câble par l'intermédiaire d'une demi-cuiller D qui, non seulement protège le câble, mais assure en outre le déclenchement, comme nous le verrons plus loin. Cette came a la forme d'un excentrique; elle est maintenue en prise par un petit ressort R qui commence le serrage. Quand la manille à fermoir, placée en avant de la pince et à laquelle le bateau est attaché, vient agir sur elle, la came serre de plus en plus le câble en le pliant légèrement, la partie supérieure D de l'anneau ayant été évidée de manière à permettre ce mouvement. On obtient ainsi un serrage rapide et très énergique. Pour desserrer, l'amarre étant mollie, il suffit de tirer avec une cordelette sur la partie F de la demi-cuiller qui dépasse l'anneau, l'effort qu'on exerce ainsi sur la came la ramène en arrière et l'anneau A, devenu libre, coule facilement sur le câble.

Appareil de démarrage. — L'exploitation d'un système qui comporterait l'emploi obligatoire d'un appareil de démarrage ne pourrait pas être considérée comme pratique. On ne peut admettre, en effet, que tous les bateaux qui fréquentent la voie navigable soient astreints à installer un appareil de ce genre, soit à demeure, soit au moment de s'engager dans la section où le système est installé. Pour exploiter, il faut prendre le bateau tel qu'il arrive, lui fournir seulement l'appareil d'attelage en usage dans la section, et le laisser naviguer avec ses propres ressources en hommes et agrès. Il n'en résulte pas que certains mariniers n'aient pas intérêt dans des circonstances particulières, dont ils doivent rester seuls juges, à installer sur leur bateau un appareil de démarrage.

J'en ai imaginé plusieurs systèmes dont je décrirai seulement deux qui sont simples et économiques.

Démarrage à levier (pl. XLVII, fig. 1 et 2). — On fixe à une des bittes A du bateau au moyen de trois vis de pression *b*, *b*, *b* ou de tout autre système plus simple, si l'installation est faite à demeure, un collier C en fer portant un axe D sur lequel tourne un cylindre en bois E rendu solidaire, au moyen d'une roue à rochet F et d'un cliquet G, d'un levier L qui porte un contrepoids P et un rouleau M, que l'on peut déplacer sur le levier et l'y fixer en un point convenablement choisi au moyen d'une vis de serrage *d*.

Pour démarrer on enroule la corde d'amarre OO′ sur le tambour E et on la fait passer ensuite sur le rouleau M et un bloc de bois N sur lequel elle se trouve pressée. On comprend qu'il soit possible de disposer l'appareil en plaçant convenablement le rouleau M, de manière à exercer sur la corde d'amarre un effort déterminé fixé à l'avance. Si cet effort est inférieur à l'effort de démarrage et supérieur à l'effort de traction du bateau en marche normale, l'appareil assurera automatiquement le démarrage, car, dès que l'effort dépassera la limite fixée, le levier se soulèvera légèrement et permettra à la corde de glisser; le bateau passera ainsi sans secousse et sans à-coup du repos à la vitesse normale. L'effort qui s'exerce alors sur la corde est par définition légèrement inférieur à celui qu'exerce le rouleau; tout se passe donc alors comme si la corde était attachée en un point fixe, mais si, par une cause quelconque, cette limite était brusquement dépassée, le fonctionnement automatique du système préviendrait tout accident.

La roue à rochet et le cliquet permettent d'ailleurs au marinier de rendre le tambour E indépendant du levier L et par suite de laisser filer la corde à volonté.

Démarrage à vis (pl. XLVII, fig. 3, 4, 5.) — Pour assurer le démarrage dans des conditions parfaites de sécurité, il suffit, comme nous venons de l'expliquer, d'exercer sur la corde d'amarre un effort donné déterminé à l'avance. On y arrive de la façon la plus simple, en serrant la corde entre deux blocs de bois A et B, de 0 m. 30, qui ménagent entre eux une rainure O dont le diamètre est légèrement inférieur à celui de la corde d'amarre. Ces deux blocs de bois de 0 m. 30 environ de longueur sont réunis d'un côté par une charnière C, de l'autre par deux mâchoires M, M, réunies par une vis de serrage V. Bien entendu, le système doit être fixé en un point du bateau, soit à demeure, soit au moyen d'une corde que l'on attache à une des bittes S (fig. 5); on la gradue par expérience, de manière à déterminer le nombre de trous de vis qui permettent d'exercer sur une corde de diamètre donné l'effort de serrage qu'il importe de réaliser. Quand l'effort de traction dépasse cette limite, la corde glisse dans la rainure où elle est au contraire solidement maintenue pendant la marche normale.

L'emploi de cet appareil, tel que nous venons de le décrire, présenterait peut-être quelques inconvénients avec des péniches lourdement chargées, pour lesquelles l'effort de traction atteint parfois 500 kilogrammes; on serait, en effet, conduit à serrer trop fortement la corde et, par suite, à l'user rapidement.

IMPRIMERIE NATIONALE.

Il est facile de parer à cet inconvénient sans perdre les avantages de ce système aussi simple qu'économique.

Il suffit d'enrouler deux ou trois fois la corde sur les bittes T, T du bateau (fig. 5), bien entendu dans la partie comprise entre le câble et l'appareil de démarrage ; l'effort qui s'exerce sur l'appareil est ainsi réduit au dixième environ, il ne dépasse donc guère 50 kilogrammes, et il est facile de l'équilibrer avec un serrage très modéré.

C'est une combinaison dont j'ai eu le premier l'idée, et dont je revendique la propriété, aussi bien que celle de l'appareil ci-dessus décrit, dont le fonctionnement automatique résout complètement le problème du démarrage.

En résumé, je revendique comme ma propriété exclusive :

Dans le système de traction des bateaux par câble télédynamique placé sur la rive des voies navigables en vue de soutenir et guider le câble télédynamique, tout en laissant échapper les cordes d'amarre reliant les bateaux audit câble.

1° La poulie de support à gorge pleine avec cannelures, dont j'ai donné le tracé géométrique satisfaisant aux conditions sus-énoncées ;

2° Le système de fermeture automatique des poulies au moyen de deux rouleaux mobiles ;

3° Les poulies de changement de direction d'angle convexe et d'angle concave à gorge pleine avec cannelures, dont j'ai donné le tracé géométrique satisfaisant aux conditions sus-énoncées ;

4° Les dispositions destinées à assurer le passage de la corde d'amarre dans les angles concaves, au moyen soit d'un rouleau d'entraînement à cannelure hélicoïdale, soit en augmentant notablement le diamètre du cercle de tête ;

5° L'application à la traction par câble télédynamique des câbles entièrement métalliques avec âme en fil recuit ;

6° La détermination des éléments constitutifs du câble, le poids et la tension par la condition de maintenir l'amplitude des oscillations dans un plan quelconque, dans des limites très faibles, déterminées *a priori*, ce qui assure la stabilité du système et la régularité de la marche des bateaux ;

7° Les arrêts simples, à bec et à deux talons fixés sur le câble au moyen d'un transfil ;

8° Le système d'attelage au moyen d'un étrier à talons, et notamment le principe des talons qui assurent le maintien et la fermeture de l'étrier tout en le laissant libre et parfaitement couvert à sa partie inférieure ;

9° L'étrier à selle et l'étrier à emboîtement ;

10° Les dispositions des cordes d'attelage avec nœud coulant, ou œil, qui permettent d'effectuer à volonté le déclenchement partiel ou total, et le glissement avec une ou deux cordelles, et celles qui assurent le replacement automatique de l'étrier sur le câble après déclenchement ;

11° Les crochets à talons, à manille et à bec, et la disposition qui assure la stabilité des crochets pendant l'attelage au moyen d'un ressort;

12° La manille à tabatière et les dispositions des cordes d'attelage qu'elle comporte et qui assurent le déclenchement;

13° La pince à coins et la pince à came;

14° L'appareil de démarrage à levier;

15° L'appareil de démarrage à vis et sa combinaison avec l'enroulement de la corde d'amarre sur les bittes du bateau.

Le tout, ainsi qu'il a été ci-dessus décrit.

Certificat d'addition au brevet du 3 janvier 1890, 202942, pour *halage funiculaire ou traction des bateaux par câble télédynamique*, par M. Maurice Lévy.

(Planches XLVIII et XLIX.)

La présente demande de certificat d'addition au brevet que j'ai pris le 3 janvier 1890 a pour objet de me garantir la propriété exclusive de nouvelles dispositions apportées à mon système de halage funiculaire.

Ces dispositions comportent :

1° Un nouvel arrêt avec cordelets fixeurs;

2° Une glissière-fermoir à adapter aux supports-courants;

3° Un guidage pour les poulies des angles concaves.

Les dessins annexés à cette demande représentent ces dispositions :

Planche XLVIII.

La figure 1 donne la vue latérale d'un arrêt monté sur le câble avec les cordelets fixeurs.

La figure 2 en est la vue en bout.

La figure 3 montre de face un support-courant avec la nouvelle disposition de glissière-fermoir.

La figure 4 est le plan de cette disposition.

La figure 5 en est le profil.

Planche XLIX.

La figure 1 représente la vue de face du guidage pour poulie d'angle concave.

La figure 2 montre en plan le même guidage.

La figure 3 donne la vue de face du support d'entrée du guidage d'une poulie concave.

La figure 4 donne l'ensemble d'un support-courant.

1° *Arrêt simple avec cordelets fixeurs* (pl. XLVIII). — Le nouvel arrêt simple que je présente aujourd'hui est, comme celui que j'ai décrit p. 89 (fig. 1 et 2, pl. XLII) de ma demande de brevet du 3 janvier 1890, toujours facilement démontable pour que sa pose, son déplacement, son remplacement puissent se faire en quelques minutes pendant les très courts arrêts du système en exploitation régulière, au besoin même pendant la marche.

L'arrêt se compose de deux demi-bagues C, D (fig. 1 et 2) en acier ou en bronze, qui embrassent exactement le câble; la demi-bague supérieure C présente deux mortaises à jour sur les parois cylindriques intérieure et extérieure de l'arrêt, et la demi-bague inférieure D présente deux tenons qui s'engagent exactement et à frottement doux dans les deux mortaises. Les deux tenons de la bague inférieure D et les deux joues latérales des mortaises à jour de la bague supérieure C sont percés de deux trous cylindriques où pénètrent, également à frottement doux, deux fortes goupilles en acier à l'aide desquelles les deux demi-bagues font corps et constituent l'arrêt ainsi solidement fixé sur le câble.

On se rend compte de suite combien ce nouvel arrêt possède à un degré encore supérieur les qualités que possédait déjà mon premier arrêt, au point de vue surtout de la facilité de pose, de démontage, de déplacement et de remplacement. Ces différentes opérations peuvent se faire instantanément en moins de temps qu'il n'en faut pour que, à la vitesse normale de translation du câble, un arrêt franchisse l'intervalle qui sépare deux supports. Il suffit, en effet, de faire sauter deux goupilles ou de les remettre, selon que l'on veut enlever un arrêt du câble ou le replacer.

Une autre caractéristique du nouvel arrêt, c'est l'adaptation de cordelets fixeurs destinés à empêcher l'arrêt de se mouvoir ou de glisser le long du câble. Ce mouvement de translation de l'arrêt sur le câble peut se produire dans le cas où la fourrure en chanvre que l'on place entre ce câble et la paroi cylindrique intérieure de l'arrêt vient à s'aplatir.

Voici comment sont installés les cordelets.

Le talon de l'arrêt est percé de quatre trous E, E, E, E (fig. 2, pl. XLVIII) cylindriques qui le traversent de part en part, et qui se retournent à angle droit, en forme de clameau, dans les parois cylindriques intérieure et extérieure de l'arrêt, de façon à former des logements aux cordelets qui, ainsi, ne sont pas susceptibles d'être cisaillés ou mâchés. Les cordelets peuvent être en chanvre, en caret, en soie, en laiton ou en fer doux; ils sont passés dans les trous E, E, E, E et leurs parties F, F, F, F (fig. 2) de longueurs égales et suffisantes, sont ramenées le long du câble en arrière du talon, puis serrées fortement contre les torons du câble par une ligature ou transfil G. De plus, en avant de l'arrêt, en HH, on fait un petit transfil que l'on mate à l'aide d'un marteau en bois entre le câble et la partie interconique du bec de l'arrêt.

Les transfils G et H sont faits avec de la ficelle ou du fil caret que l'on enroule autour du câble et des cordelets, en couches aussi régulières que possible et entre lesquelles on interpose, au pinceau, un mélange visqueux de résine et de goudron. Comme je l'ai déjà dit dans ma demande du 3 janvier 1890, le mélange durcit rapidement et offre, au bout de quelques heures une résistance égale à celle du bois; il est très facile à enlever ou à renouveler.

Ces dispositions dont je revendique la propriété exclusive fournissent un arrêt extrêmement solide et qui n'impose au câble ni fatigue, ni usure. Le transfil, qui adhère solidement au câble dont il épouse parfaitement la forme tout en pinçant fortement les cordelets, n'exerce pas sur lui une pression ou un frottement capable d'en modifier la composition ou d'en user les fils comme le ferait une surface métallique serrée à bloc. Les cordelets empêchent l'arrêt d'avoir une tendance à se déplacer latéralement sur le câble ou à rouler autour de ce dernier et contribuent à ce qu'il y prenne en très peu de temps une assise invariable.

Un nouveau type d'étrier que j'ai créé ne réduit plus, comme auparavant, l'arrêt au rôle d'une simple buttée; il le coiffe, n'est plus en contact avec le câble qu'il n'est plus susceptible d'user, et rien, dès lors, ne peut justifier, dans l'avenir, le déplacement des arrêts.

2° *Glissière-fermoir pour support-courant.* — Je présente également aujourd'hui un système de glissière-fermoir pour support-courant dont je revendique la propriété exclusive. Ce fermoir-glissière présente, en sus des qualités qu'offre mon premier fermoir-rouleau, qualités essentielles que plus d'une année d'exploitation de mon système de halage a justifiées, d'autres avantages que je vais faire ressortir.

Dans mon premier système j'avais dû pratiquer des échancrures dans la joue antérieure des poulies de supports-courants, de façon que les arrêts et les étriers des appareils d'attelage aient un dégagement suffisant pour passer entre le fermoir-rouleau et la jante à fond de gorge de la poulie. Cette disposition m'a toujours donné les résultats les plus satisfaisants. Mais, avec la disposition que je vais décrire, il est possible de supprimer les échancrures et les petits crans, et pour cela il suffit de modifier mon fermoir-rouleau.

Dans sa nouvelle disposition, mon fermoir possède toujours ses premières qualités auxquelles il ajoute celles d'une glissière conductrice et guide des appareils d'attelage et des amarres. Ce fermoir est le type général du dispositif ayant pour but d'empêcher le câble de sortir de la gorge des poulies courantes s'il lui arrivait de subir, par suite de l'arrêt brusque du bateau butant sur une berge ou sur un obstacle quelconque, des secousses lui imprimant des mouvements de balancement dans un plan quelconque.

Supposons, pour fixer les idées, que, pour une cause quelconque, par exemple la maladresse ou la malveillance d'un marinier, le câble reçoive une très forte secousse lui imprimant un fort balancement, autant que le peut permettre son degré de tension. Dans ce cas, sur la gorge des poulies de supports-courants adjacents, au point de contact du plan tangent horizontal supérieur à la gorge, le mouvement de balancement éprouvera une résistance tendant à l'arrêter net, à fausser peut-être les poulies, ou à faire sauter le câble en dehors de la gorge. Sans chercher à arrêter le balancement au milieu de la travée où il a sa valeur maximum, on peut chercher, à partir de ce point, à en atténuer l'amplitude de façon que, sur la gorge de la poulie, le balancement ne se fasse presque plus sentir.

Mon nouveau fermoir réalise ces desiderata. En effet :

Dans la poulie A (fig. 3, pl. XLVIII) les échancrures et les crans sont supprimés; le fermoir se trouve transporté en B; il offre un dégagement de 0 m. 050 au-dessus du câble et, contrairement à ce qui existait avec le fermoir-rouleau, il offre en dessous du câble un autre dégagement de 0 m. 080, ce qui a pour résultat d'empêcher que les cordes des appareils d'attelage ne soient détériorées, aplaties ou mâchées. Dans le cas de balancement dont nous parlons ci-dessus, les oscillations sont arrêtées en B et l'effort ne s'exerce plus en C (fig. 3) sous le rouleau-fermoir et directement sur la gorge de la poulie.

En examinant la figure 3, on voit que le fermoir est solidement fixé en D et surtout en E. Maintenant, avec cette disposition, tout balancement réprimé ou fortement atténué en B l'est forcément en C, à 0 m. 90 de distance, ce que nous voulions obtenir.

Tels sont les avantages de l'appareil en tant que fermoir. Examinons maintenant ceux qu'il présente comme glissière.

Notre préoccupation était de trouver un système au moyen duquel les appareils d'attelage, cordelettes, cordes et amarres soient bien réunis chacun à sa place, avant de s'engager dans les supports et dans la gorge des poulies courantes; d'avoir pour ainsi dire un système ordonnateur, classeur, avant d'arriver au point de passage.

Nous avons obtenu le résultat demandé en donnant à notre guide la forme FGHI (fig. 3, 4 et 5). Dans l'espace FG, les cordes se classent en faisceau suivant la ligne GH, et en H sont rejetées toutes ensemble en dehors du support, pour ensuite continuer leur course dans la travée suivante.

3° *Guidage pour poulie d'angle concave* (pl. XLIX). — Depuis quinze mois, l'exploitation de mon système de halage funiculaire s'opère de la manière la plus satisfaisante en employant, dans les angles concaves, c'est-à-dire ceux dont l'ouverture est placée du côté de l'eau, des poulies inclinées.

Dans mon mémoire de brevet du 3 janvier 1890, j'ai exposé théoriquement cette disposition à donner aux poulies d'angles, le degré d'inclinaison variant suivant la grandeur des angles.

Ces poulies inclinées comportent quatre ou six ailes suivant le cas.

Quelle que soit la satisfaction que l'on ait obtenue avec les poulies inclinées des angles, j'ai cherché, néanmoins, à leur substituer des poulies horizontales analogues aux poulies des angles convexes.

Pour que l'entraînement des cordelettes et cordes d'attelage se fasse régulièrement à la suite des étriers, que ces cordes soient bien ordonnées en faisceau, j'ai rogné aux poulies d'angles leurs ailes, tout en en augmentant le nombre et en en diminuant la largeur de façon qu'il reste des échancrures assez larges.

Les poulies d'angles concaves devenant horizontales et le câble passant derrière celles-ci, j'ai été conduit à l'étude d'un guidage permettant aux cordes de franchir les poulies dans deux plans obliques supérieurs.

Les figures 1, 2, 3 et 4 (pl. XLIX) montrent la disposition des différents organes du système de guidage.

Dans ce guidage dont je revendique exclusivement la propriété, il est des dispositions toutes particulières, telles que le retour d'entrée MN et la sortie constituée par la partie essentielle HG.

Le faisceau des cordes d'attelage prend, avant son entrée en guidage, les différentes positions AB, A'B'. L'étrier d'attelage continuant sa marche, entraîné par le câble avec lequel il est solidaire par l'action intermédiaire de l'arrêt, le faisceau d'attelage commence en T à s'appuyer sur la lisse du guidage; il gravit cette lisse en pente douce, progressivement de T en E (fig. 1). Là était la difficulté : faire franchir aux cordes d'attelage une hauteur de 0 m. 40 tout en maintenant exactement dans sa position d'entrée le système d'attelage sur le câble.

C'est en E que le faisceau domine la poulie qu'il doit franchir, et après laquelle il doit reprendre en sortant, par rapport au câble, c'est-à-dire en G, la position qu'il occupait avant d'entrer en guidage. Cette position, le faisceau doit la reprendre sans secousse et après avoir aisément et posément franchi la poulie KL. Aussi est-ce déjà à partir du point E que l'on commence à assurer les deux mouvements du faisceau, par une pente de 0.05 de E vers F, une autre pente de franchissement et une pente de délivrance augmentant progressivement.

La joue supérieure des poulies horizontales d'angles concaves porte d'ailleurs des crans analogues à ceux décrits dans mes brevets antérieurs qui assurent le passage immédiat de la corde d'attelage.

Je revendique la propriété exclusive non seulement de la disposition spéciale que je viens d'exposer, mais d'une manière générale de toutes les dispositions de guidages, variables suivant les endroits où sont établies les poulies, et qui dériveront du principe de franchissement supérieur des poulies d'angles horizontales, par les cordes d'attelage et d'amarrage.

§ 16. — Exploitation du halage funiculaire sur les canaux de Saint-Maurice et de Saint-Maur.

Le jour où le Congrès pour l'utilisation des eaux fluviales a visité l'installation du halage funiculaire sur les canaux de Saint-Maurice et de Saint-Maur, on avait attelé au câble quatre bateaux, un montant, et trois descendants, pour montrer que les croisements se font sans difficulté et sans que les bateaux aient à ralentir leur marche. On marchait à une vitesse d'un mètre par seconde, presque double de celle du halage par chevaux. Les quatre bateaux attelés portaient ensemble 1,300 tonnes. Depuis, nous avons halé jusqu'à neuf bateaux attelés simultanément et portant ensemble 1,800 tonnes, sans atteindre la moitié de la force motrice dont nous disposions.

Du mois de juillet jusqu'au 4 novembre 1889, nous avons marché pour nous assurer du bon fonctionnement mécanique de tous les organes.

Depuis ce jour, et en vertu d'une ordonnance du préfet de police, du 4 octobre 1889, le câble a été régulièrement livré aux mariniers, tous les jours non fériés de midi à 6 heures.

C'est donc une expérience d'exploitation qui a succédé à l'expérience mécanique considérée comme close.

Le Ministre des travaux publics, M. Yves Guyot, avant d'autoriser cette seconde épreuve, avait tenu à se rendre compte par lui-même de notre installation.

M. C. de Freycinet, Ministre de la guerre, avait bien voulu également l'honorer d'une visite très minutieuse.

Cette seconde épreuve prolongée jusqu'au 1er juin 1891 est restée aussi satisfaisante que la première et l'exploitation a été assurée sans que nous ayons eu une avarie sérieuse à réparer.

L'expérience a paru suffisamment concluante, et l'Administration a jugé qu'il convenait d'en arrêter au moins temporairement les frais jusqu'à ce que l'exploitation du système puisse être reprise dans des conditions qui permettent d'exiger de la batellerie une rémunération équitable du service qui lui est rendu.

Les mariniers qui y ont intérêt se servent, en effet, sans difficulté, du câble après un seul voyage et, avec le nouveau mode d'attache dont nous disposons, un seul homme peut conduire une péniche de 300 tonnes, attelant lui-même, ayant tout le temps qu'il veut pour rentrer dans le bateau, pouvant enfin, s'il le veut, s'arrêter définitivement, se détacher complètement du câble, toujours sans quitter son bateau, rendant ainsi le câble libre pour les bateaux qui suivent, et avoir constamment son moyen d'attache à bord.

Il n'existe pas, croyons-nous, d'autre moyen d'attelage remplissant ces multiples conditions et offrant aux mariniers, dont il respecte les traditions et les habitudes, des avantages équivalents.

Après une interruption d'une année, et sans que le système ait été l'objet d'un entretien spécial, on a remis le câble en marche le 27 juillet 1892, pour permettre aux membres du cinquième Congrès de Navigation intérieure de le visiter et de l'apprécier. Son fonctionnement a été aussi satisfaisant que si l'exploitation n'avait pas été interrompue, ce qui a fourni une fois de plus la preuve convaincante de la simplicité robuste des divers organes de ce système.

Nous avons fait précéder le compte rendu de nos études et de nos expériences d'un historique aussi complet que possible de la question en résumant les inventions qui s'y rapportent et les applications qui ont été tentées.

Cet historique allonge peut-être plus que de raison notre exposé; mais il nous a paru indispensable de bien préciser l'état de la question à l'époque où l'Administration supérieure nous a confié la mission dont nous avons à rendre compte.

Les documents et les dessins que nous avons intégralement reproduits nous permettront d'ailleurs d'abréger notablement les explications relatives aux différents organes du système et de renvoyer, pour les détails des perfectionnements successifs dont ils ont été l'objet, aux descriptions complètes que renferment les brevets.

IMPRIMERIE NATIONALE.

DEUXIÈME SECTION.

EXAMEN COMPARATIF DES DIVERSES SOLUTIONS PROPOSÉES.

CHAPITRE PREMIER.

EXPOSÉ DES DIFFICULTÉS TECHNIQUES DU PROBLÈME DU HALAGE FUNICULAIRE.

---

§ 17. — Considérations générales sur ces difficultés.

Les difficultés techniques du halage funiculaire sont tout autres que celles des chemins de fer funiculaires et elles sont incomparablement plus grandes par la raison que, dans le chemin de fer funiculaire, on a cette chose qu'Archimède regardait comme suffisante même pour soulever le monde : un point d'appui. Il est fourni à tout instant par les rails, tandis que dans l'eau on n'en a aucun. De plus, la route suivie par un chemin de fer est mathématiquement tracée, tandis que les mouvements d'un bateau sont incertains. Enfin, un chemin de fer funiculaire est mis entre les mains de mécaniciens exercés, tandis que le halage funiculaire doit être assez simple et assez robuste pour pouvoir être utilisé à peu près sans apprentissage par n'importe quel marinier.

Ces difficultés, qu'un examen attentif de la question peut faire préjuger, mais que révèle seule l'expérience acquise au cours d'une exploitation régulière, sont les suivantes :

1° Par suite de l'obliquité de leur tirage, les bateaux tendent constamment à arracher le câble des poulies qui le portent ou le dirigent. Il faut donc qu'il soit comme emprisonné sur ces poulies ;

2° Chaque fois que la corde d'amarre arrive à une poulie, elle s'engage dans sa gorge en même temps que le câble. Tandis que celui-ci doit rester emprisonné dans la gorge, l'amarre au contraire doit s'en échapper spontanément. Il faut que l'issue offerte à l'amarre soit interdite au câble. La nécessité de concilier ces deux termes en apparences contradictoires du problème en rend la solution particulièrement difficile, surtout dans les courbes concaves ;

3° Le câble étant constamment en marche et à une assez grande hauteur au-dessus du chemin de halage, il est difficile d'y attacher la corde du bateau ; il faut que le moyen d'attache soit robuste, rapide, et à la portée de tous les mariniers ;

4° Une fois l'attelage fait, il ne faut pas que le câble entraîne immédiatement la corde et, par suite, le bateau. Il faut que le marinier ait le temps de remonter tranquillement à bord de son bateau et de partir quand il le désire ;

5° Quand le départ commence, il faut qu'il soit progressif : c'est l'opération du démarrage ;

6° En route, il faut qu'à tout instant le marinier à bord puisse, s'il le désire, suspendre la marche de son bateau.

Il peut avoir exceptionnellement à la suspendre pour quelques minutes seulement ; en ce cas, il est commode de pouvoir le faire sans se détacher du câble, ce qui lui permet de repartir sans descendre à terre pour se réatteler.

Si, au contraire, il veut s'arrêter pendant un certain temps ou définitivement, il faut qu'il puisse, de son bateau, non seulement se détacher complètement du câble et retirer sa corde d'amarre pour laisser le passage libre aux bateaux qui suivent, mais retirer aussi son moyen d'attelage de façon à l'avoir à bord et pouvoir repartir à volonté.

§ 18. — Vrillage du câble.

Un câble en marche tourne constamment sur lui-même comme une vis dans son écrou. C'est ce qu'on nomme le vrillage du câble. Ce mouvement est facile à observer. Il suffit de coller une feuille de papier sur le câble, du côté de l'eau ; quand elle a avancé d'environ 6 à 7 mètres, elle a fait un demi-tour de vis et se trouve du côté opposé ; après une nouvelle marche de 6 à 7 mètres, elle a fait encore un demi-tour et se retrouve sur le devant, et elle continue ainsi indéfiniment.

Après le passage de certains angles, le mouvement change de sens, de sorte que le câble se tord sur certaines de ses parties et se détord sur d'autres, sans que des expériences répétées et soigneusement conduites aient pu nous permettre de formuler une loi précise du sens ou de l'amplitude de ces mouvements.

La cause de ce phénomène est d'ailleurs restée longtemps obscure et l'on n'en a donné que des explications insuffisantes jusqu'au moment où la question du halage funiculaire est venue en discussion devant la deuxième section du cinquième Congrès international de Navigation intérieure.

M. Maurice Lévy a alors présenté une explication du vrillage qui a paru rationnelle et satisfaisante.

Ce n'est, à vrai dire, qu'une ébauche de la théorie complète et sans doute définitive qu'il a donnée depuis de ce phénomène, et sur laquelle nous aurons à revenir; nous croyons néanmoins devoir reproduire ci-après cette explication en raison des circonstances dans lesquelles elle a été énoncée pour la première fois.

Contrairement à ce qui est admis d'ordinaire, M. Maurice Lévy pense que le vrillage n'est pas dû uniquement aux changements de direction du tracé du câble, mais résulte en partie, du moins, de la courbure que prend le câble en s'appuyant sur les poulies verticales du support. Considérons une spire complète d'un toron d'un câble rectiligne dont les deux extrémités se trouvent sur la génératrice supérieure du cylindre qui forme le câble. Lorsqu'elle arrive sur une poulie verticale, les deux extrémités de la spire s'écartent par suite de la courbure que prend le câble et le pas de la spire augmente; comme sa longueur et le diamètre du cylindre sur lequel elle est enroulée restent sensiblement constants, la spire ne sera plus complète, et les deux extrémités ne pourront plus être sur une même génératrice du cylindre primitif, ce qui conduit à admettre un mouvement de détorsion du toron.

Si, d'autre part, on considère une spire dont les deux extrémités sont sur la génératrice inférieure du câble primitif, par le même effet de la courbure, ces deux extrémités tendent à se rapprocher, ce qui conduit à admettre un effet de torsion inverse de l'effet déterminé dans la première spire considérée.

Mais ce second effet ne détruira pas absolument le premier, parce qu'il sera partiellement entravé par le serrage des spires les unes contre les autres dans la partie inférieure du câble; il restera, par suite, un mouvement résiduel tendant à détordre le câble.

Ce mouvement résiduel subsistera au moins partiellement, malgré le redressement spontané du câble, après son passage sur la poulie, parce que le frottement des torons les uns contre les autres empêche ce redressement d'être complet.

Il doit donc subsister, en définitive, après chaque passage du câble sur une poulie, un petit moment de rotation du câble sur lui-même.

Telle paraît être la cause du mouvement de vrillage, étant entendu que les changements de direction dans le tracé apportent dans l'effet de cette cause des perturbations plus ou moins profondes.

§ 19. — Inconvénients du vrillage pour l'attelage de la corde d'amarre.

Le vrillage complique singulièrement le problème de l'attelage de la corde d'amarre.

Du moment où le câble en marche tourne constamment sur lui-même, il en résulte qu'on ne peut plus songer à lui attacher fixement la corde d'amarre.

Entraînée par le vrillage, elle s'enroulerait sur le câble, de sorte qu'après 100 ou 200 mètres de marche, le bateau serait jeté à la rive sans qu'il fût possible de le détacher.

Cette circonstance exige donc que l'attache se compose de deux parties distinctes et indépendantes dans leurs mouvements:

1° Une première pièce fixement attachée au câble et qui, par suite, tourne avec lui dans le vrillage;

2° Une autre pièce qui fasse anneau autour du câble, c'est-à-dire qui soit placée sur le câble, comme serait une bague au doigt, mais une bague large et permettant au doigt de tourner facilement à l'intérieur de la bague sans l'entraîner.

C'est à cette seconde pièce qu'on attache la corde d'amarre du bateau. Par suite de la traction, elle va alors s'appuyer contre la première, qui lui sert de buttoir ou d'arrêt, et la traction maintient l'anneau fixe, pendant que le câble et le buttoir tournent ensemble. L'anneau forme comme une crapaudine femelle et fixe s'appuyant sur le buttoir qui forme crapaudine mâle et tournante.

La forme du buttoir doit d'ailleurs être étudiée avec la plus grande précision. S'il a le moindre renflement à l'avant, la corde s'appuie contre ce renflement et l'adhérence qui en résulte suffit pour entraîner la corde dans le vrillage. Ce n'est qu'après de longs tâtonnements que nous avons trouvé la meilleure forme à donner aux buttoirs que nous appelons des *arrêts*.

Il serait facile d'éviter cette dernière difficulté de la manière suivante au lieu d'attacher la corde directement à l'anneau, c'est-à-dire tout près de sa circonférence extérieure, on pourrait munir l'anneau d'une tige radiale de o m. 10 à o m. 20 de longueur, faisant corps avec lui et attacher la corde à l'extrémité de cette tige. Alors elle ne pourrait jamais toucher l'arrêt; de plus, la tige à l'extrémité de laquelle elle est attelée formerait bras de levier contre le vrillage. Dans ces conditions, on éviterait facilement que la corde s'enroulât sur le cable.

Mais si, par des raisons faciles à comprendre et que nous aurons à préciser plus loin, on s'interdit d'une façon absolue de faire voyager avec le câble des pièces métalliques de grande dimension, le problème de l'attache se pose dans toute sa difficulté; il a coûté beaucoup de peine et de longs tâtonnements que nous aurons à rapporter dans la critique des divers systèmes d'attelage que nous avons successivement expérimentés

§ 20. — Double solution du problème de l'attache.

Le problème de l'attache comporte deux solutions distinctes :

1° Il est possible, d'une infinité de manières, en faisant application du principe de l'encliquetage Dobo, de constituer des appareils démontables, c'est-à-dire pouvant, sans grande difficulté, se monter ou se démonter sur le câble, pendant qu'il est en repos, en dehors des heures de marche, et comprenant à la fois l'arrêt fixe et la pièce tournante.

On peut nommer ces appareils *pinces tournantes*, parce qu'ils pincent le câble en un de ses points et lui permettent cependant de tourner sans enrouler la corde.

Si l'on accepte d'introduire dans ces appareils des bras de levier de o m. 15 à o m. 18, on peut en imaginer des formes très variées. On dispose le levier de façon qu'il fasse avec un des rayons du câble un angle moindre que l'angle de frottement (angle un peu accru par la courbure du câble au point d'attache); alors plus la corde tire sur le grand bras de levier, plus le petit bras mord sur le câble et s'y accroche. C'est le principe même de l'encliquetage Dobo. Seulement ces morsures sont rapidement mortelles pour le câble.

Nous avons également essayé un autre principe non encore utilisé: celui de la presse à coin. Cet appareil se composait de deux petites mâchoires en acier, s'appliquant contre le câble; ces pièces, légèrement coniques sur leurs surfaces extérieures, étaient enfermées dans un manchon également en acier, cylindrique à sa surface extérieure et un peu conique comme les mâchoires, sur sa surface interne ou de contact avec celles-ci.

C'est cet ensemble qui formait le buttoir. L'anneau, sous l'influence de la traction de la corde d'amarre, s'appliquait contre ce buttoir et faisait avancer le manchon, qui, en avançant, serrait comme des coins les deux mâchoires placées à l'intérieur.

Au lieu de faire agir les deux mâchoires directement, on peut en faire de petits leviers, mais parallèles et non perpendiculaires au câble et entourés, comme les mâchoires, par l'anneau cylindro-conique.

Cet appareil avait, sur les pinces à la Dobo, un double avantage :

a Il ne renfermait aucun levier perpendiculaire au câble. Sa surface extérieure était un cylindre de révolution, pouvant passer dans toutes les poulies, sans avoir besoin d'être guidé comme les leviers des pinces ;

b Au lieu de mordre le câble en un point, comme les leviers Dobo, les deux mâchoires produisaient sur lui une pression répartie sur presque tout son pourtour.

Malgré cela, lorsque, après un démarrage et une marche d'environ 2 kilomètres, on démonta l'appareil pour examiner ce qu'il avait produit sur le câble, on trouva les fils comprimés et le diamètre du câble déjà un peu diminué. De plus, comme les mâchoires avant d'avoir reçu leur serrage complet avaient un peu glissé, des stries s'étaient formées à la surface du câble.

La comparaison de ces deux systèmes peut se résumer ainsi :

Avec la pince à la Dobo on a assez de force pour s'acrocher en n'importe quel point du câble, à la condition de se résigner à le couper en deux très rapidement,

Avec la presse à coin on ne le coupe pas, mais on l'écrase. La destruction serait vraisemblablement moins rapide, mais non moins certaine.

2° Il existe une seconde solution du problème de l'attache dans laquelle on peut, avec des dispositions convenables, éviter d'endommager le câble, tout en simplifiant beaucoup l'opération même de l'attelage : c'est de monter à l'avance, sur le câble, les arrêts ou heurtoirs fixes, de sorte que, pour s'atteler, il suffit de passer sur le câble l'anneau mobile qui vient s'appuyer sur un des arrêts.

On peut objecter que ces arrêts, pour ne pas glisser sous l'effet de la traction des bateaux, doivent, eux aussi, être fortement serrés sur le câble et, par suite, l'écraser, ou bien qu'ils doivent y être fixés à l'aide de broches le traversant, ce qui est plus défectueux encore, puisque ces broches couperaient les fils.

Nous avons réussi à éluder complètement ces difficultés qui nous ont arrêtés quelque temps.

IMPRIMERIE NATIONALE.

CHAPITRE II.

EXAMEN DES DIFFÉRENTS SYSTÈMES DE HALAGE FUNICULAIRE SOUMIS À L'EXPÉRIENCE.

Le problème du halage funiculaire avec ses difficultés propres étant ainsi posé, nous allons passer en revue les solutions qui en ont été proposées.

Laissant de côté les solutions qui n'ont plus qu'un intérêt historique, si ingénieuses qu'elles soient sous certains rapports, comme celles imaginées par MM. Troll et Mercier par exemple, nous nous bornerons à examiner et à discuter les systèmes qui ont été expérimentés au cours de ces dernières années, c'est-à-dire les solutions proposées par MM. Rigoni et Oriolle et celles que nous avons appliquées.

Ce n'est point là une œuvre de polémique, et nous n'entendons en aucune façon diminuer le mérite des inventeurs qui abordant la recherche de ce difficile problème lui ont donné des solutions souvent élégantes, mais malheureusement incomplètes et parfois contestables

La critique des dispositions qu'ils ont appliquées, critique que nous réduirons toujours à des objections de principe, n'a pour but que de mettre en lumière, avec les difficultés qu'elle présente, les conditions auxquelles toute solution complète doit nécessairement satisfaire.

L'appréciation exacte de ces difficultés et de ces conditions est peut-être en effet la partie la plus délicate de cette étude; elle exige une longue pratique éclairée par des vues théoriques et conduit à des principes certains auxquels l'imagination la plus fertile ne saurait suppléer, et dont on ne s'écarterait pas sans mécompte dans l'installation d'un système de traction des bateaux par câble télédynamique.

§ 21. — Système de M. Rigoni.

M. Rigoni a bien cherché à se précautionner contre le danger que court le câble de s'échapper des poulies sous l'effet de la traction oblique des bateaux : il enferme le câble dans sa gorge à l'aide d'un cliquet à ressort X (fig. 4, pl. X), lequel ne s'ouvre qu'au moment du passage de la pince qui accroche le bateau. Mais c'est justement à ce moment là que ce cliquet devrait être nécessairement fermé, puisque c'est à ce moment là que le câble tend à être arraché.

Enfin, au passage des angles concaves, qui est le point délicat, il n'y a pas de solution indiquée pour assurer l'échappement de la corde tout en garantissant le maintien du câble.

Comme attaches de la corde au câble, M. Rigoni a essayé les deux modes dont les principes ont été indiqués plus haut, à savoir : celui où l'on s'attache à des arrêts faits sur le câble (premier groupe de pinces) et celui où l'on s'accroche en un point quelconque (deuxième groupes de pinces).

Dans son brevet, il n'est question que du premier groupe, le second ne figure que dans la note de 1885.

Le premier système est constitué par des mâchoires en fer s'appuyant sur des renflements préparés de distance en distance dans le câble.

M. Rigoni reconnaît que ces renflements s'usent trop rapidement. Il reconnaît aussi que l'une des deux pinces de ce premier groupe tombe trop facilement du câble sans qu'on le veuille.

Il y a lieu de croire qu'il en serait de même de l'autre pince de ce premier groupe, à cause du buttoir qui doit la faire tomber automatiquement en cas d'accident, mais qui butterait très souvent aussi par suite de l'action irrégulière du bateau sur les poulies.

Ces pinces ont aussi le défaut, moins grave que les précédents, de ne permettre la suspension momentanée du mouvement du bateau qu'en se détachant du câble et d'obliger par suite le batelier à descendre à terre pour se réatteler.

C'est sans doute pour ces raisons que M. Rigoni a imaginé une pince qui permet de s'accrocher en un point quelconque et de suspendre le mouvement quand on la laisse glisser. Elle est glissante, mais non tournante. Elle est d'ailleurs, comme toutes les pinces, formée d'un levier ou excentrique qui agit sur le câble marcheur, de manière à le tordre (il le serre contre la partie tubulaire quand l'amarre se met en tension).

C'est bien le principe général des pinces à leviers tel qu'il a été indiqué plus haut : le câble est non seulement serré violemment, mais encore tordu ou replié en S. Aucun câble ne pourrait résister à ces efforts répétés.

De plus, il est difficile de juger, faute de dessins, du passage des leviers dans les poulies. Ce qu'on peut dire, c'est qu'il y aurait beaucoup de leviers et de grosses pièces de fer à faire voyager avec le câble et qu'on peut craindre que l'une d'elles venant à s'accrocher à une poulie détermine le renversement du support.

M. Rigoni munit son attache d'un système qui doit automatiquement faire tomber l'attelage lorsqu'un haut-fond ou toute autre cause fait naître une traction notablement supérieure à la traction nécessaire en marche normale. Il nous semble impossible de démarrer un bateau attelé avec cet appareil puisque pour le démarrage, de quelque façon qu'on s'y prenne, il faut (le calcul le montre aisément) une force croissante dont le maximum est au moins quadruple de celle nécessaire à la marche normale. Si donc l'appareil automatique fonctionne d'une façon satisfaisante, on se détachera nécessairement au cours du démarrage.

Les objections principales que l'on peut faire à ce système de halage funiculaire peuvent se résumer ainsi :

1° Absence de solution pour assurer le câble contre le déraillement.

Ce défaut regrettable pour les parties du tracé en ligne droite est capital pour les parties en courbe;

2° Les pinces appuyées contre les renflements fixes détériorent rapidement ces renflements et tombent trop facilement du câble. Elles ne permettent d'ailleurs pas de suspendre la marche sans se détacher du câble et, par suite, sans descendre à terre pour se réatteler.

Les renflements ont une forme telle qu'ils produiraient facilement l'enroulement de la corde sur halage;

3° La pince proprement dite ou glissante n'est pas tournante. Elle ne pourrait donc pas, pour cette raison, être utilisée, puisqu'elle enroulerait la corde d'amarre sur le câble.

De plus, elle saisit et plie violemment le câble en forme d'S, ce qui le couperait très rapidement.

4° La multiplicité des pièces de fer, pinces, leviers, etc., qu'on fait voyager avec le câble est une cause d'accidents.

§ 22. — Premier système de M. Oriolle.

La demande de brevet de M. Oriolle est du 24 mai 1882, mais ce n'est que dans le certificat d'addition du 12 mars 1883 que l'on trouve des dessins indiquant la façon dont il se propose de résoudre le problème.

Ce certificat donne, en effet, avec le plan général d'une installation supposée, le plan et le dessin :

1° D'une pince ordinaire formée de deux mâchoires. Elle n'est pas tournante et ne pourrait, par suite, être utilisée;

2° D'un autre mode d'attache formé de deux bouts de cordes pendus au câble et appuyés à des arrêts montés fixement sur lui.

Cette idée avait déjà été émise par M. Oriolle. M. Maurice Lévy qui l'avait eue également au début de ses études y a immédiatement renoncé avant toute expérience en réfléchissant que, si par suite de leur propre balancement pendant la marche du câble ou par suite de mouvements irréguliers que leur donnerait un vent un peu violent un de ces bouts de corde venait en passant se nouer sur un support, il en résulterait infailliblement un accident dont il était impossible de prévoir la gravité.

On peut ajouter qu'avec des arrêts tels qu'ils sont dessinés dans le brevet de M. Oriolle, c'est-à-dire portant un renflement sur le devant, la corde viendrait nécessairement s'appuyer sur ce renflement, et l'adhérence qui en résulterait suffirait à l'entraîner dans le vrillage.

L'expérience nous a montré que ces arrêts doivent être étudiés avec un soin minutieux, et la forme à laquelle nous avons fini par arriver est la seule qui ne provogue pas le vrillage;

3° Comme M. Rigoni, M. Oriolle essaie de garantir le maintien du câble dans les supports en ligne droite.

Au lieu du taquet à ressort de M. Rigoni, il propose un taquet ou petit rouleau fixe surmontant la poulie en laissant un vide assez grand pour que la corde d'amarre puisse y passer, mais assez faible pour que le câble n'y passe pas.

Cela suppose le câble plus gros que toutes les cordes d'amarre, ce qui n'est pas toujours le cas. En admettant même que cela fût, les épissures aux points d'attache des pièces métalliques sur les cordes ne pourraient pas passer sans forcer l'ouverture entre la poulie et le petit rouleau, et cette ouverture serait bien vite assez grande pour laisser passer le câble.

Enfin si la grosse pièce de fer EH (fig. 9, pl. XIV) venait butter contre ce rouleau, le support serait renversé.

Quant à la difficulté la plus grande, celle de faire échapper la corde dans les angles, elle ne fait l'objet d'aucune solution.

En résumé :

a. Dans la demande de brevet de 1882 on ne trouve aucun dessin et aucune solution du problème.

b. Dans le certificat d'addition de 1883 :

1° Il y a absence, comme pour M. Rigoni, de toute solution pour faire échapper la corde en ligne concave sans faire échapper le câble. Même en ligne droite, cette difficulté n'est pas résolue;

2° Il n'y a pas de moyen d'attache praticable, la pince n'étant pas tournante et les bouts pendants ne pouvant pas être utilisés sans danger; de plus leurs arrêts sont disposés de façon à provoquer le vrillage.

§ 23. — Nouveau système de M. Oriolle.

Ce n'est que dans ses nouveaux brevets de 1889 que M. Oriolle a abordé toutes les difficultés du problème.

Dans le brevet du 2 janvier 1889, il a décrit une pince à levier qui est tournante.

L'expérience qui en a été faite en juillet 1889, devant le Congrès des eaux fluviales, a montré qu'elle est d'une parfaite docilité. Sa sensibilité tient d'ailleurs à la grandeur des leviers (menotte, pare-menotte) dont elle est munie. Le principe du fonctionnement de cet appareil est le même que celui des pinces imaginées par M. Rigoni; on y trouve un levier qui prend appui en deux points très voisins du câble et le presse sur la partie comprise entre ces points de façon à le faire plier suivant la forme indiquée sur la figure intitulée : *Ensemble de la menotte montée sur le câble* (pl. XXXIX).

Nous croyons qu'un câble, ainsi violemment serré et fléchi chaque fois qu'un bateau s'y attelle et pendant tout le temps du parcours, se trouve placé dans des conditions détestables au point de vue de sa conservation et de sa durée et nous nous bornerons à en donner les raisons suivantes, qui résultent simplement d'une observation attentive des faits que nous avons eu bien souvent à constater.

La première, c'est la faible élasticité des fils d'acier trempé qui composent un câble et qui ne permet pas de les plier ainsi impunément.

La seconde vient des petits glissements qui se produisent en route.

Ces glissements déplacent le pliage du câble comme une onde sinusoïdale. Les forces élastiques mises en jeu pendant ce temps sont considérables.

De plus le glissement de l'appareil et l'action du levier produisent nécessairement des éraflures à la surface des fils. Or un fil d'acier trempé est dans un état d'équilibre moléculaire un peu artificiel; sa résistance est liée à la conservation d'une mince pellicule superficielle. Pour en avoir la preuve, il suffit de faire sur un tel fil, avec un canif ou une lime, un petit trait transversal de très faible profondeur; on peut alors le casser sans le moindre effort par un simple pliage, tandis que sans cette strie on ne réussirait à le casser qu'en le maintenant dans un étau et en lui faisant subir un certain nombre de pliages en sens contraire.

Un petit coup de ciseau sec donné sur la surface d'un fil trempé suffit aussi à lui enlever toute sa résistance, ce qui prouve bien qu'elle tient à l'intégrité de sa surface.

Tout ce qui peut produire une éraflure si petite qu'elle soit, par conséquent tout glissement du câble contre de l'acier et toute flexion un peu brusque, doivent donc être soigneusement évités si l'on veut que le câble, qui, à lui seul, coûte presque le tiers de la dépense totale d'installation, se conserve longtemps.

C'est pour ces raisons que les pinces, même les meilleures, nous semblent funestes; c'est d'ailleurs ce que nous avons dit déjà en rappelant les essais que nous avions faits d'un certain nombre de ces appareils. Les leviers et appendices métalliques que portent les pinces sont aussi une cause permanente de dangers qu'augmenterait sans doute l'emploi des poulies oscillantes auxquelles M. Oriolle a eu recours pour résoudre la partie du problème qui a pour objet d'assurer la stabilité du câble dans les gorges des poulies.

L'application de ce genre de poulies au halage funiculaire fait l'objet d'un brevet en date du 2 janvier 1889.

On a une poulie à gorge ordinaire, mobile autour d'un bout d'essieu, en porte-à-faux sur le chevalet qui le soutient.

A ce premier porte-à-faux s'en ajoute un autre : celui de l'axe de rotation du chevalet qui est lui-même mobile autour d'un axe perpendiculaire à celui de la poulie. Ce second axe est en porte-à-faux sur la charpente fixe qui porte tout le système comme le premier l'est sur le chevalet mobile.

C'est un système analogue à celui qu'on emploie aux abords des gares de chemin de fer pour guider les fils qui transmettent les signaux. L'expérience seule peut indiquer la durée que l'on peut attendre de ces poulies au cours d'une exploitation régulière de la voie navigable.

Aux organes qui précèdent, il faut encore en ajouter deux autres nécessaires à chaque poulie :

1° Le chevalet mobile se prolonge (ce prolongement n'est pas figuré au dessin) en contre-haut de son axe de rotation pour recevoir un contrepoids capable d'équilibrer tout le système formé par la poulie et le chevalet lui-même;

2° Un guidage dont l'origine est placée en avant et en contre-haut du câble qui descend en courbe gauche de façon à passer en dessous et à se terminer à l'arrière du câble.

Lorsque le levier de la pince arrive, il vient butter contre ce guidage qui lui fait franchir la poulie. Ce guidage, qui est lui-même en porte-à-faux, reçoit donc la pression due à la traction du bateau, et c'est à frottement dur qu'il conduit le levier (ou menotte) de la pince.

Ce guidage éprouve donc une grande fatigue.

Il en est de même de l'essieu de la poulie qui, étant en porte-à-faux, ne résiste au cisaillement que par une seule section.

Les collets de l'essieu du chevalet ou du moins l'un d'eux, celui d'arrière par rapport à la marche, supportent une action plus forte encore, puisque les deux colliers supportent des pressions dont la différence est égale à celle qui s'exerce sur le guidage. La plus grande des deux dépasse donc cette dernière.

Si l'on observe que cet ensemble d'organes constitutifs d'une poulie existe non seulement en ligne courbe, mais aussi en ligne droite, et, par conséquent, se reproduira par milliers, la rupture d'un de ces guidages sous les efforts continuels qu'il aura à subir ou par l'usure résultant du ripement qui se produira au passage de chaque pince apparaîtra comme une éventualité assez probable pour qu'il convienne d'en examiner les conséquences.

Si un guidage se casse un peu en contre-haut du câble, le levier de la pince n'étant plus soutenu viendra butter contre le bout de guidage restant; la traction continuant, elle arrachera ou la poulie ou le support mobile, ou le support fixe. Si l'accident se produit dans une courbe, il pourra avoir de sérieuses conséquences, surtout que le support arraché sera entraîné par le câble et viendra se jeter sur les supports suivants sans qu'on ait le moyen à bord d'arrêter le câble ou de conjurer le mal. En effet le levier EH (pl. XXXIX), une fois buté, la pince serrera de plus en plus le câble (c'est le principe même de la pince), et l'on n'aura plus d'action sur elle pour la desserrer depuis le bateau, puisque le levier de déclenchement E' n'obéira plus. On aura même beau lâcher la corde d'amarre, cela n'empêchera rien.

Si cet accident n'a chance de se produire avec les pinces attelées qu'en cas de rupture d'un guidage, il peut, au contraire, se produire couramment avec les pinces montées à l'avance et non attelées, pour peu qu'elles obéissent au vrillage, car alors elles ne seront plus orientées par la corde d'amarre.

Ce système de poulies oscillantes paraît avoir été imaginé, et il remplit bien le but qu'on s'est proposé, en vue de réduire au minimum les dimensions et la tension du câble.

Nous estimons pour notre part, et nous indiquerons plus loin les motifs de cette opinion, qu'une tension assez forte est un des éléments essentiels du succès, mais, en dehors de cette considération, il convient de mettre en lumière les objections auxquelles donne lieu *a priori* cet ingénieux système.

M. Oriolle a pris à la date du 24 mai 1889 un troisième brevet pour un boulard de démarrage (pl. XL). Cet appareil fonctionne d'une manière satisfaisante. Nous examinerons ultérieurement l'utilité des engins de cette nature et les sujétions que leur emploi imposerait à la batellerie.

§ 24. — Système de M. Maurice Lévy.

Le problème de la traction par câble des bateaux sur les canaux n'avait donc reçu que des solutions incomplètes lorsque M. le Ministre des travaux publics demanda à M. l'ingénieur en chef Maurice Lévy d'en entreprendre l'étude.

Si, pour ne pas interrompre l'exposé logique des recherches de M. Oriolle, nous avons indiqué à la suite de son premier système celui plus séduisant et plus complet auquel il s'est arrêté en dernier

IMPRIMERIE NATIONALE.

lieu, il convient de remarquer, en effet, que ce système n'a été publié que quelques mois après les expériences de Gravelle qui consacraient l'invention de M. Maurice Lévy.

Ces deux systèmes reposent, d'ailleurs, sur des principes nettement différents, on peut dire absolument opposés, entre lesquels une confusion est impossible. L'avenir seul montrera si les objections que nous croyons devoir opposer aux principes sur lesquels s'appuie M. Oriolle ne sont pas fondées, et si les appareils ingénieux qu'il a imaginés supportent avec succès l'épreuve définitive de l'expérience.

Quoi qu'il en soit, le système installé sur les canaux de Saint-Maurice et de Saint-Maur restera avec ses caractères propres, dont la pratique a consacré la valeur, la première solution complète du halage funiculaire; une expérience journalière de trois ans nous fait croire qu'elle sera définitive.

Ce n'est pas en un jour, d'ailleurs, que toutes les difficultés ont été résolues et que le système a été amené au degré de perfection qu'il présente actuellement, et dont le caractère le plus frappant est une extrême simplicité de tous les organes réduits au strict nécessaire et ramenés à des formes robustes et presque grossières.

Par une marche naturelle à l'esprit humain, on est allé successivement du composé au simple, au cours de recherches incessantes qui ont exigé deux ans d'un labeur ininterrompu. La solution primitive était satisfaisante, elle n'était pas complète et surtout elle n'était pas simple.

Au cours de la description des divers organes du système, nous aurons souvent occasion de montrer les développements d'une même idée et les simplifications successivement apportées à un appareil qui, sous sa forme définitive, ne rappelle que de très loin l'appareil ingénieux, mais compliqué, des premiers essais.

L'histoire de ces tâtonnements est l'histoire même de l'invention; elle n'a plus aujourd'hui qu'un intérêt, celui de mettre en garde contre les erreurs qu'on a commises et de montrer la nature et l'importance des difficultés qu'il a fallu vaincre pour arriver au succès, récompense de tant de labeurs.

Au début, on était surtout préoccupé de la difficulté devant laquelle on avait échoué jusqu'alors, le déraillement dans les courbes ou en alignement droit. Cette difficulté a été résolue dès le principe, et la première épreuve a consacré la valeur des considérations théoriques auxquelles on avait obéi en calculant la tension du câble, et des dispositions auxquelles on s'était arrêté pour le maintenir sur les poulies de support et de direction. On a modifié ensuite la composition du câble et amélioré, en le simplifiant, le système d'entraînement. . . . .

Quant aux poulies de changement de direction qui, au moins pour les courbes concaves, constituent une des plus sérieuses difficultés du problème, on a étudié et appliqué quatre systèmes différents qui répondent à toutes les nécessités de la pratique et dont le dernier se recommande à la fois par son économie et sa simplicité.

Puis s'est présentée la question de l'attache.

Nous avons expérimenté, d'abord, des manilles posées à demeure sur le câble, auxquelles on venait s'attacher quand elles passaient.

Ces manilles, qu'il était indispensable de pouvoir monter et démonter rapidement et dont les dimensions extrêmement réduites étaient commandées par la longueur des gorges des poulies, ont exigé beaucoup d'études, de temps et de tâtonnements.

Au début, un déclic en métal, dû à M. le conducteur Elquinet, permettait de se détacher du câble. Grâce à un artifice, M. Pavie avait réussi à le tenir éloigné du câble, de sorte, qu'en général, il ne passait pas dans les poulies.

Mais, malgré cela, nous avons bientôt acquis la conviction qu'il fallait l'abandonner; qu'il ne faut, à aucun prix, laisser circuler avec le câble une pièce métallique un peu volumineuse; que, tôt ou tard, et si bien guidée soit-elle, elle provoquera un accident.

Dès qu'une pièce ne passe pas naturellement et en tous sens dans les poulies, dès qu'elle ne peut y passer qu'à l'aide d'un guidage dans une orientation déterminée, la gorge de chacune des poulies qu'elle rencontre est un défilé dangereux pour elle. Et, comme il y a 40 de ces défilés par kilomètre, c'est par milliers de fois que s'offrira le danger. Mille fois la pièce se présentera bien sur les guidages qu'on lui offre. Une fois le guidage fera défaut, ou la pièce se présentera de travers et cassera tout. On a été ainsi conduit à n'admettre des pièces métalliques que si leurs dimensions sont réduites à quelques centimètres en tous sens, et à employer presque exclusivement la corde pour le système d'attelage. La corde passe partout, se plie à toutes les évolutions. Elle constitue la véritable matière du marinier, celle qu'il sait fabriquer, manier et réparer.

M. Maurice Lévy a alors imaginé un déclic en corde d'une extrême simplicité, qui a fonctionné avec un plein succès en juillet 1889 devant le Congrès des eaux fluviales.

Mais les manilles à demeure sur le câble pouvaient avoir quelques inconvénients. A la longue, elles pouvaient user le câble en frottant toujours au même point, comme la goutte d'eau finit par user le rocher; elles le fatiguaient d'ailleurs inutilement lors de leur passage dans les poulies d'entraînement. Elles laissaient aussi peu de temps au marinier pour s'atteler et, sous peine de les multiplier d'une façon exagérée, il était indispensable d'attendre, en moyenne, 8 à 10 minutes le passage d'une manille pour partir.

Nous avons alors rendu les manilles amovibles. Nous les avons munies d'une charnière permettant de les ouvrir ou de les fermer comme une tabatière et, par suite, de les enlever du câble ou de les y replacer à volonté. Cette étude a été plus particulièrement confiée à M. le conducteur principal Vaudescal. Les manilles ont ainsi cessé de faire partie du câble. Celui-ci ne portait plus que les bagues contre lesquelles les manilles venaient butter. Ces bagues peuvent, elles, être rapprochées autant qu'on le veut, de sorte qu'il en passe une toutes les deux minutes (toutes les minutes si on le désirait).

Avec ce système, quand un marinier voulait partir on lui remettait une manille; il y attachait sa corde tout à son aise et posait ensuite la manille sur le câble, en la fermant d'une main, comme on ferme une tabatière. Cela fait, il rentrait dans son bateau et y attendait tranquillement l'arrivée de la bague qui devait l'entraîner.

Ce système présentait tous les avantages d'une pince, sans en avoir les défauts, sauf qu'on ne pouvait s'arrêter qu'en se détachant du câble, ce qui exigeait qu'on se réattelât pour partir.

Quoique cet inconvénient n'ait pas la portée qu'on a voulu lui attribuer, attendu qu'un arrêt momentané est chose exceptionnelle et, en général, inutile, il est certain cependant que la possibilité de s'arrêter sans se détacher du câble et, par suite, de repartir sans aller se réatteler, donne au système un peu plus d'élasticité.

Le nouveau mode d'attache avec un simple étrier, auquel on s'est définitivement arrêté, résout complètement toutes ces difficultés; nous ne pensons pas qu'il soit possible d'en réaliser un plus simple et plus économique.

Nous avons aussi eu naturellement à peser avec soin la question du démarrage. En 1888, nous démarrions avec un frein de démarrage qui faisait partie d'un treuil à main que nous possédions dans le service et qu'on utilisait pour éviter la construction d'un appareil spécial.

Mais, dès qu'il a fallu exploiter, on a acquis la conviction que la première condition pour que ce nouveau mode de traction eût chance d'être accepté par la batellerie, c'était de ne pas ajouter à l'opposition que lui vaudraient déjà la routine et les intérêts qui, à tort ou à raison, se croiraient lésés par lui, l'objection de principe qu'on rencontrerait certainement, si l'on imposait à chaque marinier un appareil de démarrage. Outre la dépense qu'il occasionne, il faudrait, chaque fois qu'un batelier se présenterait pour partir, au lieu d'atteler purement et simplement, commencer par installer l'appareil de démarrage, à supposer qu'on l'ait sous la main ou, dans le cas contraire, attendre qu'on soit allé le chercher au dépôt le plus voisin. On voit l'effet que produiraient dans la pratique de semblables nécessités qui s'imposeraient jusqu'au moment où l'extension du système à toutes les voies navigables importantes aurait amené une modification corrélative du matériel de la batellerie. Il a paru préférable de tout disposer pour pouvoir démarrer à la main en laissant filer la corde sur l'une des bittes dont tout bateau est muni.

D'ailleurs, un appareil mécanique, quel qu'il soit, n'a de raison d'être que s'il économise un homme. Ce n'est pas le cas d'un appareil de démarrage, bien au contraire.

Nous avons maintes fois fait démarrer sans aucun appareil et conduire une péniche de 300 tonnes par un seul homme. Qu'il y ait, d'ailleurs, un ou deux hommes sur le bateau, que celui qui est chargé du démarrage laisse filer sa corde à la main sur une bitte fixe ou qu'il la laisse filer sur un boulard tournant, muni d'un frein, le résultat est le même. S'il se produit un incident pendant l'opération, l'homme qui tient la corde directement à la main est maître de la lâcher instantanément. Si, au contraire, la corde est enroulée sur un appareil mécanique, il n'en sera pas de même, et il suffit qu'il se produise alors une boucle (les mariniers disent une vrille) dans la corde, au moment où elle doit passer sur l'appareil, pour qu'il puisse en résulter un accident.

C'est pour ces raisons que la suppression de tout engin de démarrage ou autre, imposé aux bateaux qui veulent s'atteler, doit être considérée comme un des progrès les plus sérieux qu'on ait réalisés.

C'est grâce à lui que l'installation du halage funiculaire, sur les canaux de Saint-Maurice et de Saint-Maur, a pu être livrée à l'exploitation le 4 novembre 1889, sans aucun préparatif spécial, et poursuivie sans accident jusqu'en juin 1891, malgré la négligence du personnel ordinaire de la batellerie fluviale, qui a immédiatement accepté ce système parce qu'il respectait ses habitudes et ses traditions.

TROISIÈME SECTION.

DESCRIPTION DU SYSTÈME DE HALAGE FUNICULAIRE EXPÉRIMENTÉ SUR LES CANAUX DE SAINT-MAUR ET DE SAINT-MAURICE. RÈGLES THÉORIQUES ET PRATIQUES POUR L'ÉTUDE D'UN PROJET DE CE SYSTÈME.

CHAPITRE PREMIER.

DESCRIPTION D'ENSEMBLE.

---

§ 25. — Caractères du système de M. Maurice Lévy.

Le système de halage funiculaire, installé sur les canaux de Saint-Maur et de Saint-Maurice, est caractérisé par les deux obligations que l'on s'est imposées :

1° De ne faire voyager avec le câble aucune pièce métallique qui ne puisse passer naturellement dans les gorges des poulies, et cela dans quelque orientation qu'elle se présente par suite du vrillage du câble ;

2° De prendre les bateaux tels qu'ils se présentent sans leur imposer aucun appareil spécial.

Les caractères matériels du système résident :

1° Dans la structure du câble ;

2° Dans sa tension ;

3° Dans les poulies de support et de direction, dont les dispositions spéciales assurent en même temps la stabilité du câble et le facile passage de la corde d'amarre ;

4° Dans les appareils d'entraînement et de réglage ;

5° Dans le système d'attache, qui a tous les avantages des pinces tournantes et glissantes, sans offrir aucun des dangers et des causes de destruction que recèlent ces appareils.

La description de chacun de ces éléments essentiels de l'installation, pour lesquels nous rappellerons les recherches et les perfectionnements successifs auxquels ils ont donné lieu, constitue l'objet essentiel de cette étude dans laquelle nous aurons également à faire connaître les dispositions et les précautions dont l'expérience a indiqué la valeur ou montré l'utilité.

Il convient au préalable de décrire sommairement l'ensemble d'une installation de halage funiculaire en indiquant les règles théoriques et pratiques qui doivent présider à l'étude d'un projet de ce système.

§ 26. — Description d'une installation de halage funiculaire de ce système.

Un câble métallique sans fin est installé de chaque côté de la voie navigable, et à quelques mètres du bord, si l'on veut laisser libres les chemins de halage, ou sur le bord si l'on ne s'impose pas cette sujétion.

1° *Système d'entraînement.* — En un point de son parcours, choisi à volonté, le câble passe sur deux poulies, de 2 mètres de diamètre à fond de gorge, installées sur un solide bâti en maçonnerie. La première de ces poulies est folle sur son axe et n'est à proprement parler qu'une poulie de direction, qui oblige le câble à s'enrouler presque complètement sur la seconde, dite *poulie motrice.* Cette dernière, dont la gorge est garnie de bois, de manière à augmenter le frottement et, par suite, l'adhérence du câble, est calée sur une roue d'engrenage qui reçoit son mouvement d'un pignon directement actionné par le moteur.

2° *Système de réglage ou tendeur.* — Le câble passe également sur une troisième poulie, de 2 mètres de diamètre à fond de gorge, portée par un chariot mobile muni d'un contrepoids qui sert à le tendre toujours uniformément.

La position du tendeur dans le circuit que forme le câble est déterminée par des considérations théoriques qui feront l'objet de développements importants; nous nous bornerons à dire pour le moment qu'il convient de le placer autant que possible dans le voisinage de l'appareil d'entraînement, sous l'œil du mécanicien chargé de la conduite de la machine motrice qui actionne le système.

3° *Poulies de support ordinaires.* — Dans tout son parcours, le câble est soutenu de distance en distance par des poulies dont quelques-unes sont disposées de manière à lui faire suivre les diverses sinuosités du tracé de la voie navigable.

Nous appelons les premières, réservées pour les alignements droits, *poulies de support ordinaires* et nous désignons les autres par le nom générique de *poulies de changement de direction.* C'est à cette catégorie qu'appartiennent les poulies d'angles concaves ou convexes, les poulies de retour et les poulies doubles dont les noms reviendront fréquemment au cours de cette étude, et qu'il convient de définir en quelques mots, en indiquant les besoins auxquels elles répondent et les conditions dans lesquelles elles doivent être établies.

4° *Échappement de la corde d'amarre. Solution générale.* — Par suite de l'obliquité de leur tirage, les bateaux tendent constamment à arracher le câble des poulies qui le portent ou le dirigent. Il faut donc qu'il soit comme emprisonné dans ces poulies.

Chaque fois que la corde d'amarre arrive à une poulie, elle s'engage dans sa gorge en même temps que le câble. Tandis que celui-ci doit y rester enfermé, l'amarre au contraire doit s'en échapper spontanément. Il faut donc que l'issue offerte à l'amarre soit interdite au câble.

Les deux termes contradictoires du problème en rendent la solution difficile, surtout dans les courbes concaves, où un déraillement du câble, tendu comme la corde d'une arbalète et revenant à sa position normale, pourrait avoir les plus sérieuses conséquences.

Voici comment ces difficultés sont résolues dans le système de halage funiculaire de M. Maurice Lévy (pl. L).

Les poulies qui portent le câble sont des poulies ordinaires folles sur leur axe, soutenues par un support métallique ancré sur un massif de béton, le tout parfaitement solide sans aucun organe délicat ou fragile.

Pour empêcher le câble de sortir, quoiqu'il advienne, de la gorge de la poulie dans laquelle il doit rester emprisonné, on a fixé au support un fermoir tangent au point culminant de la poulie, de sorte que le câble passe comme dans un trou de serrure fermé de tous les côtés. Quand la corde d'amarre se présente, elle s'engage aussi dans ce trou de serrure; pour qu'elle puisse en sortir, il suffit de ménager

IMPRIMERIE NATIONALE.

dans la joue de la poulie qui en limite la gorge du côté de l'eau un ou plusieurs crans terminés par des développantes de cercle.

La corde reste engagée jusqu'à ce qu'un cran se présente ; alors, par suite de l'obliquité du tirage, elle passe dans l'ouverture du cran et en contourne le pourtour sans effort et presque sans s'y appuyer, puisque la développante de cercle est sa trajectoire naturelle.

C'est ainsi que les choses se passent nécessairement lorsque la corde d'amarre est molle ; quand elle est tendue, on peut en assurer le passage immédiat quelle que soit la position des crans lorsqu'elle se présente, en garnissant le pourtour de la poulie d'une dentelure formée par une série de petits crans continus dont la profondeur est un peu supérieure au diamètre des cordes d'amarre.

La corde, en arrivant sur la poulie, pénètre immédiatement dans l'un quelconque de ces petits crans, qu'elle suit jusqu'après son passage au sommet de la poulie.

Mais ce n'est là qu'un artifice, le grand cran à développante de cercle fournit seul la solution complète et absolue du problème dans toutes les circonstances, solution qui caractérise le système de M. Maurice Lévy.

Elle est générale et s'applique avec les modifications nécessaires aux poulies de changement de direction.

5° *Poulies de changement de direction.* — Lorsque, dans le tracé, on rencontre des angles convexes, c'est-à-dire dont le sommet se trouve du côté de la voie navigable, on réalise tout simplement le changement de direction du câble au moyen d'une poulie ordinaire tournant autour d'un axe vertical ; le câble se trouve en effet devant la poulie, c'est-à-dire du côté de l'eau, et, par suite, la corde d'amarre passe tout naturellement.

Le passage des angles concaves est plus difficile. On a toujours une poulie horizontale ou légèrement inclinée pour guider le câble, mais, ici, il passe derrière la poulie, c'est-à-dire du côté opposé à l'eau.

La corde d'amarre passe donc également derrière la poulie, et il est indispensable d'en assurer le dégagement sous peine de la voir amener le bateau à la rive.

On peut, si les circonstances locales le permettent, suspendre ces poulies en porte-à-faux à l'extrémité d'une sorte de potence et à une hauteur suffisante au-dessus du plan d'eau, de façon à faire échapper la corde au-dessous de la poulie. Celle-ci doit alors porter des crans à la joue inférieure de sa gorge; la corde engagée repose sur cette joue jusqu'à ce qu'elle rencontre un cran où elle tombe par son propre poids. Une fois dans ce cran, elle le contourne et en sort naturellement, comme dans les poulies verticales, par son mouvement relatif par rapport à la poulie.

Si l'on ne dispose pas d'une hauteur suffisante entre le câble et le plan d'eau de la voie navigable, ou que, pour divers motifs, on veuille éviter l'emploi des poulies en porte-à-faux, on peut employer des poulies horizontales semblables à celles des angles convexes et complètement fermées, mais dont la joue supérieure porte des crans à développante de cercle. Mais, dans ce cas, il faut nécessairement relever la corde d'amarre au moyen d'une glissière qui l'oblige à passer au-dessus du plan de la poulie et lui donne par conséquent une inclinaison plongeante telle qu'elle puisse être entraînée par les crans ménagés dans la partie supérieure.

Cette solution, à laquelle on s'est arrêté en dernier lieu, est de beaucoup la plus simple et la plus économique, elle doit être particulièrement recommandée; cependant son application peut donner lieu, dans certaines parties d'un tracé, à quelques difficultés d'installation en raison de la longueur de la glissière, qui ne doit pas être inférieure à 7 mètres.

Dans ces cas tout à fait particuliers, il convient de recourir à une solution tout à fait générale et extrêmement élégante, en ce qu'elle assure en toutes circonstances le passage de la corde d'amarre sans le secours d'un appareil auxiliaire, tel que la glissière.

Ce système est toujours fondé sur le principe des crans, mais appliqué d'une façon un peu différente.

Au lieu de disposer horizontalement la poulie qui guide le câble, on lui donne une inclinaison qui la fait plonger du côté de l'eau (pl. LI). La joue supérieure porte toujours des crans, mais dont les dents, ou parties saillantes, sont notablement plus longues que dans les autres poulies. La corde arrive dans une direction presque horizontale, en tous cas avec une inclinaison notablement plus faible que celle qu'on a eu soin de donner à la poulie. Elle se trouve donc déjà naturellement plus élevée que la majeure partie de la face supérieure de la poulie par-dessus laquelle elle doit sauter. Il résulte de cette disposition que quand elle trouve un cran elle s'y engage, et, dès qu'elle y est engagée, le cran l'emmène, l'oblige à franchir le point culminant de la poulie qu'elle n'aurait pas pu franchir spontanément et la rejette de l'autre côté, où elle se dégage par son propre poids.

Le nombre des crans, la longueur de leurs saillies, l'inclinaison de la roue, l'orientation de son plan par rapport au brin d'arrivée et de départ doivent être établis d'après des règles mathématiques, pour que le passage de la corde s'effectue à coup sûr. C'est un problème de trigonométrie sphérique qui trouvera sa place dans la description complète de ce système de poulies; la solution n'en présente d'ailleurs aucune difficulté et, quand il est résolu, le passage spontané de la corde sans le secours d'aucune glissière est assuré dans tous les cas qui peuvent se présenter.

Ce système, dont le fonctionnement est parfait, a cependant cet inconvénient que les poulies avec crans prolongés, que nous désignons parfois sous le nom de *roues à ailes*, sont un peu encombrantes. De plus, à cause de leur inclinaison, elles doivent toujours être accompagnées d'une poulie verticale. L'un des deux brins, en effet, y arrive suivant la très petite inclinaison due à sa courbure, c'est-à-dire à peu près suivant l'horizontale du plan incliné de la poulie. Mais l'autre est nécessairement plus incliné; il doit s'abaisser au-dessous de sa position normale et, pour le maintenir, il faut, à une petite distance de la roue à ailes, placer une poulie verticale, dite *poulie d'abaissement* ou *poulie supérieure*, parce qu'elle passe *par-dessus* le câble sur lequel elle presse de haut en bas pour l'empêcher de remonter.

L'ensemble de ces deux poulies présente, comme nous le verrons plus loin, une résistance passive un peu supérieure à celle d'une poulie horizontale de même diamètre, comme celle qu'on emploie dans la disposition précédemment indiquée du passage de l'angle concave au moyen d'une glissière.

C'est encore une raison pour préférer cette solution un peu moins élégante, mais beaucoup plus économique, toutes les fois où l'installation de la glissière peut être pratiquement réalisée, ce qui est le cas le plus général.

L'importance relative des résistances passives des différents organes du système ne saurait être négligée, comme il est facile de le comprendre, dans l'étude d'un tracé, et cette considération seule suffit à restreindre au strict indispensable l'emploi des *poulies doubles* qui présentent d'ailleurs d'autres inconvénients sérieux sur lesquels on peut cependant être appelé à passer dans certains cas exceptionnels.

6° *Changements d'altitude du câble.* — On peut, par exemple, avoir à changer brusquement l'altitude du câble. Cela peut arriver au passage d'une écluse où il peut sembler nécessaire de gagner rapidement la chute de l'écluse, ou au passage d'un canal affluent.

Il y a trois cas, suivant qu'on se trouve en ligne droite, en angle convexe ou en angle concave.

En ligne droite, le mieux est d'employer deux poulies verticales, dont une d'abaissement.

En angle convexe, on n'a qu'à employer une poulie ordinaire ; seulement, au lieu qu'elle soit horizontale, comme pour les angles convexes ordinaires, elle sera plus ou moins inclinée.

La corde passant toujours devant la poulie s'échappera d'elle-même, et la tension du câble l'empêchera toujours d'être arrachée, en sorte qu'il n'est pas indispensable d'accompagner la poulie inclinée d'une poulie verticale destinée à empêcher l'arrachement. Nous préférons cependant, en général, abaisser ou relever le câble au moyen de poulies ordinaires jusqu'au niveau de la poulie d'angle qui alors est horizontale.

Dans les angles concaves, pour obtenir à la fois le changement de direction et le changement d'altitude, nous avons employé deux poulies verticales placées de façon à avoir, à fond de gorge, une tangente commune, elle-même verticale, l'une des deux poulies étant dans le plan vertical du brin d'arrivée, l'autre dans le plan vertical de départ.

Le câble passe par-dessous la poulie la plus basse, qu'il embrasse sur un quart de circonférence, puis par-dessus la plus élevée, après l'avoir de son côté contournée sur un quart de cercle.

Ce système, qui fonctionne très bien, a l'inconvénient de plier le câble deux fois de suite dans des plans différents. Pour atténuer l'effet de ce double pliage, nous avons employé de grandes poulies de 2 mètres de diamètre. Mais cette installation est coûteuse et, comme nous le verrons, on augmente ainsi dans des proportions considérables et certainement exagérées les résistances passives du système; aussi nous estimons que, sauf dans les cas tout à fait spéciaux, il convient de n'employer, comme pour les angles convexes, qu'une seule poulie inclinée avec ailes. C'est ici que les poulies inclinées à ailes trouvent vraiment leur emploi naturel puisque leur inclinaison est commandée par le but à atteindre, de sorte qu'il n'est pas indispensable de les accompagner d'une poulie d'abaissement, l'abaissement du câble étant ce que l'on cherche. Et, comme elles fonctionnent d'ailleurs parfaitement et qu'elles n'ont aucun organe délicat, elles fournissent la solution indiquée dans la circonstance dont nous nous occupons.

7° *Observations relatives à l'installation des canaux de Saint-Maur et de Saint-Maurice.* — Dans l'installation des canaux de Saint-Maur et Saint-Maurice, nous avons employé les poulies doubles verticales en plusieurs points du tracé.

On ne doit pas conclure de ces exemples que, dans des cas analogues, il convienne de recourir obligatoirement à cette solution.

L'installation des canaux de Saint-Maur et de Saint-Maurice est en effet une installation d'expérience, où l'on a tenu à expérimenter toutes les solutions successivement imaginées. C'est pourquoi les moyens employés ne sont pas toujours uniformes, et l'installation paraît complexe alors que le système au contraire ne comporte que des mécanismes aussi simples que possible.

8° *Poulies de retour.* — Au nombre des changements de direction que l'on est appelé à effectuer pour développer le câble sur les deux rives de la voie navigable, il faut compter ceux des deux traversées de cette voie navigable aux extrémités du circuit. Ces traversées exigent quatre *poulies de retour* placées sur des supports très élevés, puisque le passage doit s'effectuer à 3 m. 70 au moins au-dessus du plan d'eau pour ne pas gêner la navigation.

Il est vrai qu'en raison de leur rôle spécial et de leur position même, elles n'ont pas besoin d'être disposées en vue d'assurer le passage des cordes d'amarre et ne sont en réalité que de simples poulies horizontales.

Mais l'effort que leur fait supporter le câble, qui s'enroule sur un quart de leur circonférence, et la hauteur à laquelle elles sont nécessairement établies obligent à leur donner des dimensions assez fortes ainsi qu'à leurs supports et à les ancrer très solidement dans un massif de plusieurs mètres cubes de béton.

Ces poulies de retour sont donc coûteuses, et leurs résistances passives sont considérables.

Elles n'en constituent pas moins une disposition obligatoire du tracé toutes les fois où il n'est pas possible de disposer les deux brins du câble sur une même rive.

9° *Installation sur une seule rive.* — Ce cas, qui peut se présenter pour un tunnel d'une certaine longueur, constitue une section isolée nettement déterminée dans laquelle on n'a pas à se préoccuper des croisements des bateaux et où l'on doit même chercher à les rendre impossibles.

Les deux brins du câble peuvent alors être disposés du même côté de la voie navigable, pour lequel on choisira naturellement celui de la banquette de halage.

L'installation ainsi comprise se présente alors sous une forme particulièrement simple et économique.

Les deux brins du câble sortent du système d'entraînement dans un même plan vertical où on les maintient jusqu'à l'entrée du souterrain. Le passage de la section normale du canal à la section plus étroite du souterrain présente quelques particularités intéressantes en raison de la sujétion inhérente au système de dégager complètement la partie supérieure des poulies d'angle concave pour assurer le passage de la corde d'amarre.

Le plan seul permet de bien se rendre compte de la solution du petit problème de géométrie qui se pose dans ce cas particulier, un des plus intéressants que l'on puisse avoir à traiter.

§ 27. — Projet d'une installation.

La préparation d'un projet d'installation de halage funiculaire est extrêmement simple; les diverses solutions que nous venons d'indiquer répondent à toutes les difficultés qui peuvent se présenter dans la pratique.

Si l'on connaît bien les différents organes du système et si l'on sait exactement dans quelles conditions chacun d'eux doit être utilisé, l'étude d'un tracé sur un plan à échelle suffisante peut être menée à bien en quelques heures.

Mais, pour bien comprendre le fonctionnement du système et de ses différents organes, il convient avant tout d'en faire une étude théorique.

Nous allons donc exposer les formules établies par M. Maurice

Lévy, qui permettent de déterminer les tensions et les flèches du câble, tant au repos que dans la marche à vide, ou avec le nombre maximum de bateaux que le système peut être appelé à haler.

Quelques applications numériques empruntées à l'installation des canaux de Saint-Maurice et de Saint-Maur feront mieux comprendre le but et l'utilisation de ces formules, qui constituent dans leur ensemble une théorie à peu près complète du halage funiculaire.

CHAPITRE II.

ÉTUDE THÉORIQUE DU CÂBLE AU REPOS.

§ 28. — Formules préliminaires.

Soit AGB une portion de câble dont les deux extrémités A et B sont ou non de niveau et qui est en équilibre sous l'action de son seul poids.

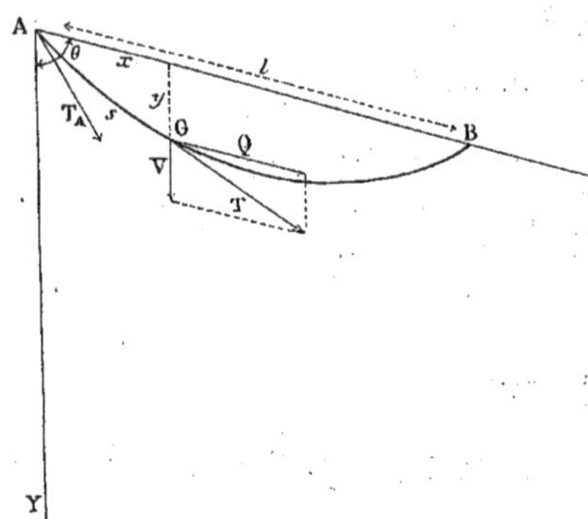

Désignons par l la distance AB, c'est-à-dire la longueur de la corde de l'arc formé par le câble.

Rapportons cet arc à deux axes de coordonnées, l'un ABX dirigé suivant la corde de l'arc, l'autre AY vertical descendant.

Soit T la tension exercée en un point quelconque G du câble, par la partie située à la droite du point G sur celle placée à sa gauche.

Appelons respectivement Q et V les composantes de cette force parallèlement aux axes AX et AY.

Désignons enfin par T_A, Q_A, V_A ce que deviennent les trois forces T, Q, V, au point A.

L'équilibre de l'arc AG a lieu sous l'influence :

1° De son poids;

2° De la tension T au point G;

3° De la tension T_A changée de sens au point A.

En projetant obliquement ces forces sur la corde AB, on trouve

$$Q = Q_A = \text{constante}.$$

Ainsi, si l'on décompose la tension d'un arc soumis uniquement à l'action de son poids en deux forces, l'une verticale, l'autre parallèle

IMPRIMERIE NATIONALE.

à la corde de l'arc, cette dernière composante est constante en tous les points de l'arc.

Nous l'appellerons la *poussée oblique* lorsque les deux extrémités A et B de l'arc ne sont pas de niveau, et simplement la *poussée* dans le cas contraire.

D'autre part, si la flèche de l'arc est assez faible pour que l'on puisse confondre le poids de l'arc avec celui de sa corde on aura en projection verticale :

$$V = V_A - px,$$

p étant le poids par mètre courant de l'arc.

Enfin la troisième condition d'équilibre, celle des moments, que nous prendrons par rapport au point G, donne

$$Q_A y - V_A x + \frac{px^2}{2} = 0$$

qui est l'équation de la courbe d'équilibre du câble et montre que cette courbe, au degré d'approximation supposé, est une parabole.

Comme pour $x = l$, $y = 0$ on tire de la dernière équation la valeur évidente de la réaction verticale

$$V_A = \frac{pl}{2}$$

et, comme d'autre part $Q = Q_A =$ constante, l'équation de la courbe devient

$$Qy = \frac{px}{2}(l - x).$$

Si f est la flèche de l'arc, on en déduit en faisant $y = f$, $x = \frac{l}{2}$

$$Qf = \frac{pl^2}{8}$$

ou

$$Q = \frac{pl^2}{8f}. \qquad (1)$$

Telle est la valeur de la poussée oblique ou non en fonction de la flèche.

L'équation de la parabole elle-même en fonction de la flèche est

$$y = 4f\frac{x}{l}\left(1 - \frac{x}{l}\right) \qquad (2)$$

A cause de la faiblesse supposée de la flèche, la tension T peut, en grandeur, être confondue avec sa composante Q, et, comme celle-ci est rigoureusement constante, celle-là l'est sensiblement.

C'est dans ce sens que nous parlerons de la tension T d'un arc sans spécifier le point où elle se produit, puisqu'elle est à peu près la même en tous les points, et que le plus souvent, au lieu de la formule (1), nous écrirons $T=\frac{pl^2}{8f}$ (3) comme relation entre la tension et la flèche.

Cela suppose, bien entendu, que l'arc considéré ne supporte que son propre poids ou plus généralement ne supporte que des forces verticales, mais qu'il n'est soumis à aucune action horizontale telle que la traction d'un bateau.

Il nous reste à donner l'expression approchée de la longueur d'un arc de la courbe.

L'élément de longueur ds est donné par la formule

$$ds^2=dx^2+dy^2+2\,dx\,dy\cos\theta,$$

d'où

$$\frac{ds}{dx}=\left[1+2\frac{dy}{dx}\cos\theta+\left(\frac{dy}{dx}\right)^2\right]^{\frac{1}{2}}.$$

En développant le second membre suivant les puissances de l'inclinaison très petite $\frac{dy}{dx}$ et négligeant les quantités de l'ordre du cube de cette inclinaison, il vient

$$\frac{ds}{dx}=1+\frac{dy}{dx}\cos\theta+\frac{1}{2}\left(\frac{dy}{dx}\right)^2\sin^2\theta,$$

d'où

$$s=\int_0^x dx\left[1+\frac{dy}{dx}\cos\theta+\frac{1}{2}\left(\frac{dy}{dx}\right)^2\sin^2\theta\right]$$

ou, en vertu de (2)

$$s=x+y\cos\theta+\frac{\sin^2\theta}{2}\int_0^x\frac{16f^2}{l^2}\left(1-\frac{2x}{l}\right)^2dx,$$

soit

$$s=\mathrm{AG}=x+4f\cos\theta\frac{x}{l}\left(1-\frac{x}{l}\right)+\frac{4f^2\sin^2\theta}{3l}\left[1-\left(1-\frac{2x}{l}\right)^3\right]. \qquad (4)$$

En particulier pour l'arc complet, soit $x=l$

$$\mathrm{AGB}=l+\frac{8f^2\sin^2\theta}{3l}. \qquad (4\ bis)$$

Si les extrémités A et B de l'arc sont de niveau, l'angle θ des axes est droit et les formules précédentes deviennent

$$\mathrm{AG}=x+\frac{4f^2}{3l}\left[1-\left(1-\frac{2x}{l}\right)^3\right], \qquad (5)$$

$$\mathrm{AGB}=l+\frac{8f^2}{3l}. \qquad (5\ bis)$$

Si les extrémités A et B, sans être de niveau, ne présentent qu'une différence d'altitude telle que l'inclinaison de la corde sur l'horizontale soit de même ordre de grandeur que celle $\frac{dy}{dx}$ d'une tangente au câble, les formules (4) et (4 *bis*) deviennent encore au degré d'approximation adopté

$$AG = x + 4f\cos\theta\frac{x}{l}\left(1 - \frac{x}{l}\right) + \frac{4f^2}{3l}\left[1 - \left(1 - \frac{2x}{l}\right)^3\right], \qquad (6)$$

$$AGB = l + \frac{8f^2}{3l}. \qquad (6\ bis)$$

§ 29. — Tensions et flèches initiales.

Considérons maintenant un câble porté par des poulies verticales et dirigé entre les alignements consécutifs, par des poulies horizontales, toutes ces poulies étant sensiblement de niveau. Supposons-le au repos. Son état d'équilibre est alors indéterminé, puisqu'il faut une force finie pour vaincre les résistances passives des poulies et le mettre en mouvement.

Considérons en particulier l'état d'équilibre dans lequel ces résistances se trouveraient être toutes nulles. Les tensions de part et d'autre d'une poulie quelconque seraient alors égales entre elles, et, comme la tension dans toute la longueur d'une travée est sensiblement constante, d'après ce qui a été dit plus haut, il faut que cette tension soit la même dans toutes les travées.

C'est cette tension idéale que nous appelons la *tension initiale* du câble et que nous désignerons désormais par la lettre T_0. La flèche qui lui correspond serait elle-même constante si toutes les travées étaient égales et serait alors donnée par la formule (2). C'est ce que l'on cherche à réaliser dans la pratique, puisqu'on doit donner aux poulies de support le plus grand espacement compatible avec les conditions économiques du problème, et par suite un espacement à peu près uniforme.

Plus généralement, dans une travée de longueur l_i, la flèche initiale ou au repos que nous appellerons f_{0i} serait donnée par la formule

$$\frac{pl_i^2}{8f_{0i}} = T_0, \qquad (7)$$

T_0 étant la tension initiale que l'on se donne.

§ 30. — Longueur du câble.

La longueur s_i du câble d'une travée de longueur l_i et de flèche f_i est approximativement donnée par la formule (6 *bis*)

$$s_i = l_i + \frac{8f_i^2}{3l_i},$$

qui permet de calculer sa longueur correspondante à une tension initiale donnée.

On peut en effet exprimer l'arc s_i en fonction de sa tension T_i au lieu

de l'exprimer en fonction de sa flèche f_i, puisque ces deux grandeurs sont liées par la relation

$$T_i = \frac{pl_i^2}{8f_i}.$$

Par suite

$$s_i = l_i + \frac{p^2 l_i^3}{24 T_i^2}.$$

Soit s_i^0 la longueur initiale du câble dans la travée considérée, en sorte que

$$s_i^0 = l_i + \frac{p^2 l_i^3}{24 T_0^2}.$$

La longueur S_0 à donner au câble pour réaliser la tension initiale T_0 est donc

$$S_0 = \Sigma s_i^0 = \Sigma l_i + \frac{p^2}{24 T_0^2} \Sigma l_i^3.$$

§ 31. — Variations de la tension initiale avec la température.

Si la température de la pose du câble se modifie de $\pm \tau$ degrés thermométriques et si δ est le coefficient de dilatation du câble, sa longueur deviendra

$$S_0 (1 \pm \delta\tau)$$

et la tension T_0 prendra une valeur T_0' qui sera donnée par la formule

$$S_0 (1 \pm \delta\tau) = \Sigma l_i + \frac{p^2}{24 T_0'^2} \Sigma l_i^3,$$

d'où

$$\mp \delta\tau S_0 = \frac{p^2}{24} \Sigma l_i^3 \left(\frac{1}{T_0^2} - \frac{1}{T_0'^2}\right).$$

Cette formule fait bien ressortir le danger d'un refroidissement brusque pour un câble très tendu; on en tire en effet dans le cas d'un abaissement de température

$$\frac{1}{T_0'^2} - \frac{1}{T_0^2} = -\frac{\delta\tau S_0}{\frac{p^2}{24}\Sigma l_i^3},$$

ou, en remplaçant S_0 par sa valeur $\Sigma l_i + \frac{p^2}{24T_0^2}\Sigma l_i^3$,

$$\frac{1}{T_0'^2} - \frac{1}{T_0^2} = -\delta\tau\left(\frac{\Sigma l_i}{\frac{p^2}{24}\Sigma l_i^3} + \frac{1}{T_0^2}\right).$$

Si l'on suppose pour simplifier les applications numériques que toutes les travées sont égales, la formule devient

$$\frac{1}{T_0'^2} - \frac{1}{T_0^2} = -\delta\tau\left(\frac{24}{p^2 l^2} + \frac{1}{T_0^2}\right).$$

On peut admettre pour l'acier trempé $\delta = 0{,}000012 = \frac{12}{10^6}$.

On a d'autre part dans une installation comme celle du canal Saint-Maurice

$T_0 = 5000$ kilogr. $= 5 \times 10^3$, $pl = 260$ kilogr. en chiffres ronds.

On en déduit

$$\frac{1}{T_0'^2} - \frac{1}{T_0^2} = -\tau\frac{12}{10^6}\left(\frac{24}{67600} + \frac{1}{25\times 10^6}\right) = -\tau\frac{4556}{10^{12}},$$

ou

$$\frac{1}{T_0'^2} = \frac{1}{10^6}\left(\frac{1}{25} - \tau\frac{4556}{10^6}\right).$$

Pour $\tau = \frac{10^6}{25 \times 4556} = \frac{10000}{1139}$, soit moins de 10 degrés de diminution de température, la tension T_0' deviendrait infinie.

La tension doublerait si la température s'abaissait d'un peu plus de 6 degrés.

Le coefficient de dilatation que nous avons admis est sans doute très exagéré pour un câble en acier, mais il n'en résulte pas moins que ce câble serait exposé à se rompre en hiver si l'on n'y prenait garde.

§ 32. — Tendeur. — Son utilité.

C'est pour parer à ce danger comme à d'autres du même genre qu'on munit les câbles de tendeurs. Le tendeur a pour objet de maintenir la tension initiale à peu près invariable. Comme elle est la même dans toutes les travées, il suffit qu'elle soit maintenue invariable dans l'une d'elles. On peut imaginer bien des dispositions pour un tendeur.

Théoriquement on peut se représenter cet organe de la manière suivante.

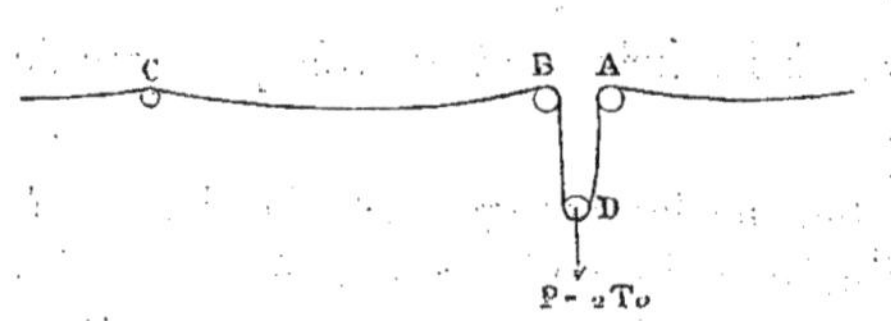

Soit AC la travée où l'on veut l'établir, travée que l'on peut choisir à volonté.

Dans le voisinage de la poulie de support A concevons qu'on place :

1° Une seconde poulie B fixe comme la poulie A;

2° Une poulie mobile D portant un poids P double de la tension T_0 qu'on veut réaliser.

Alors il est clair qu'abstraction faite des résistances passives des poulies, la tension dans la travée considérée, et par suite la tension au repos dans toutes les travées, restera invariable.

Suivant qu'elle tend à croître ou à décroître sous l'influence soit de la température, soit de toute autre circonstance, le poids P se soulèvera ou s'abaissera jusqu'à ce qu'elle ait repris sa valeur T_0 seule équilibrée par le poids tendeur P.

Les deux brins AD et BD de la poulie mobile doivent d'ailleurs être assez longs pour permettre au câble de s'allonger ou de se raccourcir de la quantité nécessaire pour maintenir en toute circonstance l'invariabilité de la tension initiale et par suite celle de la longueur initiale du câble.

Si la température s'abaisse de τ degrés, le poids tendeur se soulèvera de $\frac{\delta\tau S_0}{2}$ de façon que les deux brins BD et AD fournissent la longueur $\delta\tau S_0$ dont le câble s'est raccourci.

CHAPITRE III.

THÉORIE D'UN CÂBLE MARCHANT À VIDE.

---

§ 33. — Résistance passive ou perte de tension d'une poulie verticale en général.

Nous distinguerons plusieurs espèces de poulies verticales :

1° Les poulies de support où les brins ont un très petit arc de contact;

2° Les poulies servant à effectuer les changements de niveau, où les arcs de contact et les inclinaisons du câble peuvent être considérables, l'un des brins pouvant même devenir vertical; ces dernières poulies peuvent être placées au-dessus ou au-dessous du câble.

Nous allons établir la formule générale applicable à tous les cas et indiquer ensuite les simplifications qui se présentent dans chaque cas particulier.

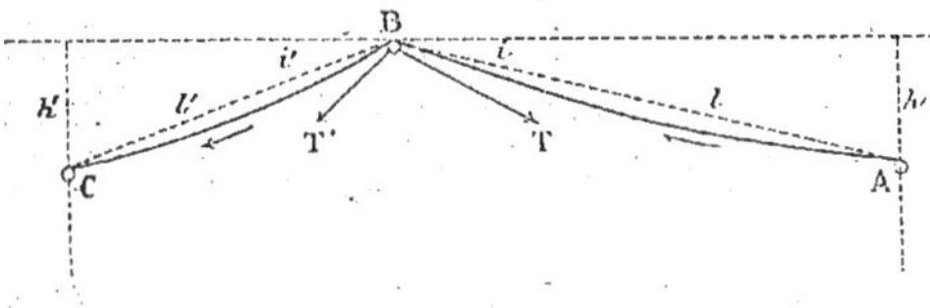

Soient à cet effet et respectivement T et T′ les tensions arrière et avant près d'une poulie B (les flèches de la figure indiquent le sens de la marche du câble); soient l la longueur de la corde de la travée arrière, i l'angle aigu que cette corde fait avec l'horizontale tangente au sommet de la poulie, cet angle étant compté positivement lorsque la corde est plongeante : soient l' et i' les quantités analogues à l et i pour la travée avant.

Décomposons comme nous l'avons fait précédemment la tension T en ses composantes Q et V dirigées la première suivant la corde l, la seconde suivant la verticale; décomposons de même T′ en ses composantes Q′ et V′ suivant la corde l' et la verticale.

La composante horizontale de la pression exercée par les tourillons sur les coussinets est

$$Q' \cos i' - Q \cos i.$$

La composante verticale est

$$Q' \sin i' + Q \sin i + V' + V + \Pi,$$

en désignant par Π le poids de la poulie.

La pression totale est donc

$$R = \sqrt{(Q' \cos i' - Q \cos i)^2 + (Q' \sin i' + Q \sin i + V' + V + \Pi)^2},$$

et l'équation d'équilibre de la poulie est

$$T'r - Tr - \rho \sin \varphi R = 0,$$

en désignant par r le rayon à fond de gorge de la poulie, par ρ le rayon du tourillon et par φ l'angle de frottement des tourillons sur les coussinets.

La force absorbée par la poulie en la supposant appliquée au câble est donc

$$T' - T = \frac{\rho \sin \varphi R}{r}.$$

Pour évaluer R rappelons d'abord que

$$V = \frac{pl}{2}; \qquad V' = \frac{pl'}{2},$$

de sorte que $V + V'$ est le poids des deux demi-travées adjacentes à la poulie considérée.

D'autre part Q et Q' peuvent être confondues avec T et T'.

Comme première approximation on a

$$T' = T.$$

On aura donc en raison de la petitesse du coefficient $\frac{\rho \sin \varphi}{r}$ une seconde et suffisante approximation en faisant dans l'expression de R

$$Q = Q' = T,$$

d'où

$$R = \sqrt{T^2 (\cos i' - \cos i)^2 + \left[T (\sin i' + \sin i) + p \frac{l + l'}{2} + \Pi\right]^2},$$

et, dans le cas d'un câble très fortement tendu, on peut encore remplacer, dans le petit terme $\frac{\rho \sin \varphi}{r}$ R que nous avons à calculer, la tension en marche à vide T par la tension initiale T_0, ce qui donne définitivement pour la force absorbée par le frottement d'une poulie verticale

$$T' - T = \frac{\rho \sin \varphi}{r} \sqrt{T_0^2 (\cos i' - \cos i)^2 + \left[T_0 (\sin i' + \sin i) + p \frac{l + l'}{2} + \Pi\right]^2}.$$

IMPRIMERIE NATIONALE.

Cas particuliers. — *a.* Poulies de support ordinaire.

Dans les poulies de support ordinaire les cordes l et l' sont de niveau, de sorte que

$$i = i' = 0,$$

et l'on a alors pour la force perdue que nous appellerons A

$$A = \frac{\rho \sin \varphi}{r}\left(p\frac{l+l'}{2} + \Pi\right).$$

b. Poulies de support devant faire baisser le câble à l'avant.

On a alors

$$i = 0, \qquad \sin i' = \frac{h'}{l'},$$

h' étant la différence de niveau entre la poulie considérée et celle qui la précède.

Si en particulier le brin d'amont doit devenir vertical,

$$i = 0, \qquad i' = 90°.$$

c. Poulies de support devant faire baisser le câble à l'arrière,

$$i' = 0, \qquad \sin i = \frac{h}{l},$$

h étant la différence de niveau entre la poulie considérée et celle qui la suit.

Si en particulier le brin d'arrière est vertical,

$$i' = 0, \qquad i = 90°.$$

d. Poulie par-dessus devant relever le brin d'avant,

$$i' = 0, \quad \sin i' = -\frac{h'}{l'}, \qquad \cos i' = +\sqrt{1 - \frac{h'^2}{l'^2}}.$$

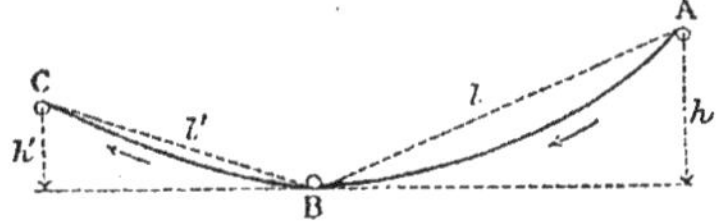

Si en particulier le brin d'avant doit devenir vertical,

$$i = 0, \qquad \sin i' = -1, \qquad \cos i' = 0.$$

e. Poulie par-dessus devant relever le brin d'arrière,

$$i' = 0, \qquad \sin i = -\frac{h}{l}, \qquad \cos i = \sqrt{1 - \frac{h^2}{l^2}}.$$

Si en particulier le brin d'arrière se relève verticalement,

$$i' = 0, \quad \sin i = -1, \quad \cos i = 0.$$

f. Poulie par-dessus relevant les deux brins.

Il faut appliquer la formule générale en regardant i et i' comme négatifs.

§ 34. — Résistance passive d'une poulie de direction horizontale ou inclinée.

Supposons maintenant que la poulie dont on veut étudier la résistance passive soit une poulie de direction horizontale ou inclinée.

Une telle poulie doit être montée de façon que son plan moyen coïncide exactement avec celui des deux tensions T et T′ du câble à son point d'entrée et à son point de sortie de la poulie.

Supposons d'abord qu'il en soit exactement ainsi et négligeons le frottement dû au poids propre de la poulie devant celui incomparablement plus grand provenant des tensions.

Représentons la poulie en plan et en élévation.

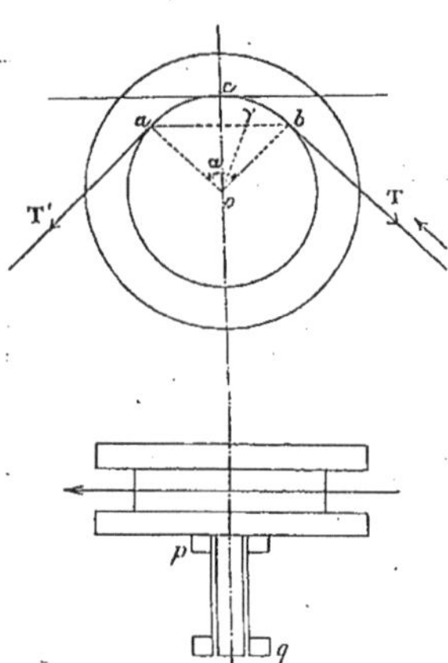

Soit $abc = \alpha$ l'arc de contact du câble et de la poulie, de sorte que la résultante des forces T et T′ est

$$R' = \sqrt{T^2 + T'^2 - 2TT' \cos \alpha}.$$

Cette force se reporte sur l'extrémité supérieure p et l'extrémité inférieure q de la crapaudine dans laquelle tourne le pivot ou essieu de la poulie. Mais si, comme on doit le faire dans la pratique, le pivot est suffisamment long, la composante de R′ appliquée à q devient négligeable et cette force tout entière peut être regardée comme reportée au point p, où elle donne lieu à un frottement. L'équation des moments donne alors

$$(T' - T)\, r' = \rho' \sin \varphi R',$$

en désignant par r' le rayon à fond de gorge de la poulie et par ρ' celui du pivot.

Le poids propre Π de la poulie se décompose en deux, à savoir: si ε est l'angle que fait le plan de la poulie avec un plan horizontal,

$\Pi \cos \varepsilon$ dirigée suivant l'axe de la poulie,
$\Pi \sin \varepsilon$ dirigée suivant le plan de la poulie.

Cette dernière force viendrait se composer avec T et T′ pour fournir la pression totale R′, mais elle est négligeable.

La première donne lieu à un frottement au fond de la crapaudine dont le moment serait

$$\frac{2}{3} \operatorname{tang} \varphi \rho' \Pi \cos \varepsilon.$$

Si l'on veut en tenir compte l'équation précédente devient

$$T' - T = \frac{\rho'}{r'} \sin \varphi R' + \frac{2}{3} \frac{\rho'}{r'} \operatorname{tang} \varphi \Pi \cos \varepsilon.$$

Le dernier terme sera en général négligeable, en tous cas nous pouvons y remplacer tang φ par sin φ et nous avons alors pour l'expression de la force absorbée par une poulie comme celle dont il s'agit

$$T' - T = \sin \varphi \frac{\rho'}{r'} \left(\sqrt{T^2 + T'^2 - 2TT' \cos \alpha} + \frac{2}{3} \Pi \cos \varepsilon \right).$$

Comme T′ est peu différent de T, nous pouvons écrire avec une approximation suffisante

$$T' - T = \sin \varphi \frac{\rho'}{r'} \left(2T \sin \frac{1}{2} \alpha + \frac{2}{3} \Pi \cos \varepsilon \right),$$

quelle que soit l'inclinaison de la poulie.

Ce qui précède suppose que la poulie est parfaitement montée, c'est-à-dire que son plan moyen coïncide avec celui des tensions T et T′.

Dans la pratique il est difficile de compter sur une complète précision à cet égard. Il est donc prudent de calculer aussi le frottement dans l'hypothèse défavorable où le plan de la poulie serait celui des cordes AB et BC, par conséquent où elle serait horizontale si les trois poulies consécutives A, B, C étaient de niveau, au lieu de présenter la petite inclinaison du plan TBT′.

On aperçoit de suite ce qui se passe alors, en suivant le procédé général, c'est-à-dire en décomposant la tension T en ses composantes Q et V suivant BA et suivant la verticale, et décomposant de même T′ en ses composantes Q′ et V′.

Le plan de la poulie est celui des deux forces Q et Q′.

Les composantes verticales $V=\frac{pl}{2}$, $V'=\frac{pl'}{2}$ donnent une résultante $V+V'=p\left(\frac{l+l'}{2}\right)$ appliquée sur la corde ab en un point qui divise cette ligne en raison inverse de l et l', par conséquent en son milieu si $l=l'$, et tout près de l'une de ses extrémités s'il y a une poulie verticale ou autre dans le voisinage de celle dont nous nous occupons.

Transportons cette force au point o où elle vient s'ajouter au poids Π de la poulie, la force totale $p\frac{l+l'}{2}+\Pi$ se décomposera en deux :

L'une dans le plan de la poulie $\left(p\frac{l+l'}{2}+\Pi\right)\sin\varepsilon$;

L'autre suivant l'axe de la poulie $\left(p\frac{l+l'}{2}+\Pi\right)\cos\varepsilon$.

Quant au couple résultant de la translation de la force $p\frac{l+l'}{2}$ en o, il a pour valeur

$$p\frac{l+l'}{2}\times o\gamma.$$

Si h est la longueur du pivot, on aura deux pressions égales, l'une en un point du pourtour supérieur p de la crapaudine, l'autre en un point du pourtour de son fond q, ces pressions ayant pour valeur commune

$$p\frac{l+l'}{2}\times\frac{o\gamma}{h}.$$

La pression totale exercée au point p est donc cette fois la résultante des forces

$$Q,\quad Q',\quad \left(p\frac{l+l'}{2}+\Pi\right)\sin\varepsilon,\quad p\frac{l+l'}{2}\times\frac{o\gamma}{h},$$

ou sensiblement

$$(a)\qquad T,\quad T',\quad \left(p\frac{l+l'}{2}+\Pi\right)\sin\varepsilon,\quad p\frac{l+l'}{2}\times\frac{o\gamma}{h},$$

toutes situées dans le plan de la poulie et ayant des directions connues, à savoir :

Pour T et T' les directions des cordes l et l' et les sens BA, BC;

Pour $\left(p\frac{l+l'}{2}+\Pi\right)\sin\varepsilon$ la direction et le sens de la projection de la verticale descendante sur le plan de la poulie;

Pour $p\frac{l+l'}{2}\times\frac{o\gamma}{h}$ la direction et le sens $o\gamma$.

Il faut envisager ces quatre forces comme appliquées en un même point et les composer entre elles, ce qui sera facile dans chaque cas.

On formera ainsi une résultante R' et l'équation des moments donnera

$$(T'-T)r'=\sin\varphi\rho'\left\{R'+p\frac{l+l'}{2}\times\frac{o\gamma}{h}+\frac{2}{3}\left(p\frac{l+l'}{2}+\Pi\right)\cos\varepsilon\right\},$$

le second terme provenant du frottement, au point q, de la force $p\frac{l+l'}{2}\times\frac{o\gamma}{h}$ et le troisième, du frottement sur le fond de la crapaudine, en confondant comme ci-dessus tang φ avec sin φ.

Pour former la résultante R′ des quatre forces (a) on peut négliger la troisième, puis prendre T = T′, de sorte que la résultante partielle de T et T′ est dirigée suivant la bissectrice co de l'angle aob et a pour valeur

$$2\,\mathrm{T}\sin\frac{\alpha}{2}.$$

Il en résulte en définitive

$$\mathrm{R}'=\sqrt{4\mathrm{T}^2\sin^2\frac{\alpha}{2}+\left(p\frac{l+l'}{2}\times\frac{\mathrm{O}\gamma}{h}\right)^2-4\mathrm{T}\sin\frac{\alpha}{2}\times p\frac{l+l'}{2}\frac{\mathrm{O}\gamma}{h}\cos\widehat{\gamma oc}},$$

où γ divise la corde ab en raison inverse des longueurs l et l' des travées adjacentes à la poulie considérée.

Cas particuliers. — *a.* Nos poulies de direction sont d'ordinaire suivies par une poulie supérieure, on a alors sensiblement

$$l=0,\qquad \widehat{o\gamma c}=\widehat{aoc}=\frac{\alpha}{2},\qquad o\gamma=r',$$

$$\mathrm{R}'=\sqrt{4\mathrm{T}^2\sin^2\frac{\alpha}{2}+\frac{p^2l'^2r'^2}{4h^2}-\frac{\mathrm{T}pl'r'}{h}\sin\alpha}.$$

b. Pour les poulies de direction précédées d'une poulie supérieure

$$l'=0,\qquad \widehat{\gamma oc}=\widehat{boc}=\frac{\alpha}{2}\qquad o\gamma=r',$$

$$\mathrm{R}'=\sqrt{4\mathrm{T}^2\sin^2\frac{\alpha}{2}+\frac{p^2l^2r'^2}{4h^2}-\frac{\mathrm{T}plr'}{h}\sin\alpha}.$$

c. Pour les poulies horizontales à la fois précédées et suivies de près par d'autres poulies (cas ordinaire des poulies d'angle aux extrémités des circuits)

$$l=l'=0,$$

$$\mathrm{R}'=2\,\mathrm{T}\sin\frac{\alpha}{2}.$$

d. En général pour nos poulies de direction pour lesquelles l'angle α est petit, le point γ est sensiblement sur la circonférence, soit

$$o\gamma=r'\ \text{et}\ \widehat{\gamma oc}=\frac{l-l'}{l+l'}\frac{\alpha}{2}\ \text{si}\ l'<l\ \text{et}\ \widehat{\gamma oc}=\frac{l'-l}{l+l'}\frac{\alpha}{2}\ \text{si}\ l'>l.$$

Dans ce dernier cas l'angle $\widehat{\gamma oc}$ serait à prendre à la droite du rayon *oc*, soit du côté de T'; dans le premier il est à prendre comme l'indique la figure du côté de T.

§ 35. — Calcul des tensions pendant la marche à vide.

Les formules qui précèdent permettent, étant donnée la tension T à l'arrière d'une poulie, quelle qu'en soit la nature, de calculer la tension T' à l'avant de cette même poulie.

Elles permettent de résoudre de même le problème inverse, c'est-à-dire de trouver T connaissant T'; car au degré d'approximation admis et tout à fait suffisant, on peut dans les seconds membres de nos équations remplacer T par T' et résoudre alors par rapport à T l'équation que l'on emploie.

Cela posé, dans tout câble il y a une travée dont on connaît la tension, c'est celle qui porte le tendeur; elle conserve la tension initiale T_0.

Partant de là on a les tensions dans les deux travées contiguës, puis de proche en proche dans toutes les autres.

Dans l'installation du canal Saint-Maurice le tendeur est dans la travée contiguë à la poulie motrice et immédiatement à l'arrière de cette poulie.

En partant du tendeur et suivant le câble en sens contraire de la marche, on peut trouver la résistance passive, c'est-à-dire la quantité dont la tension diminue au passage de chaque poulie lorsqu'on chemine dans le sens indiqué.

§ 36. — Travail nécessaire pour la marche à vide.

Observons que chaque force ainsi calculée est de la forme

$$\sin \varphi \times R_i,$$

R_i ne dépendant absolument que des dimensions des poulies et des longueurs des cordes des travées, et pouvant, par suite, être calculé très exactement : la somme des résistances passives sera donc de la forme

$$\sin \varphi \Sigma R_i,$$

expression où le coefficient $\sin \varphi$ peut seul présenter quelque incertitude, puisqu'il dépend du graissage plus ou moins parfait des poulies.

Le travail nécessaire pour faire marcher le câble à la vitesse de V mètres par seconde est, en kilogrammètres,

$$V \sin \varphi \Sigma R_i,$$

et en chevaux,

$$\frac{V \sin \varphi \Sigma R_i}{75}.$$

Pour une marche à o m. 75 par seconde le travail absorbé sera par exemple

$$\frac{\sin \varphi \Sigma R_i}{100} \text{ chevaux.}$$

§ 37. — Application numérique.

Détermination expérimentale de sin φ.

Faisons le calcul de ΣR_i pour l'installation des canaux de Saint-Maurice et de Saint-Maur, en distinguant les deux circuits animés de vitesses différentes : le grand circuit, ou circuit de Charenton, qui s'étend entre l'écluse de Gravelle et l'écluse de Charenton; le petit circuit, ou circuit de Joinville, qui s'étend entre l'écluse de Gravelle et la tête amont du tunnel de Saint-Maur à Joinville-le-Pont.

La disposition des engrenages de commande est telle que, si le premier marche à la vitesse V, le second marche à la vitesse $\frac{V}{2}$.

L'application des formules précédemment établies conduit aux résultats suivants qu'il nous paraît intéressant de donner avec tous les détails nécessaires, tant parce qu'ils constituent une application numérique de ces formules que parce qu'on y trouvera des renseignements utiles sur les influences respectives des différents organes du système au point de vue auquel nous nous plaçons.

A. — Circuit de Charenton.

1. *Poulies de support ordinaire.*

$$i = i' = o,$$

$$A = \frac{\rho \sin \varphi}{r} \left[p \frac{(l+l')}{2} + \Pi \right],$$

soit

$$A_1 = \Sigma A = \frac{\rho \sin \varphi}{r} \left(p \Sigma \frac{l+l'}{2} + m\Pi \right),$$

m étant le nombre de ces poulies.

On a dans le cas qui nous occupe

$$2\rho = 0^{m},045,\ 2r = 0^{m},60, \qquad \Pi = 105^{kg}, \qquad p = 3^{kg},65.$$

Le tableau suivant donne, pour chaque poulie désignée par son numéro d'ordre tel qu'il est indiqué au plan général et au profil en long de l'installation, la quantité $\frac{l+l'}{2}$, demi-somme des travées que supporte la poulie considérée.

NUMÉROS D'ORDRE.	l	l'	$\frac{l+l'}{2}$	NUMÉROS D'ORDRE.	l	l'	$\frac{l+l'}{2}$	NUMÉROS D'ORDRE.	l	l'	$\frac{l+l'}{2}$
	mètres.	mètres.	mètres.		mètres.	mètres.	mètres.		mètres.	mètres.	mètres.
14.....	72 50	73 00	72 75	48.....	70	70 00	70 00	83....	70 00	70 00	70 00
18.....	60 00	38 00	49 00	49.....	70	70 00	70 00	84....	70 00	70 00	70 00
21.....	64 50	66 00	65 25	50.....	70	70 00	70 00	85....	70 00	75 50	72 75
22.....	66 00	72 50	69 25	51.....	70	70 00	70 00	86....	75 50	75 50	75 50
29.....	60 80	70 00	65 40	52.....	70	70 00	70 00	87....	75 50	75 50	75 50
30.....	70 00	70 00	70 00	53.....	70	70 00	70 00	91....	70 00	70 00	70 00
31.....	70 00	70 00	70 00	54.....	70	70 00	70 00	92....	70 00	70 00	70 00
32.....	70 00	70 00	70 00	55.....	70	70 00	70 00	93....	70 00	70 00	70 00
33.....	70 00	70 00	70 00	56.....	70	70 00	70 00	94....	70 00	70 00	70 00
34.....	70 00	70 00	70 00	57.....	70	70 00	70 00	95....	70 00	70 00	70 00
35.....	70 00	70 00	70 00	58.....	70	70 00	70 00	96....	70 00	70 00	70 00
36.....	70 00	70 00	70 00	59.....	70	62 50	66 25	97....	70 00	70 00	70 00
37.....	70 00	70 00	70 00	74.....	75	70 00	72 50	98....	70 00	70 00	70 00
38.....	70 00	70 00	70 00	75.....	70	70 00	70 00	99....	70 00	70 00	70 00
39.....	70 00	71 10	70 55	76.....	70	70 00	70 00	100....	70 00	70 00	70 00
40.....	71 10	71 10	71 10	77.....	70	70 00	70 00	101....	70 00	70 00	70 00
41.....	71 10	70 00	70 55	78.....	70	70 00	70 00	102....	70 00	70 00	70 00
43.....	50 00	69 60	59 80	79.....	70	70 00	70 00	103....	70 00	70 00	70 00
44.....	69 60	50 00	59 80	80.....	70	70 00	70 00	104....	70 00	50 80	60 40
46.....	60 00	70 00	65 00	81.....	70	70 00	70 00	106....	72 40	72 40	72 40
47.....	70 00	70 00	70 00	82.....	70	70 00	70 00	115....	90 00	90 00	90 00
21 poulies	.....	.....	1418 45	21 poulies	.....	.....	1468 75	21 poulies	.....	.....	1496 55

Nous avons donc pour les 63 poulies de support ordinaire

$$\Sigma \frac{l+l'}{2} = 1418^{m}45 + 1468^{m}75 + 1496^{m}55 = 4383^{m}75,$$

d'où

$$A_1 = \sin\varphi \frac{0,045}{0,6}(3,65 \times 4383,75 + 63 \times 105) = \sin\varphi\, 1696,125.$$

2. *Poulies de support devant faire baisser le câble à l'avant.*

On a pour les poulies de cette espèce

$$A_2 = \Sigma A = \Sigma \frac{\rho \sin\varphi}{r} \sqrt{T_0^2(\cos i' - 1)^2 + \left(T_0 \sin i' + p\frac{l+l'}{2} + \Pi\right)^2}.$$

IMPRIMERIE NATIONALE.

avec

$$\sin i' = \frac{h'}{l'}, \quad T_0 = 5100.$$

Les calculs relatifs à ces poulies sont résumés dans la tableau suivant où elles sont désignées par leurs numéros d'ordre.

NUMÉROS D'ORDRE.	l	l'	$\frac{l+l'}{2}$	$\sin i'$	$\sqrt{T_0^2(\cos i'-1)^2+\left(T_0\sin i'+p\frac{l+l'}{2}+\Pi\right)^2}$
	mètres.	mètres.	mètres.		
2	8 50	35 00	21 75	$\frac{2,2}{35}$	505
4	10 00	60 00	35 00	$\frac{0,96}{60}$	314
7	46 00	42 00	44 00	$\frac{0,48}{42}$	326
10	46 00	42 00	44 00	$\frac{0,48}{42}$	326
15	73 00	62 00	67 50	$\frac{0,96}{62}$	432
88	75 50	60 00	67 75	$\frac{0,96}{60}$	433
108	25 60	60 00	42 80	$\frac{0,96}{60}$	343
119	120 00	120 00	120 00	$\frac{0,06}{120}$	545

Soit pour ces huit poulies

$$\sin\varphi \frac{0,045}{0,6} \times 3224 = \sin\varphi \times 241,80.$$

Le calcul est le même pour la poulie n° 69, de 2 mètres de diamètre, pour laquelle on a

$$l = 31,90, \quad l' = 5, \quad \sin i' = \frac{2,3}{5}, \quad \Pi = 630,$$

et par suite

$$\sqrt{T_0^2(\cos i'-1)^2+\left(T_0\sin i'+p\frac{l+l'}{2}+\Pi\right)^2} = 3096;$$

mais

$$2\rho = 0,07, \quad 2r = 2^{\mathrm{m}},00,$$

d'où en somme pour le terme relatif à cette poulie

$$\sin\varphi \times 108,36,$$

et enfin

$$A_2 = \sin\varphi \times 350,16.$$

3. *Poulies de support devant faire baisser le câble à l'arrière.*

On a

$$A_3 = \Sigma A = \Sigma \frac{\rho \sin \varphi}{r} \sqrt{T_0^2 (1 - \cos i)^2 + \left(T_0 \sin i + p \frac{l+l'}{2} + \Pi\right)^2}$$

avec

$$\sin i = \frac{h}{l}, \qquad T_0 = 5100.$$

Les calculs relatifs à ces poulies sont résumés dans le tableau suivant :

NUMÉROS D'ORDRE.	l	l'	$\frac{l+l'}{2}$	$\sin i$	$\sqrt{T_0^2 (1 - \cos i)^2 + \left(T_0 \sin i + p \frac{l+l'}{2} + \Pi\right)^2}$
	mètres.	mètres.	mètres.		
62	55 00	10 30	32 65	$\frac{2,74}{55}$	475
73	70 90	75 00	72 95	$\frac{0,45}{70,90}$	403
114	90 00	90 00	90 00	$\frac{0,80}{90}$	443
117	87 00	97 00	92 00	$\frac{1,16}{87}$	467

Soit pour quatre poulies

$$\sin \varphi \times \frac{0,045}{0,6} \times 1788 = \sin \varphi \times 134,10.$$

La poulie n° 66, de 2 mètres de diamètre comme la poulie n° 69 dont nous avons parlé plus haut, donne, en remarquant que

$$l = 5, \qquad l' = 31,90, \qquad h = 2, \qquad \Pi = 630 \text{ et } 2\rho = 0,07,$$

$$\sin \varphi \times \frac{0,07}{2} \times 2769 = \sin \varphi \times 96,915.$$

et au total pour les cinq poulies considérées

$$A_3 = \sin \varphi \times 231,015.$$

Les poulies n°s 112, 113, 116, qui sont des poulies de support ordinaire, présentent une disposition particulière qui ne paraît pas devoir être imitée ni reproduite dans une autre installation dans laquelle le brin d'avant se relève, tandis que le brin d'arrière s'abaisse ou est maintenu horizontal.

Pour calculer la résistance passive de ces poulies il faut recourir à la formule générale

$$\Sigma A = A_4 = \Sigma \frac{\rho \sin \varphi}{r} \sqrt{T_0^2 (\cos i' - \cos i)^2 + \left[T_0 (\sin i' + \sin i) + p \frac{l+l'}{2} + \Pi\right]^2}$$

en regardant i' comme négatif.

Les calculs sont résumés dans le tableau suivant :

NUMÉROS D'ORDRE.	l	l'	$\frac{l+l'}{2}$	$\sin i$	$\sin i'$	$\sqrt{T_0^2(\cos i'-\cos i)^2+\left[T_0(\sin i'+\sin i)+p\frac{l+l'}{2}+\Pi\right]^2}$
	mètres.	mètres.	mètres.			
112....	60 00	60 00	60 00	$\frac{0,96}{60}$	$-\frac{0,36}{60}$	375
113....	60 00	90 00	75 00	$\frac{0,36}{60}$	$-\frac{0,80}{90}$	393
116....	90 00	87 00	88 50	0	$-\frac{1,16}{37}$	360

d'où

$$A_4=\sin\varphi\times\frac{0,045}{0,6}\times 1128=\sin\varphi\times 84,60.$$

4. *Poulie par-dessus devant relever le brin d'avant.*

On fait dans la formule générale

$$i=0,\qquad \sin i'=\frac{h'}{l'}.$$

Nous avons deux poulies de cette espèce :

La poulie n° 61 pour laquelle

$$l=10,\qquad l'=55,\qquad \frac{l+l'}{2}=32,5,\qquad \sin i'=-\frac{2,74}{55},$$

avec

$$\Pi=105,\qquad 2\rho=0,065.$$

On a pour cette poulie

$$\sin\varphi\times\frac{0,065}{0,60}\times 30,7=\sin\varphi\times 3,325.$$

La poulie n° 65 a 2 mètres de diamètre; les données pour cette poulies sont les suivantes :

$$l=8,12,\qquad l'=5,\qquad \frac{l+l'}{2}=6,56,\qquad \sin i'=-\frac{2}{5},$$
$$\Pi=630,\qquad 2\rho=0,11.$$

On en tire

$$\sin\varphi\times\frac{0,11}{2}\times 1449=\sin\varphi\times 79,695,$$

et enfin

$$A_5=\sin\varphi\times 83,020.$$

5. *Poulies par-dessus devant relever le brin d'arrière.*

On fait dans la formule

$$i'=0,\qquad \sin i=-\frac{h}{\rho}.$$

Nous avons encore deux poulies de cette espèce.

La poulie n° 3 avec les données suivantes :

$$l=35,\quad l'=10,\quad \frac{l+l'}{2}=22,5,\quad \sin i=-\frac{2}{35},$$
$$\Pi=105,\quad 2\rho=0,065,$$

d'où pour cette poulie

$$\sin\varphi\times\frac{0,065}{0,60}\times 104,6=\sin\varphi\times 11,331.$$

La poulie n° 70, de 2 mètres de diamètre, avec les données suivantes :

$$l=5,\quad l'=8,12,\quad \frac{l+l'}{2}=6,56,\quad \sin i=-\frac{2}{5},$$
$$\Pi=630,\quad 2\rho=0,11.$$

On en tire

$$\sin\varphi\times\frac{0,11}{2}\times 1449=\sin\varphi\times 79,695,$$

et enfin

$$A_6=\sin\varphi\times 91,026.$$

Poulies par-dessus relevant les deux brins.

Dans ce cas il faut, comme on sait, appliquer la formule générale en regardant i et i' comme négatifs.

Les données relatives à ces poulies et les résultats des calculs sont indiqués au tableau suivant :

NUMÉROS D'ORDRE.	l	l'	$\frac{l+l'}{2}$	$\sin i$	$\sin i'$	$\sqrt{T_0^2(\cos i'-\cos i)^2+\left[T_0(\sin i'+\sin i)+p\frac{l+l'}{2}+\Pi\right]^2}$
	mètres.	mètres.	mètres.			
5....	60 00	19 50	39 75	$-\frac{0,96}{60}$	$-\frac{0,96}{19,5}$	81,5
8....	42 00	12 00	27 00	$-\frac{0,48}{42}$	$-\frac{0,48}{12}$	58,8
11....	42 00	12 00	27 00	$-\frac{0,48}{42}$	$-\frac{0,96}{12}$	58,8
16....	62 00	18 00	40 00	$-\frac{0,96}{62}$	$-\frac{0,96}{18}$	95,8
25....	48 60	15 00	31 80	$-\frac{0,48}{48,60}$	$-\frac{0.48}{15}$	7.3
27....	41 10	18 60	29 85	$-\frac{1,46}{41,10}$	$-\frac{1,46}{18,60}$	368,5
89....	60 00	13 50	36 75	$-\frac{0,96}{60}$	$-\frac{0,96}{13,5}$	205,0
109....	60 00	13 50	36 75	$-\frac{0,96}{60}$	$-\frac{0,96}{13,5}$	205,0
111....	13 50	60 00	36 75	$-\frac{0,96}{13,5}$	$-\frac{0,96}{60}$	205,0

d'où

$$A_7 = \sin\varphi \times \frac{0{,}065}{0{,}60} \times 1290{,}7 = \sin\varphi \times 139{,}816.$$

6. — *Poulie double.*

Nous avons ensuite la poulie double n°s 72, 72 *bis* qui sert à effectuer un changement de direction en même temps qu'un changement de niveau; les calculs relatifs à ces deux poulies sont les mêmes que ceux précédemment indiqués; on remarquera seulement que le câble est vertical entre les deux poulies; nous croyons devoir en donner séparément les résultats pour qu'il soit plus facile d'apprécier l'influence de cette solution d'ailleurs tout à fait particulière et réservée pour certains cas spéciaux où les circonstances locales obligent à effectuer en même temps un changement de direction et un changement de niveau important.

Poulie n° 72. Le brin d'avant devient vertical et s'abaisse.

On a

$$i = 0, \quad i' = 90°, \quad l = 110, \quad l' = 0, \quad \Pi = 630, \quad 2r = 2, \quad 2\rho = 0{,}07.$$

La formule devient

$$\frac{\rho \sin\varphi}{r} \sqrt{T_0^2 + \left(T_0 + \frac{pl}{2} + \Pi\right)^2};$$

elle donne

$$\sin\varphi \frac{0{,}07}{2} \times 7821 = \sin\varphi\, 273{,}7.$$

Poulie n° 72 bis. Le brin d'arrière est vertical, le brin d'avant se relève.

On a

$$i = 90°, \quad l = 0, \quad l' = 70{,}5 \quad \sin i' = -\frac{0{,}45}{70{,}5},$$
$$\Pi = 630, \quad 2r = 2, \quad 2\rho = 0{,}11.$$

L'application de la formule générale donne

$$\sin\varphi \times \frac{0{,}11}{2} \times 7766 = \sin\varphi \times 427{,}13,$$

et enfin pour la poulie double

$$A_8 = \sin\varphi \times 700{,}83.$$

POULIES DE DIRECTION.

Pour calculer la résistance passive des poulies de direction horizontales ou inclinées nous appliquerons les formules précédemment établies dans lesquelles nous remplacerons la tension de la marche à vide T par la tension initiale T_0, ce qui est permis comme nous l'avons vu à cause de la forte tension initiale du câble et de la petitesse du terme $\frac{\rho' \sin \varphi}{r'} R'$.

7. *Poulies horizontales d'angles convexes.*

Dans le circuit de Charenton ces poulies ont toutes 1 m. 40 de diamètre à fond de gorge, elles pèsent en moyenne 390 kilogrammes.

On a donc

$$2r' = 1{,}4, \qquad 2\rho' = 0{,}065, \qquad \Pi = 390, \qquad \varepsilon = 0,$$

avec

$$h = 1{,}00 \text{ et } T_0 = 5100.$$

Les résultats du calcul sont indiqués au tableau suivant :

NUMÉROS D'ORDRE.	l	l'	$\frac{l+l'}{2}$	$\frac{\alpha}{2}$	R'	$R' + p\frac{l+l'}{2}r' + \frac{2}{3}\left(p\frac{l+l'}{2} + \Pi\right)$
	mètres.	mètres.	mètres.			
13	50 00	72 50	61 25	2° 32'	294,0	814,5
19	38 00	17 35	27 67	4 26	718,0	1085,4
20	17 35	64 50	40 92	3 16	476,0	910,8
24	72 50	48 60	60 55	3 00	379,0	897,6
42	70 00	50 00	60 00	2 39	320,3	832,5
45	50 00	60 00	55 00	2 45	348,8	842,9
60	62 50	10 30	36 40	5 35	900,0	1314,0
63	10 30	100 00	55 15	6 25	998,0	1493,0
64	100 00	8 12	54 06	7 49	1249,0	1739,0
71	8 12	110 00	59 06	2 28	290,0	798,1
105	50 80	72 40	61 60	4 20	610,7	1132,8
107	72 40	25 60	49 00	1 00	53,0	521,4
118	97 00	120 00	108 50	6 30	976,8	1598,8

d'où enfin

$$A_9 = \sin \varphi \times \frac{0{,}065}{1{,}4} \times 13980{,}8 = \sin \varphi \times 649{,}1.$$

8. *Poulies d'angles concaves.*

Ces poulies dites *poulies à ailes* étaient primitivement inclinées, quelques-unes ont été depuis transformées en poulies horizontales, mais nos calculs s'appliquent à l'installation primitive qui a été maintenue pendant la plus grande partie de l'exploitation.

Le circuit de Charenton comprend huit de ces poulies, quatre de 1 m. 40 et quatre de 2 mètres de diamètre à fond de gorge; elles sont toutes précédées ou suivies d'une poulie supérieure, ce qui permettrait à la rigueur de leur appliquer les formules simplifiées que nous avons indiquées; mais nous croyons qu'il est préférable dans l'espèce de faire exactement le calcul dont le tableau suivant donne le résultat.

Les données sont

$$T_0 = 5100, \quad 2r' = 1,40, \quad 2\rho' = 0,065, \quad \Pi = 672,$$
$$\text{tang}\,\varepsilon = \frac{1}{2}, \quad h = 1^{m}00.$$

NUMÉROS D'ORDRE.	l	l'	$\frac{l+l'}{2}$	$\frac{\alpha}{2}$	R′	$R' + p\frac{l+l'}{2}r' + \frac{2}{3}\left(p\frac{l+l'}{2} + \Pi\right)\cos\varepsilon$
	mètres.	mètres.	mètres.			
6	12 50	46 00	29 25	4° 5′	652	1189
9	12 00	46 00	29 00	3 26	544	1081
12	12 00	50 50	31 00	3 30	543	1090
26	15 00	41 10	28 05	5 00	818	1350

On a alors

$$A_{10} = \sin\varphi \times \frac{0,063}{1,4} \times 4710 = \sin\varphi \times 218,678.$$

Pour les poulies de 2 mètres de diamètre à fond de gorge

$$2r' = 2, \quad 2\rho' = 0,095, \quad \Pi = 935.$$

NUMÉROS D'ORDRE.	l	l'	$\frac{l+l'}{2}$	$\frac{\alpha}{2}$	R′	$R' + p\frac{l+l'}{2}r' + \frac{2}{3}\left(p\frac{l+l'}{2} + \Pi\right)\cos\varepsilon$
	mètres.	mètres.	mètres.			
17	18 00	60 00	39 00	4° 2′	575	1359
28	15 60	60 80	38 20	5 40	868	1647
90	13 50	70 00	41 75	5 15	763	1562
110	13 50	13 50	13 50	8 41	1490	2125

d'où

$$A_{11} = \sin\varphi \times \frac{0,095}{2} \times 5693 = \sin\varphi \times 270,417.$$

9. *Poulies de retour.*

Les quatre poulies de retour placées aux extrémités du circuit sont horizontales; elles ont 2 mètres de diamètre à fond de gorge et pèsent chacune 600 kilogrammes. Nous croyons devoir calculer séparément leurs résistances passives en raison de l'importance de ce terme qui se retrouvera dans chaque installation.

On a ici

$$O\gamma = \frac{r}{\sqrt{2}} = \frac{1}{\sqrt{2}} = \frac{\sqrt{2}}{2}$$

(sauf pour la poulie N° 120, mais la différence est insignifiante).

NUMÉROS D'ORDRE.	l	l'	$\frac{l+l'}{2}$	$\frac{\alpha}{2}$	R'	$R' + p\frac{l+l'}{2}\frac{O\gamma}{1} + \frac{2}{3}p\left(\frac{l+l'}{2} + \Pi\right)$
	mètres.	mètres.	mètres.			
1	26 60	8 50	17 55	45°	7163	7653
67	31 91	18 10	25 00	45	7148	7671
68	28 50	31 91	30 20	45	7134	7683
120	120 00	26 60	73 30	43 30'	6834	7599

et enfin

$$A_{12} = \sin\varphi \times \frac{0{,}095}{2} \times 30606 = \sin\varphi \times 1453{,}785.$$

10. *Poulie du tendeur.*

La poulie du tendeur a 2 mètres de diamètre à fond de gorge : nous négligeons dans le calcul des résistances passives de cette poulie le poids insignifiant des quelques mètres de câble qu'elle supporte.

Les forces qui agissent sur la poulie sont :

Son poids $\Pi = 630$ kilogr., force verticale.

Les tensions des deux brins du câble, l'une horizontale,

$$T_0 = 5100,$$

l'autre qui fait avec l'horizontale un angle de 10° quand le tendeur se trouve dans sa position normale et peut se décomposer en deux forces, l'une verticale,

$$T_0 \sin 10°,$$

IMPRIMERIE NATIONALE.

l'autre horizontale,

$$T_0 \cos 10^\circ ;$$

on a alors

$$R' = \sqrt{T_0^2(1+\cos 10^\circ)^2 + (T_0 \sin 10^\circ + \Pi)^2} = 10230,$$

et

$$A_{13} = \sin\varphi \times \frac{0{,}095}{2} \times 10230 = \sin\varphi \times 485{,}925.$$

11. *Poulie de direction du système d'entraînement.*

Le système d'entraînement comprend la poulie motrice dont nous parlerons ultérieurement, et une poulie folle dite *poulie de direction*, qui a pour objet d'assurer un enroulement convenable du câble sur la poulie motrice et par suite une adhérence suffisante.

Les résistances passives de cette poulie, soumise à l'action de son poids et des deux tensions qui font avec l'horizontale des angles respectivement égaux à 10° et 70°, se calculent comme nous venons de le faire pour le tendeur.

On a

$$R' = 9280 \quad \text{et} \quad A_{14} = \sin\varphi \times 440{,}800.$$

B. — Circuit de Joinville.

1. *Poulie de support ordinaire.*

Nous distinguerons naturellement les poulies de support courant de 0 m. 60 de diamètre à fond de gorge et les poulies du souterrain qui n'ont que 0 m. 40 de diamètre.

Pour les premières on a :

$$\left.\begin{array}{ll} \text{N}^\circ\ 9 & \frac{l+l'}{2} = 46 \\ \text{N}^\circ\ 45 & \frac{l+l'}{2} = 50{,}48 \\ \text{N}^\circ\ 46^{(1)} & \frac{l+l'}{2} = 70{,}96 \end{array}\right\} \begin{array}{l} A_1 = \sin\varphi \frac{0{,}045}{0{,}6}[3{,}65 \times 167{,}44 + 3 \times 105] \\ \quad = \sin\varphi \times 69{,}45. \end{array}$$

Les secondes, au nombre de 21 (N°s 14, 15, 16, 17, 18, 19, 20, 21, 22, 23, 27, 28, 29, 30, 31, 32, 33, 34, 35, 36, 37), sont uni-

(1) Pour la poulie n° 46 le câble se relève légèrement à l'avant mais de 0 m. 10 seulement dans une travée de 70 m. 96 ; il serait sans intérêt d'en tenir compte dans les calculs qui ne comportent pas ce degré d'approximation.

formément espacées de 50 mètres, elles pèsent 74 kilogrammes et l'on a pour elles $2\rho = 0{,}05$.

On en déduit immédiatement :

$$A_2 = \sin\varphi \times \frac{0{,}05}{0{,}40} \times 2\,i \times [3{,}65 \times 50 + 74] = \sin\varphi \times 423{,}31.$$

2. *Poulies de support devant faire baisser le câble à l'avant.*

NUMÉROS D'ORDRE.	l	l'	$\frac{l+l'}{2}$	$\sin i'$	$\sqrt{T_0^2(\cos i'-1)^2+\left(T_0\sin i'+p\frac{l+l'}{2}+\Pi\right)^2}$
	mètres.	mètres.	mètres.		
2............	34 00	66 00	50 000	$\frac{0{,}30}{66}$	310,0
3............	66 00	61 70	63 850	$\frac{0{,}20}{61{,}70}$	354,5
4............	61 70	57 35	59 525	$\frac{0{,}20}{57{,}35}$	340,0
5............	57 35	60 00	58 675	$\frac{0{,}60}{60}$	370,0

d'où

$$\sin\varphi \times \frac{0{,}045}{0{,}6} \times 1374{,}5 = \sin\varphi \times 103{,}087.$$

La poulie n° 24, de 0 m. 40 de diamètre seulement, se trouve également dans les mêmes conditions; on a pour elle

$$l = 50, \quad l' = 50, \quad \frac{l+l'}{2} = 50, \quad \sin i' = \frac{0{,}64}{50}, \quad \Pi = 74,$$
$$2r = 0{,}4, \quad 2\rho = 0{,}05.$$

d'où l'on tire

$$\sin\varphi \times \frac{0{,}05}{0{,}40} \times 321 = \sin\varphi \times 40{,}125,$$

et enfin

$$A_3 = \sin\varphi \times 143{,}212.$$

3. *Poulies de support devant faire baisser le câble à l'arrière.*

NUMÉROS D'ORDRE.	l	l'	$\frac{l+l'}{2}$	$\sin i$	$\sqrt{T_0^2(1-\cos i)^2+\left(T_0\sin i+p\frac{l+l'}{2}+\Pi\right)^2}$
	mètres.	mètres.	mètres.		
8............	62 00	62 00	62 00	$\frac{1{,}10}{62}$	421
41............	60 00	76 00	68 00	$\frac{0{,}96}{60}$	434
48............	70 96	36 00	53 48	$\frac{0{,}80}{70{,}96}$	357

d'où

$$A_4 = \sin\varphi \times \frac{0{,}045}{0{,}6} \times 1212 = \sin\varphi \times 90{,}90.$$

Poulies de support ordinaire pour lesquelles le câble se relève à l'avant et s'abaisse à l'arrière.

Poulie n° 47 :

$$l = l' = \frac{l+l'}{2} = 70{,}96, \qquad \sin i = \frac{0{,}1}{70{,}96}, \qquad \sin i' = -\frac{0{,}80}{70{,}96},$$

$$A_5 = \sin\varphi \times \frac{0{,}045}{0{,}6} \times 314 = \sin\varphi \times 23{,}550.$$

4. *Poulies par-dessus devant relever le brin d'arrière.*

Poulie n° 12 :

$$l = 65, \qquad l' = 10, \qquad \frac{l+l'}{2} = 37{,}5, \qquad \sin i' = -\frac{2{,}82}{65},$$

$$A_6 = \sin\varphi \times \frac{0{,}065}{0{,}6} \times 20{,}5 = \sin\varphi \times 2{,}22.$$

5. *Poulies par-dessus relevant les deux brins.*

NUMÉROS D'ORDRE.	l	l'	$\frac{l+l'}{2}$	$\sin i$	$\sin i'$	$\sqrt{T_0^2(\cos i' - \cos i)^2 + \left[T_0(\sin i' + \sin i) + p\frac{l+l'}{2} + \Pi\right]^2}$
	mètres.	mètres.	mètres.			
10....	30 00	16 00	23 00	$-\frac{0{,}24}{30}$	$-\frac{0{,}90}{16}$	98 0
40....	14 00	60 00	37 00	$-\frac{1{,}60}{14}$	$-\frac{0{,}96}{60}$	423 6

d'où

$$A_7 = \sin\varphi \times \frac{0{,}065}{0{,}6} \times 521{,}6 = \sin\varphi \times 56{,}504.$$

6. *Poulies doubles.*

Nous avons dans le circuit de Joinville trois poulies doubles de 2 mètres de diamètre, les n^{os} $\widehat{6, 6_2}$, $\widehat{7, 7_2}$, $\widehat{25, 25_2}$, pour lesquelles les données et les calculs sont résumés dans le tableau suivant.

Π étant comme précédemment égal à 630 kilogrammes

NUMÉROS D'ORDRE.	l	l'	$\frac{l+l'}{2}$	i	i'	$\sin i$	$\sin i'$	$\sin\varphi \times \frac{2\rho}{2r}\sqrt{}$
	mètres.	mètres.	mètres.					
6....	60 00	0	30 00	"	90°	$-\frac{0,60}{60}$	1	$\sin\varphi \times \frac{0,11}{2} \times 7714 = \sin\varphi \times 424,27$
6_2....	0	97 80	48 90	90°	0	1	0	$\sin\varphi \times \frac{0,07}{2} \times 7804 = \sin\varphi \times 273,14$
7....	97 80	0	48 90	0	90	0	1	$\sin\varphi \times \frac{0,07}{2} \times 7804 = \sin\varphi \times 273,14$
7_2....	0	62 00	31 00	90	"	1	$-\frac{1,10}{62}$	$\sin\varphi \times \frac{0,11}{2} \times 7686 = \sin\varphi \times 422,73$
25....	50 00	0	25 00	"	90	$-\frac{0,64}{50}$	1	$\sin\varphi \times \frac{0,11}{2} \times 7690 = \sin\varphi \times 422,95$
25_2....	0	10 00	5 00	90	0	1	0	$\sin\varphi \times \frac{0,07}{2} \times 7681 = \sin\varphi \times 268,80$

d'où, pour l'ensemble des poulies doubles,

$$A_8 = \sin\varphi \times 2085,03.$$

POULIES DE DIRECTION.

7. *Poulies horizontales d'angles convexes.*

Dans le circuit de Joinville on compte 6 de ces poulies, dont 3 de 1 m. 40 et 3 de 2 mètres de diamètre à fond de gorge.

Le calcul des résistances passives de ces poulies conduit aux résultats suivants :

POULIES DE 1 M. 40 DE DIAMÈTRE À FOND DE GORGE.

$$\Pi = 390^{kg}.$$

NUMÉROS D'ORDRE.	l	l'	$\frac{l+l'}{2}$	$\frac{\alpha}{2}$	R'	$R' + p\frac{l+l'}{2}r' + \frac{2}{3}\left(p\frac{l+l'}{2} + \Pi\right)$
	mètres.	mètres.	mètres.			
13..............	10 00	50 00	30 00	7° 0'	1167	1576
20..............	10 00	50 00	30 00	5 39	928	1337
43..............	25 47	25 47	25 47	15 21	2635	3021

d'où

$$\sin\varphi \times \frac{0,065}{1.4} \times 5934 = \sin\varphi \times 275,507.$$

POULIES DE 2 MÈTRES DE DIAMÈTRE À FOND DE GORGE.

$\Pi = 600^{kg}$.

NUMÉROS D'ORDRE.	l	l'	$\frac{l+l'}{2}$	$\frac{\alpha}{2}$	R'	$R' + p\frac{l+l'}{2}r' + \frac{2}{3}\left(p\frac{l+l'}{2} + \Pi\right)$
	mètres.	mètres.	mètres.			
38	50 00	75 00	62 50	7° 0'	1016	1796
42	76 00	24 57	50 28	15 8	2481	3186
44	24 57	30 00	27 28	14 43	2492	3057

d'où

$$\sin\varphi \times \frac{0{,}095}{2} \times 8039 = \sin\varphi \times 381{,}852,$$

et enfin

$$A_9 = \sin\varphi \times 657{,}359.$$

8. *Poulies d'angles concaves.*

Ces poulies ont 2 mètres de diamètre à fond de gorge, et la même inclinaison que celles du circuit de Charenton.

NUMÉROS D'ORDRE.	l	l'	$\frac{l+l'}{2}$	$\frac{\alpha}{2}$	R'	$R' + p\frac{l+l'}{2}r' + \frac{2}{3}\left(p\frac{l+l'}{2} + \Pi\right)\cos\varepsilon$
	mètres.	mètres.	mètres.			
11	16 00	65 00	40 50	7°	1095	1888
39	75 00	14 00	44 50	7	1081	1896

d'où

$$A_{10} \times \sin\varphi \times \frac{0{,}095}{2} \times 3784 = \sin\varphi \times 179{,}740.$$

9. *Poulies de retour.*

Les dimensions et dispositions sont les mêmes que pour le circuit de Charenton; pour les poulies n°s 1, 49,

$$O\gamma = \frac{\sqrt{2}}{2},$$

pour les poulies 25_3 et 26_2,

$$O\gamma = 0{,}634.$$

NUMÉROS D'ORDRE.	l	l'	$\frac{l+l'}{2}$	$\frac{\alpha}{2}$	R'	$R'+p\frac{l+l'}{2}\times O\gamma+\frac{2}{3}\left(p\frac{l+l'}{2}+\Pi\right)$
	mètres.	mètres.	mètres.			
1.............	4 00	34 00	19 00	45° 0'	7159	7655
25_3.............	10 00	14 00	12 00	50 39	7860	8316
26_2.............	14 00	10 00	12 00	50 39	7860	8316
49.............	36 00	46 00	41 00	45 0	7107	7712

et enfin

$$A_{11}=\sin\varphi\times\frac{0{,}095}{2}\times 31999=\sin\varphi\times 1519{,}905.$$

10. *Poulie du tendeur.*

Le calcul est le même que pour le circuit de Charenton.

On a

$$A_{12}=\sin\varphi\times 485{,}925.$$

11. *Poulie de direction du système d'entraînement.*

Le calcul est également le même que celui indiqué pour le circuit de Charenton, et l'on a

$$A_{13}=\sin\varphi\times 440{,}800.$$

C. — Poulies motrices.

Les résistances passives des poulies des deux circuits, abstraction faite des poulies motrices, se trouvent ainsi exactement déterminées, et nous avons pour leurs valeurs respectives :

Circuit de Charenton $A_1+\ldots\ldots+A_{14}=\sin\varphi\times 6895{,}297.$
Circuit de Joinville $A_1+\ldots\ldots+A_{13}=\sin\varphi\times 6177{,}905.$

Rappelons que la vitesse de marche de ce dernier circuit est toujours la moitié de celle du circuit de Charenton : le travail qu'exige la marche à vide du câble dans les deux circuits à la vitesse de V mètres par seconde, mesurée dans le circuit de Charenton, serait donc en kilogrammètres

$$V\sin\varphi\left(6895{,}297+\frac{6177{,}905}{2}\right)=V\sin\varphi\times 9984{,}249,$$

abstraction faite du travail absorbé par les deux poulies motrices qui commandent les deux circuits.

Pour calculer les résistances passives de ces deux poulies nous remarquerons qu'elles sont soumises à l'action de la force qui leur est transmise par la bielle sensiblement horizontale de la machine motrice.

Nous connaissons avec une approximation suffisante la force motrice totale F_m fournie par la machine, mais nous ignorons sa répartition entre les deux circuits.

Nous admettrons qu'elle se répartit également entre eux, ce qui ne doit pas être très éloigné de la réalité et répond bien d'ailleurs à la disposition que l'on doit chercher à réaliser dans la pratique pour assurer la symétrie indispensable au bon fonctionnement des organes de la machine.

Nous aurons alors pour chacune des poulies motrices

$$R' = \sqrt{\left[T_0(1+\cos 70^\circ)+\frac{F_m}{2}\right]^2+\left[T_0 \sin 70^\circ + \Pi\right]^2},$$

l'un des brins du câble étant horizontal, l'autre faisant avec l'horizontale un angle de 70 degrés.

La valeur $\frac{F_m}{2}$ est trop petite pour le circuit de Charenton, trop grande pour celui de Joinville, mais nous corrigerons dans une certaine mesure l'erreur commise en prenant pour Π la demi-somme des poids des deux poulies, la poulie du circuit de Joinvil e pesant avec la roue d'engrenage qui lui est accolée 500 kilogrammes de plus que la poulie du circuit de Charenton; nous aurons alors en moyenne $\Pi = 2475^{kg}$.

Reste à déterminer la valeur de F_m; si a est le rayon de la manivelle, N le nombre de tours par seconde, K le nombre de kilogrammètres fournis par la machine, on a

$$F_m = \frac{K \times N}{4a}.$$

Les diagrammes relevés à l'indicateur de Watt fournissent en kilogrammètres le travail moteur total du piston, qui comprend comme on sait le travail absorbé par les résistances passives de la machine, ordinairement évalué à 25 p. 100 du travail indiqué pour une machine comme celle de Gravelle dans les conditions normales de son fonctionnement.

Pour une vitesse de 0 m. 729 par seconde, mesurée dans le circuit de Charenton, nous avons relevé un certain nombre de diagrammes qui paraissent absolument concordants et dont les éléments sont résumés dans le tableau suivant.

DATES.	VITESSES DE MARCHE mesurées dans le circuit de Charenton par seconde.	NOMBRE DE TOURS par minute.	TRAVAIL INDIQUÉ en CHEVAUX-VAPEUR.
	mètres.		
10 — 2 — 1890	0 729	52	10,9
20 — 2 — 1890	0 729	52	10,8
3 — 3 — 1890	0 729	52	10,5
24 — 3 — 1890	0 729	52	10,8
24 — 3 — 1890	0 729	52	10,4
3 — 4 — 1890	0 729	52	10,0
4 — 4 — 1890	0 729	52	8,9
5 — 4 — 1890	0 729	52	10,2
22 — 4 — 1890	0 729	52	9,1
25 — 4 — 1890	0 729	52	9,6
2 — 5 — 1890	0 729	52	9,3
6 — 5 — 1890	0 729	52	10,0
12 — 6 — 1890	0 729	52	9,1
13 — 6 — 1890	0 729	52	9,6
Moyenne			10^{ch} (exactement $9^{ch},94$)

On remarquera que le travail diminue, comme il était facile de le prévoir, quand le système a fonctionné pendant quelque temps.

La moyenne de ces 14 diagrammes donne sensiblement 10 chevaux pour le travail indiqué, soit $7^{ch},5$ ou 562,5 kilogrammètres pour le travail absorbé par les résistances passives du système, déduction faite de celles de la machine.

Au nombre de ces résistances du système il faut compter les frottements des engrenages dont l'importance est facile à évaluer.

La formule connue

$$T_m = T_u \left[1 + f\pi\left(\frac{1}{N} + \frac{1}{n}\right)\right],$$

dans laquelle N et n désignent respectivement le nombre des dents de la roue et du pignon, donne, appliquée aux deux engrenages moteurs,

$$t_m = t_u\left[1 + 0{,}08 \times 3{,}14\left(\frac{1}{97} + \frac{1}{13}\right)\right] = t_u \times 1{,}0872,$$

$$t'_m = t'_u\left[1 + 0{,}08 \times 3{,}14\left(\frac{1}{161} + \frac{1}{13}\right)\right] = t'_u \times 1{,}0831,$$

mais

$$t_m + t'_m = T_m,$$

et l'on peut alors écrire

$$T_m = T_u \times 1{,}085,$$

IMPRIMERIE NATIONALE.

d'où

$$T_u = \frac{562,5^{km}}{1,085} = 519,6^{km},$$

ou sensiblement 520 kilogrammètres.

Nous aurons alors

$$F_m = \frac{520 \times 52}{4 \times 0,35 \times 60} = 321, \qquad a = 0^m35,$$

et par suite

$$R' = 10090,$$

et pour chacune des poulies motrices

$$\sin \varphi \times \frac{0,095}{2} \times 10090 = \sin \varphi \times 479,275.$$

D. — Valeur expérimentale de sin φ.

L'ensemble des résistances passives du système s'élève donc à

$$\sin \varphi \times 10701,261,$$

et le travail qu'exige la marche à vide du câble dans les deux circuits à la vitesse de 0 m. 729 par seconde, pour le circuit de Charenton, est en kilogrammètres

$$\sin \varphi \times 0,729 \times 10701,261;$$

comme nous l'avons trouvé d'autre part égal à 520 kilogrammètres, nous en déduirons pour sin φ la valeur suivante

$$\sin \varphi = \frac{520}{0,729 \times 10700} = 0,0666,$$

ou

$$\sin \varphi = \frac{1}{15},$$

valeur que nous adopterons.

§ 38. — Résistances passives des différents organes du système.

1. *Poulies de support ordinaire.*

$$A = \frac{\rho}{r} \sin \varphi \left[p \frac{l + l'}{2} + \Pi \right].$$

On a

$$2\rho = 0,045 \qquad 2r = 0,60$$

d'où

$$\frac{\rho}{r}=\frac{3}{40}$$

et

$$\frac{\rho}{r}\sin\varphi=\frac{1}{200}.$$

Si l'on suppose que les poulies sont normalement espacées de 70 mètres, ce qui est le cas ordinaire, on aura donc

$$A=\frac{1}{200}[3,65\times 70+105]=\frac{360}{200}=1^{kg},8.$$

Comme dans une installation tout entière en ligne droite on compte de 28 à 30 poulies par kilomètre de canal, on voit que la résistance ne dépasserait pas dans ces conditions 50 kilogrammes par kilomètre de canal.

2. *Poulies modifiant le niveau du câble.*

Il est naturellement impossible de donner une valeur moyenne de la perte de force qu'entraînent ces poulies, puisque cette quantité varie pour chacune d'elles avec les longueurs des travées adjacentes qui sont alors extrêmement variables, et avec le changement de niveau que l'on veut réaliser.

On peut cependant se rendre compte de l'ordre de grandeur de A en faisant par exemple la moyenne de ces valeurs pour les poulies de support ordinaire qui modifient le niveau du câble dans le circuit de Charenton.

On trouve ainsi pour A une valeur de 2 kilogrammes environ, peu différente de celle précédemment calculée pour les poulies de support ordinaire.

Cette valeur atteindrait il est vrai 7 kilogrammes pour les grandes poulies de 2 mètres de diamètre installées sur l'écluse de Gravelle et qui constituent d'ailleurs un cas tout à fait particulier.

3. *Poulies doubles.*

Nous croyons inutile d'insister sur les calculs analogues qu'il serait facile de faire pour les différents types de poulies par-dessus, nous indiquerons seulement que pour les poulies doubles n°s 72, 72 *bis*, qui servent à effectuer un changement de direction en même temps qu'un changement de niveau, la résistance atteint 46 kilogr. 7.

Une poulie de cette espèce offre donc à elle seule une résistance sensiblement égale à celle de 1 kilomètre d'installation en ligne droite; il y a là, en dehors des autres considérations que nous aurons à faire valoir dans la partie pratique de cette étude, un sérieux motif de réserver cette disposition pour les cas tout à fait exceptionnels où des circonstances particulières la rendent absolument indispensable.

4. *Poulies de direction.*

Pour les poulies de direction aussi bien que pour les poulies modifiant le niveau du câble, il est impossible de donner autre chose qu'un chiffre moyen permettant de se rendre compte de l'ordre de grandeur de la résistance des poulies de cette espèce.

Dans le circuit de Charenton, 13 poulies d'angles convexes absorbent ensemble 45 kilogr. 27, soit en moyenne 3 kilogr. 3 par poulie; pas tout à fait le double de la résistance d'une poulie de support ordinaire.

4 poulies d'angles concaves de 1 m. 40 de diamètre absorbent 14 kilogr. 57, soit environ 3 kilogr. 6 par poulie.

Enfin 4 poulies d'angles concaves de 2 mètres de diamètre à fond de gorge absorbent 18 kilogrammes, soit 4 kilogr. 5 par poulie.

5. *Comparaison entre les deux solutions adoptées pour les angles concaves.*

Il peut être intéressant de comparer, au point de vue spécial de la perte de force qu'elles entraînent, les deux solutions adoptées pour le passage des angles concaves.

Dans la première, la poulie dite *poulie à ailes*, parce qu'elle est munie de dents assez longues qui prolongent les crans, est nécessairement accompagnée d'une ou deux poulies par-dessus qui maintiennent le câble dans le plan incliné de la poulie.

Dans la seconde, beaucoup plus économique au point de vue des dépenses de premier établissement, cet ensemble est remplacé par une seule poulie horizontale absolument semblable à celles dont on se sert pour les angles convexes; le passage de la corde d'amarre est alors assuré par une glissière convenablement disposée.

Ces deux solutions ont été successivement appliquées à quelques-uns des angles concaves du circuit de Charenton, comme l'indique le profil en long. Nous prendrons comme terme de comparaison la poulie d'angle concave n° 110. Dans le premier système cette poulie et les adjacentes n°s 109 et 111 destinées à maintenir le câble dans son plan offraient ensemble une résistance de 9 kilogr. 69.

Dans le second système on a supprimé les poulies n°s 109 et 111 et modifié les dispositions de la poulie n° 110; la résistance n'est plus que de 6 kilogr. 93, elle a donc été réduite d'environ 27 p. 100.

La réduction serait un peu moins forte pour les poulies à ailes qui ne comportent qu'une seule poulie auxiliaire au lieu de deux; elle n'en reste pas moins importante et cette deuxième solution plus récemment imaginée du difficile problème des angles concaves paraît de tous points préférable à la première.

6. *Poulies de retour.*

Les quatre poulies de retour placées aux extrémités du circuit et sur chacune desquelles le câble s'enroule en général sur un quart de circonférence offrent une résistance relativement considérable et à peu près constante quel que soit le circuit.

Pour le circuit de Charenton cette résistance atteint 96 kilogr. 9.

7. *Système d'entraînement et de réglage.*

Le système d'entraînement et de réglage comprend la poulie du tendeur, la poulie de direction du système d'entraînement et la poulie motrice. La résistance de ces poulies comme celle des poulies de retour est à peu près constante quelles que soient les dispositions de l'installation; elle n'est pas moindre de 93 kilogr. 8.

§ 39. — Résistance moyenne par kilomètre de canal.

On peut, connaissant les éléments d'une installation quelconque, calculer exactement comme nous l'avons vu la résistance qu'offrent ses différents organes.

Il est plus simple et suffisant au moins pour une première étude d'évaluer cette résistance par kilomètre courant de canal et d'y ajouter ensuite la résistance à peu près constante et trouvée égale à 190 kilogrammes, pour chaque circuit, du système d'entraînement et de réglage et des poulies de retour.

La longueur du circuit de Charenton mesurée sur l'axe du canal est sensiblement de 3,500 mètres; le tracé en est difficile et tourmenté; on y trouve accumulées sur une assez faible étendue toutes les difficultés qui peuvent se présenter dans la pratique.

Les constatations expérimentales sur lesquelles nous nous basons ont de plus été faites avec des appareils peu économiques au point de vue où nous nous plaçons en ce moment, de grandes poulies doubles qu'il serait avantageux de supprimer, des poulies d'angles concaves remplacées depuis par un système plus simple.

La résistance de ce circuit est donc exagérée et l'on peut adopter sans crainte dans une évaluation sommaire le chiffre déduit de nos expériences, étant entendu d'ailleurs qu'elles s'appliquent au moment où le système fonctionnait régulièrement, le câble étant asssoupli et les poulies en bon état de graissage.

Or le circuit de Charenton offre une résistance totale de 300 kilogrammes, abstraction faite de celle des poulies de retour et du système de réglage et d'entraînement, soit environ 85 kilogrammes par kilomètre de canal.

§ 40. — Perte de force d'une installation de halage funiculaire.

Les chiffres que nous venons d'établir donnent les résistances en kilogrammes des différents organes d'une installation de halage funiculaire pendant la marche à vide, ou, ce qui revient au même, la perte de force en kilogrammètres due à ces organes si l'on suppose que le système marche à la vitesse de 1 mètre par seconde.

Cette vitesse n'a rien d'exagéré et nous avons exploité pendant quelque temps l'installation des canaux de Saint-Maurice et de Saint-Maur, en la réalisant d'une façon normale dans le circuit de Charenton. L'expérience a cependant montré qu'elle était un peu forte et nous l'avons réduite, sur la demande même des mariniers, à 0 m. 729 par seconde. Il semble même probable que dans nombre de cas une vitesse plus réduite de 0 m. 6 ou même 0 m. 5 paraîtra suffisante. Quoi qu'il en soit il ne faudra pas négliger pour calculer la perte de force due à la marche à vide de multiplier les chiffres de résistance précédemment établis par la vitesse de marche du circuit considéré.

Une installation de halage funiculaire comprendra en général une machine motrice commandant deux circuits de longueurs inégales, animés de vitesses ordinairement égales, mais que nous supposerons inégales pour plus de généralité.

Soient L et L′ les longueurs *en kilomètres* des deux circuits;

V et V′, les vitesses exprimées en mètres par seconde dont ils sont animés.

La perte de force P_v qu'entraînera la marche à vide de l'installation se calculera en kilogrammètres par seconde par la formule

$$P_v = 190\,(V+V') + 85\,(VL+V'L');$$

pour l'avoir en chevaux-vapeur, il suffira de diviser par 75, étant d'ailleurs entendu que le chiffre ainsi obtenu représente des chevaux-vapeur effectifs et devrait par conséquent être augmenté d'un tiers si l'on voulait que le résultat fût comparable aux observations faites à l'indicateur de Watt; il conviendrait aussi, pour être tout à fait rigoureux, de tenir compte des frottements des engrenages.

Appliquons ces formules à l'installation des canaux de Saint-Maurice et de Saint-Maur.

Nous avions en chiffres ronds

$$L = 3^k 5, \qquad L' = 1^k 2,$$

et, en raison des dispositions adoptées, $V = 2V'$.

Pour V = 0 m. 729

$$P_v = 461,8 = 6^{ch}15.$$

Nous avons vu que si l'on tient compte des frottements des engrenages on a dans notre installation

$$T_m = T_u \times 1,085.$$

Faisant la correction nous aurons pour la perte de force effective pendant la marche à vide $6^{ch},67$ et en chevaux-vapeur mesurés à l'indicateur de Watt $8^{ch},89$ au lieu de 10 chevaux qu'indiquent les diagrammes.

Ce résultat était facile à prévoir et il n'infirme pas la valeur de la formule générale que nous venons d'établir.

Le circuit de Joinville présente en effet une résistance tout à fait anormale et très exagérée pour sa faible longueur.

Les trois poulies doubles que les exigences du tracé ont conduit à y établir absorbent à elles seules $50^{km},66$, soit, avec les corrections précédemment indiquées, près d'un cheval-vapeur indiqué par les diagrammes. Cette double circonstance d'une résistance considérable et exceptionnelle dans un circuit de très faible longueur se présentera rarement et nous croyons que la formule générale que nous venons d'indiquer fournira une évaluation suffisamment exacte de la perte de force qu'entraîne la marche à vide d'une installation de halage funiculaire.

§ 41. — Câble idéal.

Dans l'étude de la question qui fera l'objet du chapitre suivant, nous prendrons un câble idéal dont toutes les travées auraient même portée l et dont toutes les poulies auraient une même résistance moyenne A.

Dans ces conditions, pendant la marche à vide les tensions croîtraient dans les travées successives suivant les termes d'une progression arithmétique dont la raison serait A et dont le premier terme serait la tension dans la travée contiguë à la poulie motrice du côté de la marche; de sorte que dans la travée N° i, les travées étant numérotées depuis la poulie motrice, on aurait

$$T_i = T_1 + (i - 1) A,$$

T_1 étant la tension dans la travée N° 1.

S'il y a un tendeur la tension serait

$$T_0 + kA,$$

dans la travée placée de k rangs en avant de celle qui porte le tendeur supposé réglé à la tension T_0, et

$$T_0 - kA,$$

dans la travée placée de k rangs à l'arrière de celle qui porte le tendeur. S'il n'y pas de tendeur on ne connaît pas *a priori* la tension T_1 dans la formule ci-dessus, mais elle est facile à déterminer parce que, dans ce cas, la longueur du câble est invariable, abstraction faite des allongements élastiques.

Or nous avons établi que cette longueur est pendant la marche

$$\sum_i l_i + \frac{p^2 l^3}{24} \sum_i \frac{1}{T_i^2},$$

et au repos

$$\sum_i l_i + \frac{p^2 l^3}{24} \frac{m}{T_0^2},$$

m étant le nombre total des travées;

d'où

$$\sum_{i=1}^{i=m} \frac{1}{T_i^2} = \frac{m}{T_0^2},$$

ou

$$\sum_{i=1}^{i=m} \frac{1}{[T_1 + (i-1)A]^2} = \frac{m}{T_0^2},$$

équation que, par tâtonnement, on peut résoudre par rapport à T_1. La perte de force A d'une poulie est bien petite par rapport à la tension T_1, de sorte que si le nombre m des travées n'est pas trop grand, c'est-à-dire si le produit $(m-1)$ A est lui-même une petite fraction de la tension initiale et par suite de celle T_1 on pourra écrire

$$\frac{1}{[T_1 + (i-1)A]^2} = \frac{1 + 2(i-1)\frac{A}{T_1}}{T_1^2};$$

$$\sum_{i=1}^{i=m} \frac{1}{[T_1 + (i-1)A]^2} = \frac{1}{T_1^2}\left[m + m(m-1)\frac{A}{T_1}\right];$$

l'équation à résoudre devient alors

$$\frac{1}{T_1^2} - \frac{1}{T_0^2} = -(m-1)\frac{A}{T_1^3}$$

et approximativement

$$T_1 = T_0 + (m-1)\frac{A}{2},$$

d'où

$$T_i = T_0 + \left[\frac{m-1}{2} - (i-1)\right]A.$$

Si le nombre m des travées est impair, la tension dans la travée du milieu est la même pendant la marche à vide qu'au repos. Dans les travées qui précèdent celle du milieu (côté de la marche), les tensions sont plus faibles pendant la marche qu'au repos; c'est le contraire pour les travées qui suivent celle du milieu.

Tout se passe comme si le tendeur était placé au milieu du circuit.

§ 42. — Position la plus avantageuse du tendeur.

Puisque les tensions pendant la marche à vide croissent de la première à la dernière travée suivant une progression arithmétique dont la raison A est connue, si l'on se donne la tension initiale T_0 qu'on en veut pas dépasser pendant cette marche, c'est-à-dire celle de la dernière travée, les tensions dans toutes les autres sont déterminées. La

IMPRIMERIE NATIONALE.

position du tendeur n'y change rien, son poids est déterminé d'après la travée où on le place. Si on le place dans la travée qui précède de k rangs la dernière, on devra lui donner un poids

$$P = 2\,(T_0 - kA).$$

Nous avons trouvé plus commode et plus avantageux de le placer près de la machine motrice, sous l'œil du mécanicien, en lui donnant le poids

$$P = 2\,T_0.$$

Dans le petit circuit de Joinville le tendeur est placé dans l'avant-dernière travée, la tension ne peut donc pas y dépasser sensiblement la tension initiale T_0; dans le grand circuit de Charenton au contraire le tendeur se trouve dans la deuxième travée, la tension ne peut pas descendre au-dessous de la tension initiale.

D'autre part, si des bateaux en nombre quelconque sont attelés sur le circuit, le tendeur empêchera toujours la tension produite à l'avant de dépasser une limite pour laquelle il fonctionnerait, tandis que si on le place ailleurs, par exemple dans la travée du milieu, c'est-à-dire à l'extrémité, opposée à la machine, de la section du canal qu'embrasse le circuit, il ne remplira ce rôle qu'à l'égard des bateaux attelés à la première moitié du circuit et ne fonctionnera pas, quelque tension accidentelle que puissent produire ceux de l'autre demi-circuit.

§ 43. — Emploi de deux ou plusieurs tendeurs.

Dans un circuit très long rien ne s'opposerait à l'emploi de deux ou plusieurs tendeurs. Si l'on en employait deux, l'un devrait être placé près de la poulie motrice, l'autre au milieu du circuit. On voit par ce qui précède qu'ils devraient avoir des poids différents; le poids du premier étant laissé égal à $2\,T_0$, le poids du second devrait être moindre et égal à $2\,T_0 - kA$, si k est le nombre des travées qui les séparent.

En effet, s'ils étaient égaux, aussitôt qu'on mettrait en marche, l'un d'eux se soulèverait, l'autre s'abaisserait, jusqu'à ce que l'un ou l'autre étant arrivé à fin de course ne fonctionnât plus.

On pourrait à la rigueur imaginer que l'on installe un tendeur presque dans chaque travée; c'est un dispositif que nous n'avons pas expérimenté, mais qu'il ne convient pas, selon nous, de rejeter sans examen et sur lequel nous croyons devoir au moins appeler l'attention.

§ 44. — Remarques sur la raideur des câbles.

Lorsqu'un câble est animé d'un mouvement permanent, il n'y a aucun travail perdu par l'effet des forces élastiques mises en jeu. Lorsqu'un élément rectiligne du câble vient s'appliquer sur une poulie, la courbure qu'il prend donne lieu à une dépense de travail, mais lorsque cet élément quitte la poulie, en vertu de son élasticité (la limite d'élasticité étant supposée non atteinte), il se redresse et restitue alors intégralement le travail dépensé pour le courber.

Ainsi de ce chef il ne pourrait y avoir dépense de travail que si la limite d'élasticité était dépassée, ce qu'on doit naturellement éviter en prenant des poulies de diamètre suffisant. Mais, par l'effet de l'enroulement sur une poulie, il se produit un frottement des fils les uns sur les autres, par l'effet du déroulement ou dépliage après le passage de la poulie, le même frottement se produit en sens inverse.

Mais ces deux effets ne se détruisent pas, comme il arrive pour les forces élastiques, ils s'ajoutent, de sorte que le travail perdu en frottement par le pliage est doublé par le dépliage.

Soit f_0 la force d'adhérence entre deux fils d'un câble résultant du câblage, cette force étant rapportée à l'unité de longueur du câble.

Soient en outre δ le diamètre des fils, r le rayon de la poulie et α_0 l'arc de contact entre la poulie et le câble, cet arc étant exprimé en fraction de la circonférence de rayon unité, de sorte que la longueur λ de câble enroulé est

$$\lambda = r\alpha_0.$$

Si $r+v$ est la distance d'un fil quelconque au centre, α l'angle d'enroulement, comme tous les fils ont même longueur on aura

$$\lambda = (r+v)\,\alpha. \tag{a}$$

Cela posé la force d'adhérence entre deux fils est

$$f_0\lambda$$

Le glissement relatif des fils est sensiblement, en supposant r grand par rapport au diamètre du câble,

$$r\Delta\alpha;$$

le travail correspondant est alors

$$-f_0\lambda \times r\Delta\alpha;$$

mais on tire de (a)

$$\Delta\alpha = -\frac{\lambda\Delta v}{(r+v)^2} = -\frac{\lambda\delta}{(r+v)^2},$$

soit sensiblement

$$\Delta\alpha = -\frac{\lambda\delta}{r^2},$$

d'où pour l'expression du travail de l'adhérence entre deux fils

$$\frac{f_0\lambda^2\delta}{r}.$$

Si donc N est le nombre total des *contacts* entre fils métalliques d'une section du câble, nombre donné exactement par la composition du câble, le travail total absorbé par le pliage est

$$Nf_0\frac{\lambda^2\delta}{r}$$

ou remarquant que $\lambda = r\alpha_0$:

$$Nf_0\delta r\alpha_0^2,$$

soit pour le pliage et le dépliage

$$2Nf_0\delta r\alpha_0^2$$

où f_0 est un coefficient à déterminer par l'expérience.

Si V est la vitesse de marche, le nombre de secondes que dure l'enroulement est $\frac{\lambda}{V}$ et le travail perdu par seconde est en kilogrammètres

$$2Nf_0\frac{\lambda^2\delta}{r}\times\frac{V}{\lambda} = \frac{2Nf_0\delta\lambda V}{r}.$$

C'est le même que celui qui résulterait d'une force retardatrice ou résistante appliquée au câble et égale à

$$\frac{2Nf_0\delta}{r}$$

Le nombre N est parfaitement connu comme nous l'avons dit : pour une simple couronne de n fils disposés autour d'une âme en chanvre, il serait égal au nombre même des fils; si l'âme était métallique, il serait égal au double du nombre des fils de la couronne, parce que le fil d'âme a un contact avec chacun des autres.

Pour un câble entièrement métallique comme celui dont nous nous sommes servis, $N = 222$; ce nombre se réduirait à 150, si l'âme du câble et celles des torons qui le composent avaient été prises en chanvre.

Il en résulte que la force perdue pour le pliage et le dépliage du câble est, toutes choses égales d'ailleurs, les $\frac{222}{150}=1,48$ de celle qu'exigerait le même câble avec âme en chanvre; mais l'expérience nous a montré que cette force est faible dans tous les cas.

La résistance que nous venons de calculer doit être ajoutée pour chaque poulie à celle que produit son frottement et qu'en moyenne nous avons appelée A, de sorte que leur somme que nous appellerons A' est

$$A'=A+\frac{2Nf_0\delta}{r}\lambda,$$

ou

$$A'=\sin\varphi\frac{\rho}{r}(pl+\Pi)+2Nf_0\delta\alpha_0,$$

α_0 étant l'angle d'enroulement.

Sur les poulies de support ordinaires, cet angle étant très petit, on voit que l'effet de la raideur du câble est négligeable.

En tous cas, pour tenir compte de cette force, il suffit de remplacer dans les formules précédentes la lettre A par la lettre A', et, en fait, ce que nous avons déterminé expérimentalement, ce n'est pas le coefficient A, mais bien le coefficient vrai A', comprenant toutes les résistances passives, de sorte que nous n'avons rien à changer aux formules établies.

Reste à se demander si cette théorie est acceptable; si elle l'est, le coefficient f_0, qui devrait être déterminé expérimentalement, dépend-il du diamètre des fils? Dépend-il de la tension du câble si celle-ci est très forte? A toutes ces questions qui n'ont d'ailleurs qu'un intérêt plutôt théorique, des expériences assez délicates pourraient seules répondre.

CHAPITRE IV.

ÉTUDE PRATIQUE D'UN CÂBLE TRAÎNANT LE NOMBRE MAXIMUM DE BATEAUX QU'IL PEUT RECEVOIR

§ 45. — Considérations générales.

Nous avons établi dans un des chapitres précédents la résistance par kilomètre de canal d'une installation de halage funiculaire et la perte de force qu'entraîne la marche à vide de cette installation. La formule que nous avons donnée résulte de considérations théoriques et d'expériences pratiques auxquelles nous avons procédé pendant l'exploitation du système de halage funiculaire installé sur les canaux de Saint-Maurice et de Saint-Maur.

Ces expériences ont porté sur le fonctionnement du système dans des circonstances aussi variées que possible, non seulement pendant la marche à vide du système, mais encore pendant qu'il remorquait les bateaux vides ou chargés dont nous assurions la traction.

Elles ont consisté à relever à l'aide de l'indicateur de Watt un grand nombre de diagrammes qui permettent de calculer le travail fourni par la machine au moment de l'expérience.

Comme nous l'avons dit, les chiffres qui résultent du calcul de ces diagrammes doivent être réduits d'au moins 25 p. 100 si l'on veut tenir compte comme il convient du travail absorbé par les résistances passives de la machine. Nous avons également tenu compte des frottements des engrenages en discutant les expériences relatives à la marche à vide à la vitesse de 0 m. 729; mais cette correction, d'ailleurs peu importante, ne nous paraît pas nécessaire quand il s'agit d'expériences portant sur des bateaux chargés. Ces expériences sont loin d'avoir en effet la même précision que celles auxquelles il a été possible de procéder pendant la marche à vide. Cela tient à ce que la résistance qu'offre un bateau halé dans un canal à une vitesse donnée ne varie pas seulement avec ses formes et l'état de sa coque, mais aussi avec le gabarit de la voie navigable et les divers incidents de la route.

§ 46. — Calcul de la force moyenne nécessaire au démarrage.

La force moyenne F nécessaire au démarrage est facile à calculer si l'on se donne la longueur l de la corde d'amarre que l'on veut lâcher dans cette opération et la vitesse de marche v du câble.

On a, en effet, comme nous le démontrerons plus loin[1]

$$F=\frac{Pv^2}{2gl},$$

en remarquant que, pendant le démarrage, la résistance de l'eau est négligeable devant la force d'inertie du bateau. Dans cette formule, P est le poids du bateau et g la gravité.

Pour une péniche de 300 tonnes et un câble marchant à une vitesse de 1 mètre par seconde, cette force est de 1,000 kilogrammes si on lâche 15 mètres de corde; elle atteindrait 1,500 kilogrammes si l'on n'en lâchait que 10 mètres.

A la vitesse de 0 m. 729, ces chiffres, qui varient en raison inverse du carré de la vitesse, ne seraient plus respectivement que de 530 et 795 kilogrammes environ.

§ 47. — Conditions dans lesquelles se sont faites les expériences.

Mais s'il est relativement facile de calculer avec une approximation suffisante la force nécessaire au démarrage proprement dit d'un bateau, il est en revanche impossible d'apprécier les efforts momentanés qui résultent de ces petits démarrages successifs qui se produisent en cours de route sans qu'il soit nécessaire de lâcher la corde d'amarre, non plus que les variations de résistance qui résultent de la marche même du bateau. Or l'opérateur qui, placé à la machine motrice, relevait un diagramme à l'indicateur de Watt, choisissait bien un moment où la marche du système paraissait parfaitement régulière, mais il ignorait forcément la position exacte du bateau à ce moment précis, les circonstances accessoires qui pouvaient accroître ou diminuer la résistance et par suite le travail de la machine qu'exigeait le halage de ce bateau.

Les résultats de ces expériences relatés dans le tableau suivant ne

[1] Chap. V, 52.

peuvent donc fournir que des indications générales en ce qui concerne tout au moins la perte de force due à la traction des bateaux.

Il est bien évident, en effet, qu'un bateau qui se met en route dans le port de Charenton où il trouve une nappe d'eau considérable avec un mouillage supérieur à 5 mètres, présentera un surcroît de résistance énorme quand il lui faudra franchir le passage rétréci du pont-canal de la Charité, avec une revanche de 0 m. 30 seulement sous la quille.

Un bateau qui navigue seul dans le canal et peut suivre le milieu de la voie navigable où le tirant d'eau est toujours plus grand, se trouve de même placé dans des circonstances beaucoup plus favorables que si, rencontrant un bateau venant en sens contraire, il est obligé de serrer la rive pour le croiser.

Les mouvements d'eau qu'entraînent les éclusées, les courants que produit l'alimentation, le vent, tous ces éléments ont une importance et une action indéniable sur la résistance qu'offre un même bateau pendant un parcours de quelque longueur, effectué à une vitesse parfaitement déterminée, et, par suite, sur la perte de force ou le travail moteur qui en résultent.

Quand, par exemple, un bateau attelé à un câble animé d'une vitesse constante passe dans une courbe, s'il suit la rive convexe, le chemin qu'il parcourt est plus grand que celui décrit par son point d'attache invariablement fixé au câble, l'amarre est constamment tendue; il se produit un effet analogue à un démarrage, c'est-à-dire un accroissement d'effort.

S'il suit au contraire la rive concave, c'est l'inverse qui se produit, la corde mollit et l'action du bateau sur le câble est à peu près nulle pendant quelque temps; le bateau marche alors sur son erre, il perd de sa vitesse et, quand arrivé à l'extrémité de la courbe, il doit reprendre celle dont le câble est animé, on se trouve encore en présence d'une sorte de démarrage pendant lequel la résistance et le travail sont notablement accrus.

§ 48. — Résultats des expériences.

TRAVAIL DE LA MACHINE MOTRICE MESURÉ À L'INDICATEUR DE WATT.

Diamètre du piston : 0 m. 380. Course : 0 m. 700.

NUMÉROS D'ORDRE.	DATES des OBSERVATIONS.	NOMBRE de TOURS de la machine.	PRESSION à la CHAUDIÈRE.	VIDE au CONDENSEUR.	TRAVAIL MOTEUR sur le cylindre.	VITESSE du CÂBLE (grand circuit[1]).	RÉSISTANCES DU SYSTÈME.
	1889.			millim.	chevaux.	millim.	
1	11 décembre.	48	4^k 3/4	680	8,5	0,673	Câble seul.
2	13 décembre.	51	5 1/4	680	9,9	0,715	Bateau de 200^T sur petit circuit.
3	14 décembre.	50	5 3/4	640	10,5	0,701	Bateau de 300^T sur grand circuit.
4	16 décembre.	50	4 1/2	660	12,8	0,729	7 bateaux { 2 vides. 4 chargés de 498^T sur G.C. 1 de 253^T sur P.C.
	1890.						
5	16 janvier...	50	6	650	10,7	0,701	1 bateau vide. G. C.
6	4 février.....	50	4 1/2	650	10,6	0,701	Câble seul.
7	5 février.....	50	4 1/2	630	11,2	0,701	Bateau de 236^T. G.C.
8	10 février....	51	4	680	10,9	0,715	Câble seul.
9	10 février....	50	4	680	10,5	0,701	Câble seul.
10	10 février....	52	4 1/2	680	10,9	0,729	Câble seul.
11	10 février....	40	4 1/2	690	7,8	0,560	Câble seul.
12	11 février....	50	4 1/2	680	11,8	0,701	{ Bateau de 300^T. G.C. Bateau de 138^T. P.C.
13	11 février....	50	4 1/2	670	9,6	0,701	Bateau de 138^T. P.C.
14	11 février....	49	4 1/2	660	9,8	0,687	Bateau de 300^T. P.C.
15	11 février....	49	4 1/2	660	9,8	0,687	Bateau de 300^T. P.C.
16	13 février....	52	5	680	11,2	0,729	{ Bateau de 193^T. G.C. Bateau de 200^T. P.C.
17	13 février....	51	5	680	10,9	0,715	{ Bateau de 193^T. G.C. Bateau de 200^T. P.C.
18	17 février....	55	4 1/2	650	10,6	0,771	Câble seul.
19	18 février....	52	5	660	11,8	0,729	3 bateaux chargés de 520^T. P.C.
20	18 février....	54	5	665	11,7	0,757	3 bateaux chargés de 520^T. P.C.
21	20 février....	50	4 1/2	650	10,4	0,701	Câble seul.
22	20 février....	52	4 1/2	650	10,8	0,729	Câble seul.
23	21 février....	52	5	650	11,6	0,729	{ 4 bateaux vides. 1 bateau de 295^T.
24	21 février....	53	5	650	12,3	0,743	4 bateaux vides.
25	21 février....	55	5	650	12,5	0,771	{ 1 bateau de 295^T. G.C. 2 bateaux vides. G.C. 2 bateaux vides. P.C.
26	21 février....	53	5	650	12,2	0,743	{ 1 bateau de 295^T. G.C. 2 bateaux vides. G.C. 2 bateaux vides. P.C.
27	26 février....	56	5	700	12,2	0,785	1 bateau de 263^T. G.C.
28	26 février....	54	5	700	11,4	0,757	1 bateau de 263^T. G.C.
29	26 février....	56	5	690	12,3	0,785	1 bateau de 263^T. G.C.
30	27 février....	56	4 3/4	640	11,1	0,785	Câble seul.
31	27 février....	54	4 3/4	640	11,1	0,757	Câble seul.
32	27 février....	56	4 3/4	640	11,5	0,785	Câble seul.

[1] Le petit circuit marche à une vitesse moitié moindre.

IMPRIMERIE NATIONALE.

NUMÉROS D'ORDRE.	DATES des OBSERVATIONS.	NOMBRE de TOURS de la machine.	PRESSION à la CHAUDIÈRE.	VIDE au CONDENSEUR.	TRAVAIL MOTEUR sur le cylindre.	VITESSE du CÂBLE (grand circuit (1).)	RÉSISTANCES DU SYSTÈME.
				millim.	chevaux.	mètres.	
33	27 février....	57	5k	65	11,8	0,799	Bateau de 209T. P.C.
34	27 février....	56	5	65	11,5	0,785	Bateau de 209T. P.C.
35	1er mars.....	53	5	64	10,8	0,743	Bateau vide. P.C.
36	1er mars.....	58	5	65	11,4	0,813	Bateau vide. P.C.
37	1er mars.....	53	4 1/2	65	12,5	0,743	Bateau de 253T. G.C.
38	1er mars.....	53	4 1/2	65	11,9	0,743	Bateau de 253T. G.C.
39	3 mars......	52	5	68	11,0	0,729	2 bateaux de 391T. G.C.
40	3 mars......	52	5	68	11,5	0,729	2 bateaux de 391T. G.C.
41	3 mars......	52	4 1/2	70	10,5	0,729	Câble seul.
42	24 mars.....	52	5	69	10,8	0,729	Câble seul après un arrêt de dix jours.
43	24 mars.....	52	5	69	10,4	0,729	Câble seul après un arrêt de dix jours.
44	26 mars.....	52	5	68	11,3	0,729	Bateau de 118T. G.C. Bateau de 269T. P.C.
45	26 mars.....	52	5	68	10.4	0,729	Bateau de 118T. G.C. Bateau de 269T. P.C.
46	26 mars.....	60	5	69	11,3	0,841	Bateau de 269T. G.C. Bateau de 132T. P.C. Bateau vide. P.C.
47	26 mars.....	60	5	69	12,0	0,841	Bateau de 269T. G.C. Bateau de 132T. P.C. Bateau vide. P.C.
48	27 mars.....	56	5 1/2	71	9,8	0,785	Bateau de 265T. P.C.
49	27 mars.....	58	5 1/2	71	9,7	0,813	Bataau de 265T. P.C.
50	27 mars.....	56	5 1/2	71	8,6	0,560	Bateau de 265T. P.C. Bateau de 194T au démarrage. P.C.
51	27 mars.....	52	5 1/2	71	9,9	0,729	Bateau de 265T. P.C. Bateau de 194T au démarrage. P.C.
52	27 mars.....	50	5 1/2	71	9,6	0,701	2 bateaux chargés de 459T. P.C.
53	27 mars.....	52	5 1/2	71	10,0	0,729	2 bateaux chargés de 459T. P.C.
54	27 mars.....	54	5 1/2	71	10,4	0,757	2 bateaux chargés de 459T. P.C.
55	27 mars.....	45	5	70	10,0	0,631	Démarrage d'un bateau de 265T. G.C.
56	27 mars.....	52	5	70	12,2	0,729	Le même bateau au moment de la mise en marche.
57	29 mars.....	52	5	69	11,7	0,729	1 bateau de 15T. G.C. 1 bateau de 165T. P.C.
58	1er avril.....	52	5	70	10,8	0,729	1 bateau de 154T. G.C. 2 bateaux vides. P.C.
59	1er avril.....	60	5	70	14,8	0,841	1 bateau de 154T. G.C. 2 bateaux vides. P.C.
60	2 avril......	52	5	71	11,5	0,729	1 bateau de 268T. G.C. 1 bateau de 290T. P.C.
61	2 avril......	52	4 1/2	71	11,6	0,729	1 bateau de 268T. G.C. 2 bateaux chargés de 725T. P.C.
62	2 avril......	52	4 1/2	71	12,2	0,729	1 bateau de 268T. G.C. 2 bateaux chargés de 725T. P.C.

(1) Le petit circuit marche à une vitesse moitié moindre.

NUMÉROS D'ORDRE.	DATES des OBSERVATIONS.	NOMBRE de TOURS de la machine.	PRESSION à la CHAUDIÈRE.	VIDE au CONDENSEUR.	TRAVAIL MOTEUR sur le cylindre.	VITESSE du CÂBLE (grand circuit [1]).	RÉSISTANCES DU SYSTÈME.
				millim.	chevaux.	mètres.	
63	2 avril......	52	5^{k}	71	12,0	0,729	2 bateaux chargés de 725^{T}. G.C. 1 bateau de 254^{T}. P.C.
64	2 avril......	52	5	71	14,4	0,729	3 bateaux chargés de 997^{T}. G.C.
65	3 avril......	52	5	68	10,0	0,729	Câble seul, fin de journée.
66	4 avril......	52	5	62	10,0	0,729	1 bateau vide. G.C. 1 bateau vide. P.C.
67	4 avril......	52	5	69	9,9	0,729	1 bateau vide. G.C.
68	4 avril......	52	4 1/2	68	8,7	0,729	1 bateau de 30^{T}. P.C.
69	4 avril......	52	4 1/2	69	8,9	0,729	1 bateau de 30^{T}. G.C. 1 bateau vide. P.C.
70	4 avril......	52	5	69	8,9	0,729	Câble seul.
71	5 avril......	52	4 3/4	69	10,2	0,729	Câble seul. Commencement de la marche.
72	15 avril.....	52	5	68	11,5	0,729	1 bateau de 289^{T}. P.C. 2 bateaux chargés de 475^{T}. G.C. 2 bateaux vides. G.C.
73	15 avril.....	50	5	68	12,2	0,701	1 bateau de 289^{T}. P.C. 1 bateau de 195^{T} au démarrage. P.C. 2 bateaux chargés de 475^{T}. G.C. 2 bateaux vides. G.C.
74	15 avril.....	46	5	68	9,6	0,645	1 bateau de 289^{T} au démarrage. P.C. 1 bateau vide sur G.C. 1 bateau de 280^{T} sur G.C.
75	15 avril.....	52	5	68	11,2	0,729	1 bateau de 280^{T} sur G.C. 1 vide sur G.C.
76	17 avril.....	52	5 1/2	69	9,8	0,729	1 bateau vide. P.C. 1 bateau de 275^{T}. G.C.
77	17 avril.....	52	5 1/2	68	9,6	0,729	1 bateau vide. P.C. 1 bateau de 275^{T}. G.C.
78	17 avril.....	52	5 1/2	68	9,7	0,729	2 bateaux vides. P.C.
79	21 avril.....	52	4 1/2	71	10,5	0,729	1 bateau de 240^{T}. G.C. 1 bateau de 76^{T}. P.C.
80	22 avril.....	52	5	70	9,3	0,729	1 bateau de 194^{T}. G.C.
81	22 avril.....	54	5	71	9,9	0,757	1 bateau de 194^{T}. G.C. 2 bateaux vides. P.C.
82	22 avril.....	54	4 1/2	70	9,5	0,757	1 bateau de 194^{T}. G.C. 4 bateaux vides. P.C.
83	22 avril.....	54	4 1/2	70	9,0	0,757	1 bateau vide. G.C.
84	22 avril.....	52	4 1/2	71	8,3	0,729	1 bateau de 20^{T}. P.C.
85	22 avril.....	52	4 1/2	71	8,8	0,729	2 bateaux de 214^{T}. P.C. 1 bateau vide.
86	22 avril.....	54	5	71	9,4	0,757	1 bateau de 194^{T}. P.C. 1 bateau vide. P.C. 1 bateau de 20^{T}. G.C.
87	22 avril.....	54	4 1/2	71	9,3	0,757	1 bateau de 20^{T}. G.C.
88	22 avril.....	52	3	70	9,1	0,729	Câble seul. Fin de journée.
89	25 avril.....	52	5	68	9,6	0,729	Câble seul.
90	26 avril.....	52	5	69	10,6	0,729	1 bateau de 154^{T}. G.C. 1 bateau vide. G.C.

(1) Le petit circuit marche à une vitesse moitié moindre.

NUMÉROS D'ORDRE.	DATES des OBSERVATIONS.	NOMBRE de TOURS de la machine.	PRESSION à la CHAUDIÈRE.	VIDE au CONDENSEUR.	TRAVAIL MOTEUR sur le cylindre.	VITESSE du CÂBLE (grand circuit [1]).	RÉSISTANCES DU SYSTÈME.
				millim.	chevaux.	mètres.	
91	26 avril.....	52	5k 1/2	69	8,8	0,729	1 bateau de 154T. G.C. 1 bateau vide. G.C. 2 bateaux vides. P.C.
92	26 avril.....	52	5 1/2	69	8,9	0,729	2 bateaux chargés de 312T. P.C.
93	26 avril.....	52	5 1/2	69	9,4	0,729	2 bateaux chargés de 312T. P.C.
94	2 mai.......	52	5 1/2	67	10,0	0,729	2 bateaux chargés de 459T. G.C.
95	2 mai.......	52	4	68	9,3	0,729	Câble seul. Fin de journée.
96	3 mai.......	52	4 1/2	70	9,7	0,729	1 bateau de 194T. G.C.
97	3 mai.......	52	5	70	10,1	0,729	1 bateau vide. P.C.
98	5 mai.......	52	5	70	9,7	0,729	2 bateaux vides. P.C.
99	6 mai.......	52	5 1/2	70	10,0	0,729	1 bateau vide. P.C.
100	6 mai.......	52	5 1/2	70	10,0	0,729	Câble seul.
101	7 mai.......	52	5 1/2	67	10,2	0,729	1 bateau vide. G.C. 1 bateau vide. P.C.
102	7 mai.......	52	5 1/2	67	10,4	0,729	1 bateau vide. G.C.
103	8 mai.......	52	5	69	11,7	0,729	1 bateau de 90T. G.C. 1 bateau de 292T. P.C.
104	8 mai.......	52	5	69	9,8	0,729	2 bateaux de 296T. G.C. 1 bateau de 292T. P.C.
105	8 mai.......	52	4 1/2	69	12,0	0,729	1 bateau de 332T. P.C. 1 bateau de 160T. G.C.
106	8 mai.......	52	5	68	12,6	0,729	1 bateau de 332T. G.C. 1 bateau de 145T. P.C.
107	8 mai.......	52	4 1/2	69	11,0	0,729	2 bateaux de 470T. G.C. 1 bateau de 332T. P.C.
108	8 mai.......	52	4 1/2	69	11,5	0,729	2 bateaux de 470T. G.C.
109	12 juin......	52	5	69	9,1	0,729	Câble seul.
110	13 juin......	52	4	66	9,6	0,729	Câble seul.
111	13 juin......	52	4 1/2	67	10,5	0,729	2 bateaux chargés de 247T. G.C.
112	13 juin......	52	4 2/3	66	10,2	0,729	1 bateau de 155T. G.C.
113	1er juillet....	52	4 1/2	68	9,8	0,729	1 bateau vide. G.C. 1 bateau vide. P.C.
114	3 juillet.....	52	5	60	9,6	0,729	3 bateaux vides. P.C.

[1] Le petit circuit marche à une vitesse moitié moindre.

§ 49. — Conséquences que l'on peut déduire des expériences.

Ces expériences très suffisamment précises, en ce qui concerne la marche à vide du système, permettent d'affirmer que, dans les limites assez étendues où nous avons opéré, entre la vitesse de 0 m. 56 par seconde et celle de 0 m. 785, le travail dépensé pendant la marche à vide est bien proportionnel à la vitesse. Elles permettent d'autant plus d'avoir recours à la formule que nous avons établie, qu'il s'en dégage très nettement un fait d'ailleurs facile à prévoir : la décroissance du travail dépensé avec la durée du fonctionnement du système, décroissance qui aura évidemment une limite, mais qui devient importante dès que le câble s'est assoupli et que l'entretien des différents organes en a atténué les frottements.

En ce qui concerne la traction des bateaux, les efforts qu'elle exige dépendent de circonstances trop multiples pour qu'on puisse les traduire par une formule générale. Ce qui nous semble toutefois résulter de nos expériences, c'est que la traction des bateaux vides exige un effort si minime, qu'il est inutile d'en tenir compte dans les calculs d'établissement d'une installation de halage funiculaire.

Nous entendons par là qu'une installation de cette nature ne devant normalement être étudiée qu'en vue de desservir un trafic important, les bateaux vides deviennent un accessoire négligeable, dont la traction sera en tout état de cause largement assurée par l'excédent de force qu'on aura prévu pour les bateaux chargés.

Pour ces derniers, la nature du trafic que la voie est appelée à desservir doit être avant tout examinée; car il n'est pas douteux qu'il faille tenir grand compte de la forme et du chargement normal des bateaux qui la fréquentent.

Pour une péniche chargée de 300 tonnes environ et halée à la vitesse de 0 m. 729, nous croyons qu'il conviendrait de prévoir un travail utile de 75 kilogrammètres ou 1 cheval, soit 100 kilogrammètres mesurés à l'indicateur de Watt.

Nous estimons que cette évaluation paraîtra très large, si l'on se réfère aux résultats des expériences indiqués dans le tableau donné plus haut. Si on l'applique au nombre maximum de bateaux que l'on peut raisonnablement et normalement prévoir pour le circuit considéré, on aura toute sécurité pour la marche normale et économique de l'installation.

Il ne convient pas de se préoccuper outre mesure de circonstances exceptionnelles qui auraient pour effet d'accroître momentanément ce nombre de bateaux, ou du fait également exceptionnel d'un démarrage simultané d'un grand nombre de bateaux. Le système, en effet, est doué d'une sensibilité extrême que nous avons eu bien souvent l'occasion de constater. Il se règle de lui-même. La vitesse diminue presque instantanément lorsqu'on introduit une résistance anormale dans le circuit. Le travail à fournir par la machine diminue donc lui-même et dans une proportion plus grande que la vitesse. Il diminue comme le cube de la vitesse, si l'on suppose l'effort de traction proportionnel au carré de celle-ci. La marche du système est donc, quoi qu'il arrive, assurée dans des conditions parfaitement suffisantes pour une exploitation de cette nature.

Si l'installation était prévue avec une vitesse de marche beaucoup plus faible, il conviendrait évidemment de réduire le chiffre de 75 kilogrammètres que nous croyons représenter largement la force motrice nécessaire à la traction d'une péniche chargée de 300 tonnes à la vitesse de 0 m. 729 par seconde.

L'évaluation de cette réduction prête à bien des incertitudes, et, comme il nous semble probable qu'on ne descendra guère au-dessous de 0 m. 60 par seconde pour la vitesse normale de marche, vitesse qui correspond à un parcours d'un peu plus de 2 kilomètres à l'heure en plein bief, nous croyons qu'il conviendra, en général, de s'en tenir au chiffre indiqué, quitte à se montrer par contre moins large dans l'évaluation du nombre des bateaux à charge entière que le câble peut être appelé à traîner simultanément.

§ 50. — Calcul du nombre de bateaux que le câble peut être amené à traîner simultanément et du travail effectif nécessaire par kilomètre de canal.

Le nombre des bateaux que le câble peut être appelé à traîner simultanément est en général facile à déterminer dans chaque service ou partie de service en partant des données statistiques parfaitement certaines qu'on possède sur le trafic de la voie navigable.

Supposons qu'on sache, en effet, que chaque écluse débite normalement en une journée de seize heures 64 bateaux, tant à la remonte qu'à la descente. Il en résulte que dans la section de halage funiculaire qui doit avoir son origine à cette écluse, les bateaux se succéderont dans chaque sens à un intervalle d'une demi-heure correspondant, avec la vitesse admise de 0 m. 729 par seconde, à un parcours de 1,300 mètres environ. On aura donc, en même temps, un bateau tous les 650 mètres, soit 3 bateaux par 2 kilomètres de canal.

Si les bateaux fréquentant la voie navigable considérée étaient des péniches circulant à pleine charge, il faudrait donc compter, en partant des données précédemment admises, $\frac{3 \times 75^{\text{kgm}}}{2}$ ou $\frac{3^{\text{ch}}}{2}$ de travail effectif par kilomètre d'installation à la vitesse de marche de 0 m. 729 par seconde.

Cette hypothèse correspond évidemment à une fréquentation particulièrement intense qui ne sera presque jamais réalisée dans la pratique, sauf peut-être, à titre exceptionnel, sur des voies extrêmement fréquentées et pendant quelques jours seulement. Il ne paraît pas qu'elle puisse servir de base à une évaluation, si large soit-elle, du nombre de bateaux dont l'installation projetée doit assurer la traction.

On sera donc amené, en se fondant sur la connaissance que l'on a nécessairement du trafic de la voie, à réduire ce chiffre dans une certaine proportion.

Si l'on sait, par exemple, que tous les bateaux descendent la voie navigable à pleine charge, tandis que, parmi ceux qui la remontent, un seul sur trois a son chargement complet, on pourra admettre qu'il suffit de prévoir pour la traction de ces bateaux les deux tiers seulement du chiffre donné plus haut, soit 75 kilogrammètres ou 1 cheval par kilomètre de canal. Il paraît inutile de multiplier les exemples de ces calculs qui n'offrent d'ailleurs aucune difficulté.

Mais il peut arriver que, par suite de la nature du trafic ou de l'insuffisance des documents statistiques dont on dispose, on ne possède pas de données aussi précises que celles que nous venons d'utiliser.

Pourvu qu'on connaisse le trafic total annuel de la section de voie navigable que l'on considère et le chargement moyen des bateaux, deux chiffres qu'il est en tout état de cause facile de se procurer, on peut se rendre compte avec une exactitude suffisante du nombre de bateaux que le câble peut être appelé à traîner simultanément et, par suite, du travail effectif nécessaire.

L'espacement des bateaux dépend du tonnage de la section de canal que le câble doit desservir.

Soit μ le nombre de millions de tonnes parcourant annuellement cette section, ou $10^6\mu$ le tonnage annuel par kilomètre;

Soit V_j le nombre de kilomètres que peut parcourir un bateau dans une journée, de sorte que s'il navigue 300 jours par an il accomplira un parcours annuel total de $300 \times V_j$ kilomètres;

Soit C son chargement moyen; son tonnage rapporté au parcours d'un kilomètre de canal est donc

$$300 \cdot V_j \cdot C.$$

Donc pour obtenir un tonnage annuel de $10^6\mu$ tonnes, il faut constamment en circulation

$$\frac{10^6\mu}{300 V_j C} \text{ bateaux.}$$

Leur espacement en kilomètres sera donc, en remarquant que 1 kilomètre de canal correspond à 2 kilomètres d'installation,

$$\frac{e}{1000} = \frac{2}{\frac{10^6\mu}{300 V_j C}} = \frac{600 . V_j C}{10^6 \mu};$$

soit $C = 200^T$, $V_j = 30^{km}$, on aura

$$\frac{e}{1000} = \frac{3.6}{\mu},$$

et en mètres

$$e = \frac{3600}{\mu}.$$

Pour $\mu = 1$ ou un tonnage annuel de 1 million de tonnes, les bateaux seraient espacés de 3 kilom. 6.

Pour 3,600,000 tonnes, ils se succéderaient de kilomètre en kilomètre, et, si l'on admet que le temps du parcours d'un kilomètre équivaut à un éclusage, ce chiffre de 3,600,000 tonnes ne pourrait guère être dépassé.

Pour qu'il le fût, il faudrait soit que le chargement moyen dépassât 200 tonnes, soit qu'en marchant la nuit, on augmentât notablement le parcours journalier, soit enfin et surtout qu'on accélérât les éclusages.

Si F est la valeur moyenne de la résistance d'un bateau en marche et que e soit l'espacement des bateaux en mètres, la résistance de ce chef par kilomètre sera $\frac{F}{e}$.

Un bateau dans un canal un peu large marchant à la vitesse de 0 m. 75 environ par seconde, ce qui lui fait faire le parcours admis de 30 kilomètres par jour en douze heures de marche, n'offre pas, avec un câble marchant régulièrement, une résistance supérieure à 100 kilogrammes. (Nous avons indiqué d'autre part, que le travail effectif F.V ne dépassait pas 75 kilogrammètres à la vitesse de marche de 0 m. 729 par seconde.)

La tension perdue par kilomètre due à la traction des bateaux est donc au maximum de $\frac{100\mu}{3.6}$, soit environ 28 μ.

On calculera le travail effectif nécessaire en multipliant la résistance par la vitesse de marche, ce qui donne en dernière analyse $28V\mu$ par kilomètre de canal.

CHAPITRE V.

CALCULS PRATIQUES D'ÉTABLISSEMENT D'UN CÂBLE.

§ 51. — Utilité d'une grande tension.

Dans les transmissions ordinaires par câble télédynamique, la résistance à vaincre est en général assez régulière pour que le mouvement du câble tende rapidement vers la permanence; dans un système de halage funiculaire, au contraire, le mouvement ne peut jamais devenir permanent. A cause de l'obliquité de la traction et du déplacement de son point d'application, le câble tend à exécuter des oscillations soit verticales, soit horizontales, qui mettraient rapidement les organes du système hors de service et l'exposeraient à sortir à tout instant des poulies qui le supportent ou le dirigent.

Il est évident qu'en donnant au câble une tension initiale suffisante, on peut arriver à atténuer ces graves inconvénients dans la mesure nécessaire pour les rendre inoffensifs. Cette tension augmente il est vrai le travail du métal et par suite la section et le poids du câble, mais, en fait, cet inconvénient est plus apparent que réel, par suite de la nécessité qui s'impose d'adopter, pour toute exploitation sérieuse, un câble suffisamment solide pour pouvoir supporter sans danger de rupture tous les à-coups que lui infligeront des mariniers inexpérimentés ou peu soigneux. C'est ainsi que les dimensions auxquelles nous nous sommes arrêtés en partant des considérations théoriques que nous allons indiquer sont sensiblement celles adoptées pour d'autres motifs dans diverses applications de la traction par câble et notamment dans les chemins de fer funiculaires.

Cette tension a d'ailleurs de nombreux et précieux avantages.

Si une péniche de 300 tonnes est attelée au câble, c'est à peine si, au point d'attache, il se produit une flèche locale perceptible, ce qui se comprend aisément, puisqu'il s'agit d'une traction de 100 kilogrammes environ ajoutée à la tension permanente incomparablement plus forte. La modification est insensible, ce qui assure à la traction une régularité tout à fait remarquable. Cette régularité de la marche de tous les appareils est favorable à leur conservation et, en particu-

IMPRIMERIE NATIONALE.

lier, à celle du câble. Celui-ci se trouve en effet, sauf les à-coups qu'il peut avoir à subir de temps à autre, presque dans le même état que s'il n'avait qu'une tension permanente à supporter, ce qui est une excellente condition de conservation et de durée.

C'est aussi grâce à la tension du câble que le démarrage est sans inconvénient, parce que, les flèches étant petites, celles qui sont dues au démarrage restent dans des limites acceptables, tandis qu'avec de faibles tensions elles atteindraient plusieurs mètres.

Comme nous l'avons indiqué, la force moyenne nécessaire au démarrage est donnée par la formule

$$F = \frac{Pv^2}{2gl},$$

dans laquelle P est le poids du bateau, v la vitesse de marche, l la longueur de corde qu'on lâche pour démarrer, et g la gravité.

En effet, pour faire passer le bateau du repos à la vitesse de marche V, il faut lui imprimer la demi-force vive $\frac{Pv^2}{2g}$ en négligeant pendant le démarrage la résistance de l'eau devant la force d'inertie du bateau

Or si f est, à un instant quelconque, la traction que le bateau exerce sur le câble et qu'on admette que pour opérer le démarrage complet on lâche une longueur de corde de l mètres, le théorème des forces vives donne

$$\frac{Pv^2}{2g} = \int_0^l f dl = lF,$$

en appelant F la valeur moyenne de la force f, d'où la formule ci-dessus indiquée qui, pour $V = 0^m,729$ et $l = 15^m$, donne $F = 500^{kg}$ environ. C'est le dixième à peine de la tension que nous avons admise pour le câble. Ajoutons qu'avec un câble à haute tension, on a une forte adhérence à la poulie motrice, ce qui permet de faire de longs circuits et de traîner un grand nombre de bateaux à la fois.

En effet, la force dont on dispose pour la marche à vide du système et la traction des bateaux est uniquement la différence des tensions qu'il est raisonnable d'admettre et pratiquement possible de réaliser entre les deux brins; c'est cette différence qui fixe la limite de puissance du système et, par voie de conséquence, la longueur des circuits.

Il n'est besoin d'aucun calcul pour faire comprendre qu'elle dépend avant tout de la valeur de la tension initiale, ce qui, plus que toutes les considérations qui précèdent, montre l'utilité d'une grande tension.

§ 52. — Données admises pour le calcul du câble.

Admettant que les fils en acier trempé qui composent le câble offrent une résistance à la rupture comprise entre 150 et 160 kilogrammes par millimètre carré de section, on s'est imposé les deux conditions suivantes :

1° Que la tension permanente initiale (abstraction faite de l'incurvation dont il sera parlé plus loin) soit de 15 kilogrammes, par conséquent inférieure au dixième de la charge de rupture;

2° Que le démarrage d'une péniche de 300 tonnes n'accroisse cette tension que d'un dixième de sa valeur.

§ 53. — Section théorique et tension initiale.

La deuxième condition exige que la tension initiale T_0 du câble soit décuple de la force moyenne F nécessaire au démarrage, soit

$$T_0 = 10F.$$

Nous avons vu que cette force F pourrait être évaluée à 500 kilogrammes. On a donc

$$T_0 = 5.000^{kg} = 5^{T};$$

le poids tendeur devra donc être

$$2T_0 = 10^{T}.$$

Pratiquement nous avons pris pour l'installation du halage funiculaire sur les canaux de Saint-Maurice et de Saint-Maur

$$2T_0 = 10^{T},2$$

et l'expérience nous a montré à différentes reprises que ce poids ne pouvait être réduit d'une façon sensible sans inconvénient pour la marche du câble et le bon fonctionnement des différents organes du système.

D'autre part, la première condition exige que la section utile Ω_0 du câble soit donnée par la formule

$$15 \times \Omega_0 \times 10^6 = T_0.$$

Avec les données de notre installation, on en tire

$$\Omega_0 = 340 \text{ millimètres carrés.}$$

C'est le chiffre que nous avons cherché à réaliser dans la composition du câble sur laquelle nous reviendrons dans la seconde partie de cette étude où sont indiqués les détails de constructions des organes constitutifs du système; nous avons ainsi donné à notre câble une section utile de 339 millimètres carrés en chiffres ronds.

Il convient d'ailleurs de remarquer que cette section utile n'est pas la section même du câble dans lequel entrent nécessairement des éléments étrangers, chanvre ou fils recuits, qui en augmentent le poids sans ajouter à la résistance.

C'est ainsi que dans le câble que nous avons employé, qui pèse 3 kilogr. 65 par mètre courant, les fils d'acier à grande résistance figurent pour moins de 3 kilogrammes.

§ 54. — Étude générale des tensions du câble.

La grandeur de la tension initiale du câble, le peu de modification qu'un bateau attelé apporte à cette tension initiale, permettent de prévoir *a priori*, du moins avec une approximation suffisante, de combien elle variera pendant le fonctionnement du système.

Nous avons admis en effet que le démarrage d'un bateau qui exige un effort moyen de 500 kilogrammes n'accroît la tension que de $\frac{1}{10}$, soit 1 kilogr. 5 par millimètre carré de section utile.

Comme la traction normale d'un bateau exige à peine une force de 100 kilogrammes, elle n'accroîtrait la tension normale que de 0 kilogr. 3 par millimètre carré de section. Partant de ces données, il serait facile de calculer le nombre de bateaux, tant en marche ordinaire qu'au démarrage, qu'il serait possible d'admettre dans le circuit sans que la tension du câble pût atteindre une fraction donnée, le sixième, par exemple, de la charge de rupture. Il conviendrait d'ailleurs de ne pas oublier ce que nous avons dit de la sensibilité du système et de la facilité avec laquelle une réduction temporaire de vitesse atténue les efforts résultant du démarrage simultané d'un certain nombre de bateaux.

Mais ces calculs qui ne tiennent pas compte des résistances passives du système ne peuvent être que grossièrement approchés, et il importe, aussi bien pour connaître les efforts élastiques véritables que le câble aura à supporter que pour déterminer le travail à demander à la machine motrice, d'examiner de plus près les forces mises en jeu pendant la marche du système.

L'étude analytique de ces phénomènes fera, dans le chapitre qui termine cette section, l'objet de longs développements auxquels nous renverrons en nous contentant, dans cette partie pratique, d'examiner comment on peut se rendre compte *a priori* de la longueur maxima à donner au circuit, de vérifier si l'adhérence du câble sur la poulie motrice est suffisante; enfin de déterminer la force motrice que la machine peut être appelée à fournir et qu'il convient de lui attribuer

§ 55. — FORMULES GÉNÉRALES.

Avant de faire une application numérique du calcul des tensions dans un circuit de halage funiculaire pour lequel nous prendrons pour type celui de Charenton, rappelons les formules générales que nous aurons à utiliser.

Nous numéroterons les poulies en partant de la poulie motrice, à laquelle nous attribuerons le n° 0, et en parcourant le câble dans le sens de sa marche.

Nous numéroterons aussi les travées, en désignant par le n° i, la travée comprise entre les poulies n° $i-1$ et n° i.

Pour la poulie n° i nous désignerons respectivement par :

Π_i son poids;

r_i son rayon à fond de gorge;

ρ_i le rayon de ses tourillons ou de sa crapaudine;

$2\theta_i$ l'arc de contact de la poulie avec le câble, ou, ce qui revient au même, le supplément de l'angle que forment les brins d'arrivée et de départ.

Nous appellerons d'ailleurs respectivement T_i et T'_i les tensions de ces deux brins.

Nous désignerons par l_i la longueur de la travée n° i, par p le poids du câble par mètre courant, par Ω sa section (âmes comprises), et par φ l'angle de frottement des tourillons ou crapaudines des poulies sur leurs coussinets.

Soient enfin h_i et H_i les distances respectives de la résultante des deux tensions au point d'émergence et au fond de la crapaudine. Nous savons qu'on aura pour une poulie horizontale pendant la marche régulière, les forces agissantes se faisant équilibre, l'équation suivante

$$(T'_i - T_i) r_i - \sin \varphi \rho_i \frac{H_i + h_i}{H_i - h_i} \sqrt{(T_i + T'_i)^2 \sin^2 \theta_i + (T'_i - T_i)^2 \cos^2 \theta_i}$$
$$- \frac{2}{3} \operatorname{tang} \varphi \rho_i \left[\Pi_i + p \frac{l_{i-1} + l_i}{2} \right] = 0.$$

Rappelons que le premier terme est la somme des moments, relativement à l'axe de la poulie, de la tension motrice T'_i et de la tension résistante T_i.

Le radical représente la résultante R' des deux tensions, résultante qui se décompose en deux pressions exercées aux extrémités de la crapaudine; le second terme représente donc le frottement exercé sur ces deux appuis.

Le troisième terme représente la somme des moments des frottements que les forces verticales, c'est-à-dire le poids de la poulie et les poids des deux demi-travées adjacentes qui pèsent sur elle, déterminent au fond de la crapaudine.

Cette équation peut être notablement simplifiée.

Le second terme étant petit et le rapport

$$\frac{H_i + h_i}{H_i - h_i}$$

voisin de l'unité, on peut le prendre égal à 1, ce qui revient à admettre que la force R' agit directement au point d'émergence de la crapaudine, hypothèse évidemment permise avec des crapaudines ayant 1 mètre de longueur.

D'autre part, la différence $T'_i - T_i$, étant petite par rapport à la somme $T'_i + T_i$, peut être négligée sous le radical.

Nous aurons ainsi

$$(T'_i - T_i) r_i = \sin \varphi \sin \theta_i \rho_i (T'_i + T_i) + \frac{2}{3} \operatorname{tang} \varphi \rho_i \left(\Pi_i + p \frac{l_{i-1} + l_i}{2} \right).$$

En la résolvant par rapport à T'_i on a

$$T'_i = a_i T_i + b_i, \tag{1}$$

où les coefficients a_i et b_i sont donnés par les formules

$$a_i = \frac{1 + \sin \varphi \sin \theta_i \frac{\rho_i}{r_i}}{1 - \sin \varphi \sin \theta_i \frac{\rho_i}{r_i}}, \qquad b_i = \frac{\frac{2}{3} \operatorname{tang} \varphi \left(\Pi_i + p \frac{l_{i-1} + l_i}{2} \right) \frac{\rho_i}{r_i}}{1 - \sin \varphi \sin \theta_i \frac{\rho_i}{r_i}}. \tag{2}$$

En raison de la petitesse du produit $\sin\varphi\frac{\rho_i}{r_i}$, on peut encore écrire

$$a_i = 1 + 2\sin\varphi\sin\theta_i\frac{\rho_i}{r_i}, \qquad b_i = \frac{2}{3}\operatorname{tang}\varphi\left(\Pi_i + p\frac{l_{i-1}+l_i}{2}\right)\frac{\rho_i}{r_i}. \qquad (2\ bis)$$

Observons encore que a_i étant voisin de l'unité, les produits des a_i entre eux et avec les b_i peuvent s'écrire

$$\left.\begin{aligned} a_1 a_2 \cdots a_k &= 1 + 2\sin\varphi\sum_1^k \sin\theta_i\frac{\rho_i}{r_i} \\ a_1 a_2 \cdots a_k b_i &= b_i \end{aligned}\right\} \qquad (2\ ter)$$

Pour une poulie verticale, nous savons qu'on a, en confondant les tensions T_i, T'_i avec leurs projections horizontales, l'équation d'équilibre

$$(T'_i - T_i)\,r_i = \sin\varphi\rho_i\sqrt{\left(\Pi_i + p\frac{l_{i-1}+l_i}{2}\right)^2 + (T'_i - T_i)^2},$$

et, à cause de la faiblesse du second terme du radical

$$(T'_i - T_i)\,r_i = \sin\varphi\rho_i\left(\Pi_i + p\frac{l_{i-1}+l_i}{2}\right),$$

d'où

$$T'_i = T_i + \sin\varphi\left(\Pi_i + p\frac{l_{i-1}+l_i}{2}\right)\frac{\rho_i}{r_i}. \qquad (3)$$

Soit encore une expression de la forme (1) avec

$$\begin{aligned} a_i &= 1, \\ b_i &= \sin\varphi\left(\Pi_i + p\frac{l_{i-1}+l_i}{2}\right)\frac{\rho_i}{r_i}. \end{aligned} \qquad (3\ bis)$$

Ainsi, quelle que soit la poulie, on peut admettre entre les tensions la relation (1), les coefficients a_i et b_i se calculant par les formules (2 *bis*) ou (3 *bis*), suivant qu'il s'agit d'une poulie horizontale ou d'une poulie verticale.

Considérons maintenant la travée n° i comprise entre les poulies n° $i-1$ et n° i; les tensions aux extrémités de cette travée sont T'_{i-1} et T_i.

Supposons qu'entre ces points on attelle un certain nombre de bateaux.

Nous connaissons l'effort moyen de traction qu'exige chacun d'eux; soit F_i la somme de ces forces pour la travée considérée.

On aura alors

$$T_i = T'_{i-1} + F_i, \qquad (4)$$

$$T_{i+1} = T'_i + F_{i+1}, \qquad (5)$$

et à cause de (1)

$$T_{i+1}=a_iT_i+b_i+F_{i+1} \tag{6}$$

qui donne une relation entre deux T_i consécutifs.

De même des relations (4) et (1) on déduit

$$T'_i=a_iT'_{i-1}+b_i+a_iF_i. \tag{7}$$

On tire de (6)

$$\begin{aligned}
T_2&=a_1T_1+b_1+F_2,\\
T_3&=a_2T_2+b_2+F_3,\\
&\dots\dots\dots\dots\\
T_{k-1}&=a_{k-2}T_{k-2}+b_{k-2}+F_{k-1},\\
T_k&=a_{k-1}T_{k-1}+b_{k-1}+F_k,
\end{aligned}$$

d'où

$$\left.\begin{aligned}
T_k=a_1a_2\dots a_{k-1}T_1&+(b_{k-1}+F_k)+(b_{k-2}+F_{k-1})a_{k-1}\\
&+(b_{k-3}+F_{k-2})a_{k-1}a_{k-2}\\
&+\dots\dots\dots\dots\dots\dots\\
&+(b_1+F_2)a_{k-1}a_{k-2}\dots a_2
\end{aligned}\right\} \tag{8}$$

qui fournit toutes les tensions T_k des brins d'arrivée (tensions résistantes relativement aux poulies sur lesquelles elles agissent) à l'aide de la tension T_1.

Puis on a

$$T'_k=T_{k+1}-F_{k+1},$$

d'où

$$\left.\begin{aligned}
T'_k=a_1a_2\dots a_kT_1+b_k&+(b_{k-1}+F_k)a_k+(b_{k-2}+F_{k-1})a_ka_{k-1}\\
&+\dots\dots\dots\dots\dots\dots\dots\dots\\
&+(b_1+F_2)a_ka_{k-1}\dots a_2
\end{aligned}\right\} \tag{9}$$

qui fournit de la même manière les tensions des brins de départ (tensions motrices). Toutes les tensions sont ainsi exprimées à l'aide de T_1.

Soient à présent T' et T respectivement les tensions motrice et résistante qui agissent sur la poulie motrice.

On a par la relation (5)

$$(a)\qquad T'=T_1-F_1$$

et, si n est le nombre total des poulies autres que la poulie motrice, de sorte que le nombre total des travées est $n+1$, on a de même

$$(b)\qquad T=T'_n+F_{n+1}.$$

Les équations (8), (9), (*a*), (*b*) permettent d'exprimer toutes les tensions à l'aide de la tension motrice T'.

On a

$$\left.\begin{aligned} T_k = a_1a_2 \ldots a_{k-1}T' &+ (b_{k-1}+F_k) + (b_{k-2}+F_{k-1})a_{k-1} \\ &+ (b_{k-3}+F_{k-2})a_{k-1}a_{k-2} \\ &+ (b_{k-4}+F_{k-3})a_{k-1}a_{k-2}a_{k-3} \\ &+ \ldots\ldots\ldots\ldots\ldots\ldots\ldots\ldots \\ &+ (b_1+F_2)a_{k-1}a_{k-2}\ldots a_2 \\ &+ F_1a_{k-1}a_{k-2}\ldots a_2a_1 \end{aligned}\right\} \quad (10)$$

$$\left.\begin{aligned} T'_k = a_1a_2 \ldots a_kT' + b_k &+ (b_{k-1}+F_k)a_k + (b_{k-2}+F_{k-1})a_ka_{k-1} \\ &+ (b_{k-3}+F_{k-2})a_ka_{k-1}a_{k-2} \\ &+ \ldots\ldots\ldots\ldots\ldots\ldots\ldots\ldots \\ &+ (b_1+F_2)a_ka_{k-1}\ldots a_2 \\ &+ F_1a_ka_{k-1}\ldots a_2a_1 \end{aligned}\right\} \quad (11)$$

Pour $K = n$, cette équation donne T'_n, puis (*b*) donne T en fonction de T', c'est-à-dire une relation entre les deux tensions qui agissent sur la poulie motrice; savoir

$$\left.\begin{aligned} T = a_1a_2 \ldots a_nT' + (b_n+F_{n+1}) &+ (b_{n-1}+F_n)a_n + (b_n+F_{n-1})a_na_{n-1} \\ &+ \ldots\ldots\ldots\ldots\ldots\ldots\ldots\ldots \\ &+ (b_1+F_2)a_na_{n-1}a_{n-2}\ldots a_2 \\ &+ F_1a_na_{n-1}\ldots a_2a_1 \end{aligned}\right\} \quad (12)$$

Rappelons que les a_i et b_i sont donnés par les formules (2 *bis*) pour les poulies horizontales, et que les formules (2 *ter*) donnent très simplement les produits des a_i, par les formules (3 *bis*) qui sont d'elles-mêmes simplifiées pour les poulies verticales.

Quant aux forces F_i, il faut les remplacer pour chaque bateau attelé par la valeur convenable.

Si tous les bateaux sont en marche normale et supposés chargés, tous les F_i sont égaux entre eux.

Comme il n'y aura pas de bateaux à chaque travée, il est clair que toutes les formules seront très simplement calculables.

Comme elles fournissent toutes les tensions en fonction d'une seule, il nous faut une dernière équation.

Nous l'obtiendrons en exprimant l'invariabilité de la longueur du circuit :

Soit s_k la longueur de câble qui forme la travée n° $_k$, c'est-à-dire la longueur de l'arc de parabole dont la corde est l_k et f_k la flèche.

IMPRIMERIE NATIONALE.

L'arc s_k est connu dès que la corde et la flèche sont données, de sorte que $s_k=\psi(l_k.f_k)$.

La fonction ψ que nous spécifierons plus bas étant connue par la géométrie de la parabole.

Si S est la longueur totale du câble, on aura

$$\sum_1^{n+1} s_k = \sum_1^{n+1} \psi(l_k.f_k) = S$$

La somme s'étendant, bien entendu, à toutes les travées. Mais on a d'autre part, entre la tension et la flèche, la relation

$$T_k = \frac{pl_k^2}{8f_k} \text{ ou } f_k = \frac{pl_k^2}{8T_k} \tag{13}$$

donc l'équation ci-dessus devient

$$\sum_1^{n+1} \psi\left(l_k \frac{pl_k^2}{8T_k}\right) = S.$$

Et, comme nous pouvons remplacer tous les T_k à l'aide de la seule inconnue T', cette inconnue se trouve déterminée, et par suite toutes les autres.

Nous avons en première approximation pour la longueur de l'arc de parabole

$$s_k = l_k + \frac{8f_k^2}{3l_k}.$$

Donc

$$\sum_1^{n+1} \frac{f_k^2}{l_k} = \frac{3}{8} \sum_1^{n+1} (s_k - l_k) = \text{constante}$$

ou à cause de (13)

$$\sum_1^{n+1} \frac{l_k^3}{T_k^2} = \text{constante.}$$

Soit T_0 la tension initiale commune à toutes les travées

$$\sum_1^{n+1} \frac{l_k^3}{T_k^2} = \frac{\sum_1^{n+1} l_k^3}{T_0^2} \tag{14}$$

où le second membre est connu.

Si dans le premier on remplace les T_k par leurs valeurs, cette équation donnera T_0.

On peut beaucoup simplifier les résultats en remarquant que les variations des tensions sont nécessairement très faibles par rapport à la tension initiale T_0.

Posons en effet

$$T_k = T_0 + t_k,$$

en sorte que le rapport $\frac{t_k}{T_0}$ est une petite fraction.

On aura

$$\sum_1^{n+1} \frac{l_k^3}{(T_0 + t_k)^2} = \sum_1^{n+1} \frac{l_k^3}{T_0^2}\left(1 + \frac{t_k}{T_0}\right)^{-2} = \frac{\sum_1^{n+1} l_k^3}{T_0^2}.$$

Soit approximativement

$$\sum_1^{n+1} l_k^3 t_k = 0,$$

ou, comme

$$t_k = T_k - T_0,$$

$$\sum_1^{n+1} l_k^3 T_k = T_0 \sum_1^{n+1} l_k^3. \qquad (14\ bis)$$

C'est cette équation linéaire jointe à celles également linéaires (10) et (11) qui donne la solution complète du problème, en vertu du principe de la superposition des forces. Les tensions seront linéaires relativement aux résistances F_k des bateaux. Donc les tensions dues à plusieurs bateaux attelés simultanément s'ajoutent [ce qui n'aurait pas lieu si, les flèches étant grandes, il fallait appliquer l'équation exacte (14) au lieu de celle approchée (14 *bis*)].

Il suffit par conséquent d'étudier l'action d'une seule force $F_k = F$ qu'on supposera successivement égale à 500 kilogrammes s'il s'agit d'un démarrage, à 100 kilogrammes s'il s'agit d'une traction ordinaire, à 0 s'il s'agit de la marche à vide.

En retranchant chacune des deux premières de la dernière on aura l'effet spécial d'un bateau démarrant ou en marche normale, et, s'il y en a plusieurs, on en ajoutera les effets.

§ 56. — Application numérique au circuit de Charenton.

Nous allons à titre d'exemple faire une application numérique de ces formules au circuit de Charenton.

Pour éviter des complications inutiles, nous ferons abstraction des poulies de direction dont la résistance, ainsi que nous l'avons montré précédemment, ne dépasse guère celle des poulies de support ordinaire auxquelles nous les assimilerons. Nous tiendrons donc compte seulement des quatre poulies de retour et de celles qui constituent avec la poulie motrice le système de réglage et d'entraînement, c'est-à-dire de la poulie accolée à la poulie motrice et de celle du tendeur.

Nous distinguerons d'ailleurs deux cas suivant que le circuit ne renferme pas de tendeur ou qu'on en a établi un aux abords de la poulie motrice.

1. *Cas où le circuit ne renferme pas de tendeur.*

Ainsi que nous l'avons expliqué dans un des chapitres précédents, toute installation de halage funiculaire bien conçue comporte un tendeur, mais il est intéressant d'examiner la répartition des tensions, en supposant que cet appareil de réglage n'existe pas, ou a momentanément cessé de fonctionner par suite du calage du chariot qui porte le tendeur ou d'une variation telle dans la longueur du câble que le contrepoids est arrivé à l'une des extrémités de sa course.

Il est clair qu'il suffit de considérer dans ce cas la poulie du tendeur comme une poulie de retour ordinaire et d'appliquer les formules précédentes.

Si toutes les poulies verticales étaient équidistantes, tous les l_k seraient les mêmes et, si l'on faisait abstraction des poulies de retour et de celles qui constituent le système d'entraînement et de réglage, les l_k disparaîtraient de l'équation (14 *bis*) qui deviendrait

$$\frac{1}{n+1}\sum_{1}^{n+1} T_k = T_0$$

et exprimerait que la moyenne des tensions pendant la marche est égale à la tension initiale, ce qu'on admet dans les transmissions par courroies.

Sans aller jusque-là, nous admettrons dans les calculs qui suivent que les poulies de support ordinaire ou assimilées, comprises entre les deux groupes des poulies de retour, sont équidistantes.

Parcourons le circuit de Charenton dans le sens de la marche du câble en partant de la poulie motrice à laquelle nous attribuons le numéro 0; nous trouvons d'abord la poulie de direction qui lui est accolée que nous numéroterons 1, puis la poulie du tendeur que nous numéroterons 2, enfin nous donnerons le numéro 3 à la poulie de retour (n° 68 du profil en long) établie sur la rive droite de l'écluse de Gravelle.

Entre cette poulie de retour et celle (n° 120 du profil en long) établie sur la rive droite de l'écluse de Charenton on compte 49 poulies de direction ou de support que nous assimilerons, dans l'hypothèse admise, à des poulies de support ordinaire en les supposant uniformément distantes de 70 mètres, ce qui revient à compter, pour cette partie du circuit, une longueur de 3,500 mètres, tandis qu'elle n'est en réalité que de 3,473 m. 13.

Pour les poulies de direction des angles concaves nous ne comptons qu'une seule poulie, ce qui correspond au cas où le passage de ces angles est assuré par une poulie horizontale avec glissière; c'est, comme nous l'avons dit, la solution admise à quelques exceptions près. Dans le principe on avait établi, à chacun de ces angles, une poulie à ailes flanquée d'une ou deux petites poulies supérieures destinées à maintenir invariablement le câble dans le plan légèrement incliné de la grande poulie d'angle.

Ainsi que nous l'avons montré dans une autre application, la solution nouvelle est de tous points préférable à l'ancienne et diminue en tous cas notablement la perte de tension.

Nous avons de même compté pour une seule la grande poulie double (nos 72_1, 72_2 du profil en long).

La poulie de retour établie sur la rive droite de l'écluse de Charenton portera donc le numéro 53, celle de la rive gauche de la même écluse le numéro 54 (nos 120 et 1 du profil en long). Entre cette poulie de retour et celle établie sur la rive gauche de l'écluse de Gravelle au droit de la poulie motrice, on compte 57 poulies de support ordinaire ou assimilées que nous supposons distantes de 60 mètres, attribuant ainsi à cette partie du circuit une longueur totale de 3,480 mètres, tandis que sa longueur réelle ne dépasse pas 3,445 mètres.

La poulie de retour de l'écluse de Gravelle rive gauche (n° 67 du profil en long) qui renvoie le câble sur la poulie motrice et ferme le circuit portera donc le numéro 112 dans le numérotage que nous venons de faire en vue de cette application numérique.

Le tableau suivant résume les données que nous aurons à utiliser; nous y faisons figurer les a_i et b_i dont le calcul ne présente ni difficulté ni intérêt.

DÉSIGNATION DES POULIES.	NUMÉROS D'ORDRE des poulies.	VALEURS DE		NUMÉROS D'ORDRE des travées.	LONGUEUR DES TRAVÉES.	
		a_i	b_i		l_k	l_k^3
Poulie motrice	0	1,000	31,0	1	0,0	0
Poulie de direction	1	1,000	29,0	2	5,6	175
Poulie du tendeur	2	1,000	32,0	3	28,5	23,149
Poulie de retour	3	1,004	16,0	4	70,0	343,000
Poulie de support ordinaire	4	1,000	1,8	5	70,0	343,000
				52	70,0	343,000
Poulie de support ordinaire	52	1,000	1,8	53	70,0	343,000
Poulie de retour	53	1,004	16,0	54	26,6	18,821
Poulie de retour	54	1,004	16,0	55	60,0	216,000
Poulie de support ordinaire	55	1,000	1,6	56	60,0	216,000
				111	60,0	216,000
Poulie de support ordinaire	111	1,000	1,6	112	60,0	216,000
Poulie de retour	112	1,004	16,0	113	18,1	5,930
Poulie motrice	0	1,000	31,0			

Il convient d'observer que les coefficients b_i relatifs à la poulie motrice, à la poulie de direction qui lui est accolée et à celle du tendeur ne sauraient se calculer avec une exactitude suffisante par la formule applicable aux poulies verticales de support ordinaire.

Il suffit d'ailleurs, pour s'en rendre compte, de se reporter au chapitre III, § 34 et 37, où l'on trouvera les formules utilisables dans l'espèce.

Nous avons fait les calculs des tensions avec une seule force F à laquelle nous avons attribué successivement les valeurs o correspondant au cas de la marche à vide, 100 kilogrammes correspondant à la marche normale d'un bateau, et 500 kilogrammes correspondant au démarrage de ce même bateau, supposé placé à l'extrémité du circuit opposée à la machine motrice, c'est-à-dire aux abords de l'écluse de Charenton (entre les poulies n°s 55 et 56).

Les valeurs des tensions T_k et $T_k l_k^3$, dans les circonstances que nous venons d'indiquer, sont fournies par le tableau suivant :

Il a paru inutile de donner les valeurs des T'_k, puisque, en vertu de l'équation (4), on a toujours

$$T'_k = T_{k+1} - F_{k+1}.$$

Valeurs des T_k et $T_k l_k^3$ dans les différentes travées du circuit de Charenton.

	F = 0k.		F = 100k.		F = 500k.	
K =	T_k.	$T_k l_k^3$.	T_k.	$T_k l_k^3$.	T_k.	$T_k l_k^3$.
1	T′		T′		T′	
2	T′ + 29	175 T′ + 5,075	T′ + 29	175 T′ + 5,075	T′ + 29	175 T′ + 5,075
3	T′ + 61	23,149 T′ + 1,412,089	T′ + 61	23,149 T′ + 1,412,089	T′ + 61	23,149 T′ + 1,412,089
4	1,004 T′ + 79,4	344,372 T′ + 27,234,200	1,004 T′ + 79,4	344,372 T′ + 27,234,200	1,004 T′ + 79,4	344,372 T′ + 27,234,200
5	1,004 T′ + 81,2	↑	↑	↑	↑	↑
6	1,004 T′ + 83,0					
7	1,004 T′ + 84,8					
8	1,004 T′ + 86,6					
9	1,004 T′ + 88,4					
10	1,004 T′ + 90,2					
11	1,004 T′ + 92,0					
12	1,004 T′ + 93,8					
13	1,004 T′ + 95,6					
14	1,004 T′ + 97,4					
15	1,004 T′ + 99,2					
16	1,004 T′ + 101,0					
17	1,004 T′ + 102,8	Progression arithmétique croissante. Raison = 617,400.	Progression arithmétique croissante. Raison = 1,8.	Progression arithmétique croissante. Raison = 617,400.	Progression arithmétique croissante. Raison = 1,8.	Progression arithmétique croissante. Raison = 617,400.
18	1,004 T′ + 104,6					
19	1,004 T′ + 106,4					
20	1,004 T′ + 108,2					
21	1,004 T′ + 110,0					
22	1,004 T′ + 111,8					
23	1,004 T′ + 113,6					
24	1,004 T′ + 115,4					
25	1,004 T′ + 117,2					
26	1,004 T′ + 119,0					
27	1,004 T′ + 120,8					
28	1,004 T′ + 122,6					
29	1,004 T′ + 124,4	↓	↓	↓	↓	↓
30	1,004 T′ + 126,2	344,372 T′ + 43,286,600	1,004 T′ + 126,2	344,372 T′ + 43,286,600	1,004 T′ + 126,2	344,372 T′ + 43,286,600

K =	F = 0ᵗ.		F = 100ᵗ.		F = 500ᵗ.	
	$T_{k'}$	$T_k l^3_{k'}$	$T_{k'}$	$T_k l^3_{k'}$	$T_{k'}$	$T_k l^3_{k'}$
31	1,004 T′ + 128,0	344,372 T′ + 43,904,000	1,004 T′ + 128,0	344,372 T′ + 43,904,000	1,004 T′ + 128,0	344,372 T′ + 43,904,000
32	↑	↑	↑	↑	↑	↑
33						
34						
35						
36						
37						
38						
39						
40						
41						
42	Progression arithmétique croissante. Raison = 1,8.	Progression arithmétique croissante. Raison = 617,400.	Progression arithmétique croissante. Raison = 1,8.	Progression arithmétique croissante. Raison = 617,400.	Progression arithmétique croissante. Raison = 1,8.	Progression arithmétique croissante. Raison = 617,400.
43						
44						
45						
46						
47						
48						
49						
50						
51						
52	↓	↓	↓	↓	↓	↓
53	1,004 T′ + 167,6	344,372 T′ + 56,486,800	1,004 T′ + 167,6	344,372 T′ + 56,486,800	1,004 T′ + 167,6	344,372 T′ + 56,486,800
54	1,008 T′ + 182,0	18,971 T′ + 3,425,422	1,008 T′ + 182,0	18,971 T′ + 3,425,422	1,008 T′ + 182,0	18,971 T′ + 3,425,422
55	1,012 T′ + 198,8	218,592 T′ + 42,940,800	1,012 T′ + 198,8	218,592 T′ + 42,940,800	1,012 T′ + 198,8	218,592 T′ + 42,940,800
56	1,012 T′ + 200,4	218,592 T′ + 43,286,400	1,012 T′ + 300,4	218,592 T′ + 64,886,400	1,012 T′ + 700,4	218,592 T′ + 151,286,400
57	1,012 T′ + 202,0	218,592 T′ + 43,632,000	1,012 T′ + 302,0	218,592 T′ + 65,232,000	1,012 T′ + 702,0	218,592 T′ + 151,632,000
58	1,012 T′ + 203,6	218,592 T′ + 43,977,600	1,012 T′ + 303,6	218,592 T′ + 65,577,600	1,012 T′ + 703,6	218,592 T′ + 151,977,600
59	1,012 T′ + 205,2	218,592 T′ + 44,323,200	1,012 T′ + 305,2	218,592 T′ + 65,923,200	1,012 T′ + 705,2	218,592 T′ + 152,323,200
60	1,012 T′ + 206,8	218,592 T′ + 44,668,800	1,012 T′ + 306,8	218,592 T′ + 66,268,800	1,012 T′ + 706,8	218,592 T′ + 152,668,800

K =	F = 0k.		F = 100k.		F = 500k.	
	T_k.	$T_k l_k^3$.	T_k.	$T_k l_k^3$.	T_k.	$T_k l_k^3$.
61	1,012 T' + 208,4	218,592 T' + 45,014,400	1,012 T' + 308,4	218,592 T' + 66,614,400	1,012 T' + 708,4	218,592 T' + 113,014,400
62	↕	↕	↕	↕	↕	↕
63						
64						
65						
66						
67						
68						
69						
70						
71						
72						
73						
74						
75		Progression arithmétique croissante. Raison = 1,6.	Progression arithmétique croissante. Raison = 345,600.	Progression arithmétique croissante. Raison = 1,6.	Progression arithmétique croissante. Raison = 345,600.	Progression arithmétique croissante. Raison = 1,6.	Progression arithmétique croissante. Raison = 345,600.
76						
77						
78						
79						
80						
81						
82						
83						
84						
85						
86						
87						
88						
89	↕	↕	↕	↕	↕	↕
90	1,012 T' + 254,8	218,592 T' + 55,036,800	1,012 T' + 354,8	218,592 T' + 76,636,800	1,012 T' + 754,8	218,592 T' + 123,036,800

K =	F = 0k.		F = 100k.		F = 500k.	
	T_k.	$T_k l_k^3$.	T_k.	$T_k l_k^3$.	T_k.	$T_k l_k^3$.
91	1,012 T′ + 256,4	218,592 T′ + 55,382,400	1,012 T′ + 356,8	218,592 T′ + 76,982,400	1,012 T′ + 756,4	218,592 T′ + 123,382,400
92	↑	↑	↑	↑	↑	↑
93						
94						
95						
96						
97						
98						
99						
100						
101	Progression arithmétique croissante. Raison = 1,6.	Progression arithmétique croissante. Raison = 345,600.	Progression arithmétique croissante. Raison = 1,6.	Progression arithmétique croissante. Raison = 345,600.	Progression arithmétique croissante. Raison = 1,6.	Progression arithmétique croissante. Raison = 345,600.
102						
103						
104						
105						
106						
107						
108						
109						
110						
111	↓	↓	↓	↓	↓	↓
112	1,012 T′ + 290,0	218,592 T′ + 62,640,000	1,012 T′ + 390,0	218,592 T′ + 84,240,000	1,012 T′ + 790,0	218,592 T′ + 130,640,000
113	1,016 T′ + 308,1	6,024 T′ + 1,827,033	1,016 T′ + 408,1	6,024 T′ + 2,420,033	1,016 T′ + 808,1	6,024 T′ + 4,792,033
	$\sum_1^{n+1} T_k l_k^3 = 29{,}945{,}250\ T' + 5{,}175{,}037{,}819$		$\sum_1^{n+1} T_k l_k^3 = 29{,}945{,}250\ T' + 6{,}406{,}830{,}819$		$\sum_1^{n+1} T_k l_k^3 = 29{,}945{,}250\ T' + 9{,}254{,}002{,}819$	

On a d'autre part

$$\sum_1^{n+1} l_k^3 = 29{,}726{,}075,$$

et comme $T_0 = 5100$

$$T_0 \sum_1^{n+1} l_k^3 = 151{,}602{,}982{,}500.$$

Puisque, en vertu des équations précédemment établies,

$$T = T'_{112} = T_{113} = \begin{cases} 1{,}016\,T' + 308{,}1 \\ 1{,}016\,T' + 408{,}1, \text{ suivant que } F = \\ 1{,}016\,T' + 808{,}1, \end{cases} \begin{cases} 0 \\ 100 \\ 500 \end{cases}$$

on déduit de ces formules

pour $F = 0$: $T = 5275^{kg}$, $T' = 4889^{kg}$; différence 386^{kg}

pour $F = 100$: $T = 5334^{kg}$, $T' = 4848^{kg}$; différence 485^{kg}

pour $F = 500$: $T = 5637^{kg}$, $T' = 4753^{kg}$. différence 884^{kg}

Nous reviendrons sur ces chiffres en les comparant aux résultats fournis par l'expérience; les considérant comme exacts, au moins pour le moment, nous remarquerons que le travail du câble par millimètre carré de section métallique utile, fixé à 15 kilogrammes au repos, ne dépasserait pas : $15^{kg},5$ pendant la marche à vide, $15^{kg},7$ pendant la traction d'un bateau en marche normale, $16^{kg},5$ pendant le démarrage de ce même bateau.

2. *Cas où le circuit renferme un tendeur.*

Si le circuit renferme un tendeur qui fonctionne régulièrement, ce qui est le cas pour le circuit de Charenton, les calculs se simplifient beaucoup. On connaît en effet la tension dans la travée où se trouve le tendeur, l'équation (14 *bis*) devient inutile et par suite on n'a plus besoin de calculer les T_k, ni les $l_k^3 T_k$ pour toutes les travées successives.

On a en effet

$$T' + 29 = T_0 = 5100,$$

d'où

$$T' = 5070$$

en chiffres ronds; par suite, en vertu des équations

$$T = T'_{112} = T_{113} = \begin{cases} 1{,}016\,T' + 308{,}1, \\ 1{,}016\,T' + 408{,}1, \text{ suivant que } F = \\ 1{,}016\,T' + 808{,}1, \end{cases} \begin{cases} 0 \\ 100 \\ 500 \end{cases}$$

on a donc,

pour $F=0$

$$\underbrace{T=5459^{kg},\quad T'=5070^{kg};}_{389^{kg}}$$

différence 389kg

pour $F=100$

$$\underbrace{T=5559^{kg},\quad T'=5070^{kg};}_{489^{kg}}$$

différence 489kg

pour $F=500$

$$\underbrace{T=5959^{kg},\quad T'=5070^{kg}.}_{889^{kg}}$$

différence 889kg

Dans ces conditions, le travail du câble par millimètre carré de section métallique utile, fixé à 15 kilogrammes au repos, ne dépasserait pas : 16 kilogrammes pendant la marche à vide, $16^{kg},3$ pendant la traction d'un bateau en marche normale, $17^{kg},5$ pendant le démarrage de ce même bateau.

§ 57. — Comparaison des résultats de ces applications numériques avec ceux trouvés précédemment.

Ces applications numériques ne conduisent évidemment, en raison des hypothèses et des simplifications admises, qu'à des résultats approchés.

Il paraîtra cependant intéressant, ne fût-ce que pour se rendre compte du degré d'approximation que l'on peut attendre de cette méthode simplifiée, d'en comparer les résultats avec ceux que fournit le calcul précis de la résistance du circuit de Charenton.

Nous venons de trouver dans le cas de la marche à vide que la différence des tensions est de 389 kilogrammes.

Les calculs exacts, développés dans le chapitre III, § 37, montrent que dans les mêmes circonstances la résistance du circuit est de 491 kilogrammes; l'erreur commise est donc d'environ 20 p. 100. Ce chiffre de 490 kilogrammes est d'ailleurs celui que fournit la formule

$$P_v=(190+85\,L)\,V,$$

quand, sans tenir compte de la vitesse de marche puisqu'on cherche seulement la résistance du circuit et non la perte de force qu'il entraîne, on remplace L par sa valeur $3^{kg},5$ applicable au circuit de Charenton.

§ 58. — Longueur maxima d'un circuit, espacement des machines.

La longueur que l'on peut attribuer à un circuit dans un projet d'installation du halage funiculaire n'en est pas moins limitée par les conditions mêmes de l'installation et l'importance du trafic qu'il est appelé à desservir.

Dans une installation de cette nature aussi bien que dans une transmission par courroie, on ne dispose en somme pour actionner tout le système à vide ou pendant la traction d'un nombre quelconque de bateaux que de la différence de tension des deux brins du câble.

Cette différence est limitée par l'obligation où l'on se trouve : 1° de ne pas augmenter outre mesure la fatigue du métal si les tensions vont en croissant à partir de la tension initiale T_0, ce qui est le cas du circuit de Charenton où le tendeur se trouve placé dans la seconde travée; 2° de ne pas réduire la tension dans une proportion assez importante pour que les flèches puissent prendre une importance exagérée, si les tensions vont en décroissant à partir de la tension initiale T_0, ce qui est le cas du circuit de Joinville où le tendeur se trouve placé dans la dernière travée.

Nous avons montré l'utilité consacrée par l'expérience d'une grande tension initiale, et le chiffre de 15 kilogrammes par millimètre carré de section métallique utile, correspondant sensiblement à une tension totale de 5,000 kilogrammes pour un câble comme celui que nous avons employé, nous paraît devoir être conservé.

Si les tensions vont en croissant à partir de cette tension initiale, il ne conviendrait évidemment pas de leur laisser dépasser 1/6 de la charge de rupture des fils fixée à 150 kilogrammes, soit 25 kilogrammes par millimètre carré de section métallique utile, soit 8,500 kilogrammes pour la tension totale.

Ce chiffre nous semble même exagéré : il ne faut pas perdre de vue en effet que la résistance des fils après câblage est moindre que celle des fils isolés, ou, pour mieux dire, que la résistance d'un câble est inférieure d'un dixième environ à la résistance totale des fils qui le constituent.

D'autre part nous n'avons pas tenu compte jusqu'à présent des effets de l'incurvation; bien qu'ils aient été probablement fort exagérés, ainsi que nous le montrerons plus loin, ils n'en imposent pas moins au métal une fatigue qu'on ne saurait négliger complètement.

Par ces motifs, nous croyons qu'il ne conviendrait pas de dépasser une tension totale de 7,500 kilogrammes, correspondant à 22 kilogr. 5 par millimètre carré de section utile.

Si les tensions doivent au contraire aller en décroissant à partir de la tension initiale, on se trouve limité par la seconde des conditions que nous venons d'indiquer.

Les flèches sont inversement proportionnelles à la tension; si donc on admet que celle-ci peut être réduite de moitié, on voit que la flèche, qui n'est au repos que de 0 m. 43 dans une travée de 70 mètres avec un câble comme le nôtre pesant 3 kilogr. 65 par mètre courant, atteindrait 0 m. 86, ce qui est encore admissible.

On pourrait, il est vrai, porter la tension initiale qui ne sera jamais dépassée à 6,000 kilogrammes par exemple, ce qui aurait l'unique inconvénient d'augmenter légèrement le travail du métal au repos; avec cette tension la flèche ne serait plus que de 0 m. 37 au repos et atteindrait seulement 0 m. 64 dans la travée où la tension serait réduite de 2,500 kilogrammes.

Quoi qu'il en soit, on voit qu'on ne disposera guère en dernière analyse, avec les dispositions adoptées, que d'une différence de tension de 2,400 kilogrammes.

On pourrait cependant l'augmenter légèrement en plaçant par exemple le tendeur au milieu du circuit c'est-à-dire à l'extrémité du canal opposée à la machine motrice et lui donnant un poids de 10,000 kilogrammes correspondant à une tension initiale de 5,000 kilogrammes.

On réaliserait alors une différence de tension de 3,200 kilogrammes, par exemple, sans que les tensions des deux brins fussent supérieures à 6,600 kilogrammes, ni inférieures à 3,400 kilogrammes. Nous n'insisterons pas sur ces considérations qui résultent immédiatement des théories que nous avons développées avec tous les détails nécessaires.

Prenons ce chiffre de 2,400 kilogrammes comme la valeur limite de la différence de tension des deux brins et voyons quelle sera dans cette hypothèse la longueur maxima du circuit que l'on se propose d'établir.

Nous savons que la résistance du circuit pendant la marche à vide est donnée par la formule

$$190 + 85L,$$

L étant la longueur du canal que doit desservir le circuit, longueur exprimée en kilomètres.

Nous avons établi d'autre part que la tension perdue par kilomètre de canal, due à la traction des bateaux, est sensiblement égale à 28 μ, μ désignant le nombre de millions de tonnes parcourant annuellement la section.

On aura donc pour déterminer L, l'équation

$$2{,}400 = 190 + L\,(85 \times 28\mu),$$

d'où

$$L = \frac{2.210}{85 + 28\mu};$$

pour $\mu = 1$, $L = 19^{k},5$ en chiffres ronds.
$\mu = 2$, $L = 15\ 5$
$\mu = 3$, $L = 13$
$\mu = 4$, $L = 11$

Ces chiffres doivent naturellement être modifiés si l'on peut dépasser la limite de 2,400 kilogrammes que nous avons admise pour la différence de tension entre les deux brins; ils suffisent à montrer que l'on peut aborder des circuits de grande longueur dans une installation de halage funiculaire, même avec un trafic de 2 à 3 millions de tonnes.

Quant à l'espacement des machines, il est, comme nous savons, double de la longueur des circuits et peut par conséquent atteindre 30 kilomètres avec un trafic déjà important.

§ 59. — Adhérence.

Nous avons trouvé pour une résistance donnée F les valeurs respectives de T et T' et nous sommes en mesure de les calculer dans les différentes circonstances qui peuvent se présenter dans une étude d'installation de halage funiculaire.

Pour l'adhérence il faut que l'équation

$$T = kT'e^{\mu\alpha}$$

soit satisfaite.

Si l'on éliminait T et T' on aurait la plus grande résistance utile F compatible avec un coefficient de sécurité donné k pour l'adhérence.

Il est convenable de ne pas dépasser dans la pratique $k=0,8$; quant à f on le prend généralement égal à 0,25. Reprenant l'hypothèse indiquée dans le paragraphe précédent nous avons :

avec $T=7,500^{kg}$ $T'=5,100^{kg}$.

Voyons si l'adhérence serait suffisante avec les dispositions que nous avons adoptées à Gravelle, c'est-à-dire si le câble est suffisamment enroulé sur la poulie motrice. L'arc embrassé par le câble est de 250 degrés.

On a donc

$$\theta=\frac{250}{360}\times 2\pi=\frac{25}{18}\pi$$

et

$$f\theta=\frac{25\times 0,25}{18}\pi=1,09.$$

Comme $e=2,71828$ on voit immédiatement que l'adhérence est plus que suffisante. $T=7500$ étant notablement inférieur au produit de $T'=5100$ par 2,7 élevé à une puissance supérieure à l'unité.

§ 60. — Travail de la machine.

La bielle que nous supposerons sensiblement horizontale fournit une force motrice, $2F_m$ à l'extrémité d'une manivelle de rayon a.

Si, comme c'est le cas ordinaire, la machine actionne deux circuits accolés, cette force motrice se répartit entre eux dans une proportion inconnue. Nous admettrons qu'elle se répartit également, ce qui ne doit pas être très éloigné de la réalité et répond d'ailleurs à la disposition que l'on doit chercher à réaliser pour assurer la symétrie indispensable au fonctionnement régulier de la machine.

On connaît les tensions T et T' des deux brins de câble enroulé sur la poulie : soient respectivement θ et θ' les angles des deux extrémités de l'arc embrassé avec la direction de la bielle.

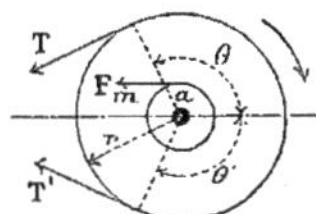

Soit Π le poids de la poulie motrice et des deux demi-travées de câble qui lui sont limitrophes (ce dernier est ordinairement négligeable vis-à-vis du premier);

r le rayon de la poulie; ρ celui de ses tourillons.

On aura, en écrivant que le travail moteur pendant un tour est égal au travail résistant, supposant la manivelle à double action et divisant par 2π, l'équation suivante

$$(T'-T)r+\frac{4F_m a}{2\pi}-\sin\varphi\rho\sqrt{(T\sin\theta+T'\sin\theta\pm F_m)^2+(T'\cos\theta'-T\cos\theta+\Pi)^2}=0,$$

qui donne F_m par une équation du premier degré en négligeant d'abord F_m sous le radical et faisant ensuite une seconde approximation si on le désire.

Ayant F_m on connaît le travail à fournir par la machine pour chaque circuit pendant un tour de la roue motrice; ce travail est

$$4\,F_m a,$$

et l'on peut écrire

$$4F_m a=2\pi r(T-T')+\sin\varphi\rho\sqrt{(T\sin\theta+T'\sin\theta')^2+(T'\cos\theta'-T\cos\theta+\Pi)^2}=\varpi.$$

Le travail à fournir par seconde, si V est la vitesse de marche du câble, sera donc en kilogrammètres et pour chaque circuit

$$\frac{4F_m aV}{2\pi r}.$$

Et, si ε est le rendement de la machine, le travail devra être en chevaux-vapeur bruts

$$\frac{\varpi V}{2\pi r\times 75\varepsilon},$$

soit

$$\frac{V}{75\varepsilon}\left[T-T'+\frac{\rho\sin\varphi}{2\pi r}\sqrt{(T\sin\theta+T'\sin\theta')^2+(T\cos\theta-T'\cos\theta'+\Pi)^2}\right]$$

où il faut, bien entendu, calculer T et T' dans le cas du plus grand nombre possible de bateaux susceptibles d'être attelés simultanément au circuit.

§ 61. — Application numérique.

Faisons une application numérique de ces formules à une installation analogue à celle de l'écluse de Gravelle et dans l'hypothèse précédemment indiquée où la différence de tension des deux brins atteint 2,400 kilogrammes.

Nous avons par hypothèse $T'=5100$, $T=7500$.

La force T est horizontale, $\theta=90°$, $\theta'=160°$, $a=0^m,35$, $r=1$, $\Pi=2475$.

IMPRIMERIE NATIONALE.

On a comme première approximation

$$1,4F_m = 15072 + 74,$$

d'où $F_m = 10820$ en chiffres ronds.

Comme deuxième approximation, nous aurons

$$1,4F_m = 15072 + 126,$$

d'où $F_m = 10855$, valeur que nous adopterons définitivement.

Le câble étant supposé marcher à la vitesse de 0 m. 729 par seconde, le travail en kilogrammètres pour chaque circuit devra être

$$\frac{15198 \times 0,729}{2\pi} = 1,763 \text{ kilogrammètres.}$$

Si l'on suppose que le rendement est de 75 p. 100, on aura, pour le travail brut en chevaux mesurés à l'indicateur,

$$\frac{1763}{75} \times \frac{4}{3} = 31 \text{ chevaux en chiffres ronds.}$$

Soit pour la machine actionnant les deux circuits une force brute nominale de 60 chevaux.

CHAPITRE VI.

RÈGLES PRATIQUES POUR LE TRACÉ D'UNE INSTALLATION DE HALAGE FUNICULAIRE.

---

§ 62. — Plan.

A. — Longueur des circuits, puissance et emplacement des machines.

Si l'installation ne doit desservir qu'une section de voie navigable d'assez faible longueur pour qu'une seule machine motrice soit évidemment suffisante, l'emplacement des appareils d'entraînement et de réglage se trouvera en général déterminé par des considérations locales résultant de la position des écluses et des ressources du pays.

Il en sera encore de même si l'on dispose en certains points du tracé de forces hydrauliques facilement utilisables et auxquelles il serait intéressant et économique d'avoir recours pour actionner les appareils d'entraînement.

Avec une seule machine motrice, la longueur des deux circuits adjacents se trouve immédiatement déterminée, et l'emplacement des poulies de retour est pour ainsi dire commandé.

Si, au contraire, l'installation est étudiée en vue de desservir une voie navigable de grande longueur, comportant nécessairement plusieurs circuits et un certain nombre de machines motrices, on doit en premier lieu déterminer, par les considérations théoriques que nous avons exposées, la longueur des circuits et l'espacement des machines motrices.

C'est seulement après avoir procédé à cette étude sommaire que l'on pourra examiner dans quelle mesure les circonstances locales permettent de satisfaire au programme d'ensemble ainsi arrêté, et déterminer l'emplacement exact des appareils moteurs, celui des tendeurs par rapport à la poulie motrice et les limites des deux circuits que doit actionner une même machine.

Ce sont là des questions essentielles qui doivent être avant tout examinées et résolues, et dont l'étude ne saurait présenter aucune difficulté, ni aucune incertitude, en raison des indications précises et complètes dont elles ont fait l'objet dans les chapitres précédents et particulièrement dans les paragraphes 54, 55, 58 et 60.

Au passage d'un souterrain, il convient de faire autant que possible un circuit spécial, même si le souterrain n'est pas très long. Ce circuit peut ne pas fonctionner en permanence, mais seulement au moment des passages dans chaque sens. Le démarrage se fera alors de lui-même puisqu'on attellera au câble en repos, et la mise en marche de la machine fera avancer le câble avec la progression voulue pour que les mariniers n'aient pas de manœuvre particulière à faire pour démarrer.

Il conviendra d'ailleurs d'atteler les bateaux séparément au câble en les espaçant d'une centaine de mètres, si on le peut, sans pourtant que cela soit indispensable. Mais si la corde d'amarre d'un bateau venait à se rompre, il faudrait pouvoir le réatteler avant qu'il eût perdu beaucoup de son erre et qu'il fût rejoint par le suivant. On pourrait, il est vrai, toujours parer à cet inconvénient en reliant les bateaux entre eux par une amarre un peu lâche qui jouerait alors le rôle des chaînes de sûreté des wagons et empêcherait comme elles la disjonction des éléments du convoi en cas de rupture d'un attelage.

Il convient aussi de placer, autant que possible, les deux brins sur la même rive, du côté de la banquette de halage, de manière à les avoir toujours sous la main, ce qui facilite l'entretien et le graissage et permet de parer à tout événement.

Autant que possible on placera le brin supérieur un peu plus près de l'axe du souterrain que le brin inférieur, afin que la corde d'amarre attelée, si elle est un peu lâche, ne soit pas exposée à tomber sur les poulies inférieures qui l'entraîneraient en sens inverse.

On peut aussi éviter cet inconvénient, tout en plaçant les deux brins dans un même plan vertical, en couvrant les poulies inférieures d'une planchette formant toit et dont les extrémités convenablement arrondies ne risqueraient pas d'accrocher la corde d'amarre attelée au brin supérieur.

Ces recommandations s'appliquent, bien entendu, à tous les cas où l'on jugera utile de placer les deux brins sur la même rive.

B. — Tracé d'un circuit.

Chaque circuit se trouvant parfaitement délimité par ses poulies de retour, il suffit de plier le tracé de chacun des brins du câble aux diverses sinuosités de la voie navigable.

Tout se tient dans un projet, et il serait difficile de faire convenablement le tracé d'une installation si l'on n'avait toujours présentes à l'esprit quelques notions au moins sommaires sur la structure du câble et sur celle des poulies qui doivent le porter ou le guider. Ces notions, nous les rappellerons ici, chemin faisant, et en tant qu'elles intéresseront le tracé en plan et en profil du câble, nous réservant de donner plus loin tous les détails d'exécution des poulies et du câble lui-même.

Le principe fondamental à observer en toutes circonstances, et sauf une dérogation dont nous parlerons, c'est que le plan des deux brins d'un câble tangents à une poulie doit coïncider mathématiquement avec le plan moyen, c'est-à-dire avec la section droite moyenne de la poulie.

Il ne faut pas transiger sur ce point. Toute *tricherie* à cet égard serait dangereuse avec un câble fortement tendu comme celui que nous employons et même avec n'importe quel câble. L'observation stricte de cette règle, sur le papier d'abord, sur le terrain ensuite, doit être absolue. Il faut donc veiller avec soin, en exécution, à ce que l'implantation des poulies, depuis leurs fondations et leurs supports jusqu'à leurs axes de rotation, soit faite conformément au tracé en plan et en élévation.

1° *Alignements droits.* — Dans les alignements droits d'un canal, le câble est porté par des poulies verticales munies de crans nécessaires pour l'échappement de la corde d'amarre et dont nous avons longuement décrit le rôle et l'utilité (§ 26, 3° et 4°). L'expérience montre que l'espacement de ces poulies ne doit pas, autant que possible, dépasser 60 ou 70 mètres. Le mieux est de faire toutes les travées égales entre elles, sauf à raccourcir, s'il est nécessaire, les travées extrêmes de chaque alignement. Il y a même utilité à ce que les travées soient courtes aux points où le câble change de direction, points qui déterminent précisément les extrémités des alignements droits.

De même, aux points où l'on démarre habituellement, il est bon de faire commencer une travée immédiatement à l'arrière du point de démarrage (en tenant compte bien entendu de la position et de la longueur du bateau), de façon qu'on ne rencontre une poulie que quand l'opération est terminée ou déjà avancée. On peut toujours s'arranger pour qu'il en soit ainsi à l'entrée et à la sortie des écluses.

2° *Angles convexes brusques.* — Dans chaque changement de direction en rive convexe, le câble est guidé par une poulie horizontale. Comme le câble passe alors *devant* la poulie, il n'y a aucune difficulté à l'échappement de la corde d'amarre. Les poulies dont il s'agit n'ont donc besoin d'aucune disposition spéciale. Nous leur avons donné en général 1 m. 40 de diamètre à fond de gorge; mais toutes nos poulies horizontales de changements de direction pour rives convexes ou concaves ont des diamètres exagérés. L'expérience nous a prouvé que le pliage d'un câble sur une surface cylindrique, même de faible rayon, le fatigue incomparablement moins que ne l'indique la formule ordinaire de la résistance des matériaux. Nous reviendrons sur cette question en faisant connaître les résultats des expériences auxquelles nous avons procédé; pour le moment, nous nous contenterons de dire qu'il suffirait, à notre avis, de donner à toutes les poulies de changement de direction d'angles convexes un diamètre uniforme de 1 mètre à fond de gorge.

Si même en certains points on y trouvait quelque avantage, ce diamètre pourrait être exceptionnellement réduit à 0 m. 80 ou même à 0 m. 60, surtout si l'angle de déviation n'était pas considérable. S'il l'était par hasard, on pourrait toujours faire la déviation en deux ou trois fois, c'est-à-dire à l'aide de deux ou trois poulies horizontales de petit diamètre se succédant à faible distance.

Ce qu'il importe d'observer, c'est qu'une poulie horizontale supporte :

Une force horizontale : $Q = 2T \sin \alpha$,

T étant la tension du câble, en général 5,000 kilogrammes.

Le poids $P = p\frac{l+l'}{2}$ des deux demi-travées de longueurs l et l' adjacentes à la poulie.

La première tend à déclaveter la poulie de son axe, son action n'a d'importance que si l'angle 2α se rapproche de 90 degrés. Il convient alors de surveiller de temps en temps la clavette.

La seconde tend à faire tourner la poulie *gauche* et lui cause de ce chef une fatigue. Pour la contre-balancer, il convient de soutenir le câble de part et d'autre de la poulie par une poulie verticale placée à une dizaine de mètres, ou 20 mètres si les circonstances locales l'exigent, du sommet de l'angle formé par les deux brins.

On supprime théoriquement l'action pernicieuse de la force P, et on l'atténue beaucoup dans la pratique, en inclinant légèrement la

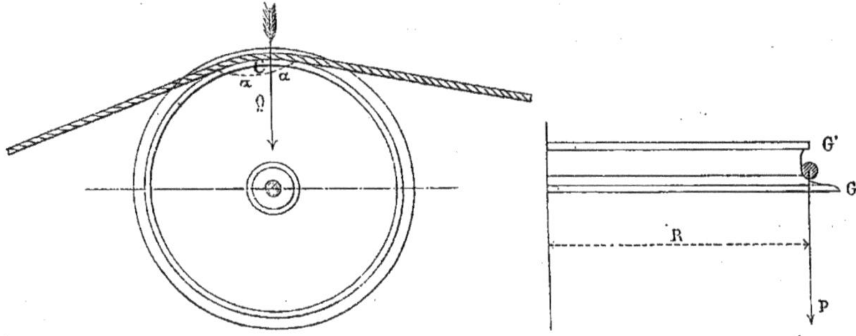

poulie d'angle; au lieu de la disposer dans un plan horizontal il suffit de la placer dans le plan des tangentes *at*, *a't'* aux deux brins qui se détachent de la poulie. Si l'on appelle ε et ε' les inclinaisons de ces tangentes, on a sensiblement

$$\operatorname{tang} \varepsilon = \frac{\frac{1}{2} pl}{T} \qquad \operatorname{tang} \varepsilon' = \frac{\frac{1}{2} pl'}{T} \qquad (1)$$

$\frac{1}{2} pl$, $\frac{1}{2} pl'$ étant les poids des deux demi-travées adjacentes et T la tension du câble, en général 5,000 kilogrammes.

A cause de la petitesse des angles ε et ε' on peut écrire

$$i = \left(\frac{pl}{2T}\right) \frac{\pi}{180}, \qquad i' = \left(\frac{pl'}{2T}\right) \frac{\pi}{180},$$

i et i' étant exprimés en degrés.

De la connaissance des angles i et i' et de l'angle 2α, résulte l'orientation, très voisine de la verticale, qu'il convient de donner à l'axe de rotation de la poulie.

On trouvera au paragraphe suivant la solution de ce petit problème de géométrie qui se représentera dans un instant pour des inclinaisons sensibles des brins.

On peut ainsi éviter de soutenir les brins dans le voisinage de la poulie; mais il serait toujours prudent de projeter deux travées courtes, par exemple de 30 ou 40 mètres, dans le voisinage de ces poulies quasi-horizontales, pour leur éviter trop de fatigue.

3° *Courbes convexes.* — Si l'on a une rive convexe plus ou moins prononcée, on la remplace naturellement par un polygone convexe circonscrit à la courbe; à chaque sommet du polygone on place une poulie horizontale ou quasi-horizontale comme il vient d'être dit. Plus on rapproche les poulies, plus les angles 2α sont ouverts et moins chaque poulie et son support éprouvent de fatigue.

Mais en multipliant ainsi les poulies on augmenterait la dépense sans nécessité; on créerait de plus un autre inconvénient.

Nous avons dit plus haut que les angles convexes sont faciles à franchir puisque la corde d'amarre ne rencontre de la part des poulies aucun obstacle. Mais en revanche elle tend à arracher le câble de la poulie; la seule force qui s'oppose à cet arrachement est la force Q qui applique le câble contre la poulie. Cette force est d'autant plus grande que l'angle 2α est moins ouvert. Il convient donc, aussi bien au point de vue économique qu'au point de vue du maintien stable du câble contre les poulies, de franchir les courbes convexes par des *sauts brusques*, c'est-à-dire par un petit nombre de déviations prononcées. Nous verrons qu'on peut être amené à une solution inverse dans les courbes concaves.

4° *Angles concaves brusques.* — Pour effectuer un changement brusque de direction en rive concave, il y a quatre solutions.

a. La poulie horizontale *suspendue* à l'extrémité d'une console et disposée de façon à laisser échapper la corde d'amarre *par-dessous*. Elle porte à sa partie supérieure un simple boudin et, à sa partie inférieure, des crans pour faciliter l'échappement de la corde d'amarre

b. La poulie horizontale *supportée*, et obligeant, par suite, la corde d'amarre à glisser *par-dessus* la poulie pour s'échapper. Elle est munie d'un boudin à sa partie inférieure et de crans d'échappement à sa partie supérieure; d'une glissière en bois ou en métal précédant la poulie et disposée de façon à faire grimper en pente douce la corde d'amarre jusqu'un peu en contre-haut de la poulie.

c. La poulie inclinée et munie d'ailes qui saisissent les cordes d'amarre pour les faire sauter par-dessus la poulie.

d. L'ensemble de deux poulies verticales dont les circonférences ont une tangente commune verticale, l'une d'elles étant située dans le plan du brin arrivant, l'autre dans le plan du brin de départ. Le brin arrivant passe sur la première de ces deux poulies, l'embrasse sur un quart de circonférence, descend verticalement suivant la tangente commune, embrasse ensuite la seconde poulie par-dessous et sur environ un quart de circonférence pour suivre enfin son nouvel alignement. Il a été ainsi abaissé au-dessous de son niveau normal par rapport au chemin de halage et reprend ce niveau à la première poulie verticale ordinaire rencontrée. La poulie du côté du brin arrivant est au contraire à son niveau normal. La disposition inverse peut également être adoptée.

Cette solution peut être généralisée.

Au lieu de poulies verticales, on peut prendre des poulies inclinées dont les circonférences aient une tangente commune.

La solution *a* exige une poulie en porte-à-faux placée à un niveau assez élevé au-dessus du plan de la voie navigable pour que la corde d'amarre soit toujours plongeante, ce qui, en tenant compte de la hauteur des bateaux vides conduit à l'installer à près de 3 mètres en contre-haut du chemin de halage. Avec des poulies de 1 mètre à 1 m. 20 de diamètre, l'installation devient coûteuse et présente quelques difficultés à moins qu'on puisse s'attacher à la paroi en maçonnerie d'un ouvrage d'art. Sauf cet inconvénient qui nuit un peu à la solidité de la poulie et par suite à la sécurité de l'installation, car la rupture d'une poulie en courbe concave entraînerait toujours quelque accident sérieux, cette solution est la plus simple.

Celle *b* est presque aussi simple, car la glissière, qui nous avait au début opposé des résistances invincibles, a fini, grâce à un tracé convenable, par fonctionner d'une façon tout à fait satisfaisante, et en somme, si elle manque un peu d'élégance, elle est économique et n'a rien de gênant. C'est cette solution qui allie la solidité à la simplicité que nous recommandons en principe avec des poulies de 1 mètre de diamètre comme pour les angles convexes.

Celle *c* est la plus élégante, mais les ailes sont encombrantes et descendent trop près du sol. Quand on peut, ce qui arrive souvent, les placer dans des talus de déblai, ces inconvénients disparaissent.

Plus coûteuse que la précédente, cette disposition absorbe aussi plus de force, ainsi que nous l'avons montré au paragraphe 38-5.

Celle *d* est trop coûteuse et absorbe beaucoup trop de force (voir § 38-3); elle paraît convenir quand on a à changer brusquement à

IMPRIMERIE NATIONALE

la fois de direction et d'altitude. C'est un point sur lequel nous allons d'ailleurs revenir un peu plus loin.

5° *Courbes concaves.* — Pour franchir une courbe concave comme une courbe convexe, on les remplace par un contour polygonal circonscrit à la courbe. Si l'on peut réduire ce contour aux deux tangentes extrêmes à la courbe et n'avoir par suite qu'un seul changement de direction de quelque importance, on emploiera l'une des solutions précédentes, celle *b* de préférence.

Pour les déviations très petites, de 4 à 5 degrés au plus, c'est-à-dire pour des angles 2α d'au moins 175 degrés en courbe concave, nous avons pensé que l'on pourrait déroger exceptionnellement à la règle qui veut que les deux brins du câble soient dans le plan moyen de la poulie, et employer alors de simples poulies analogues à celles de support ordinaire. Seulement leur axe, au lieu d'être horizontal, serait incliné d'environ 20 degrés sur l'horizontale, le sens de l'inclinaison étant tel que l'extrémité la plus basse de l'axe fût du côté de terre et l'extrémité la plus haute du côté du canal.

Dans ces conditions, le plan moyen de la poulie serait incliné de 20 degrés sur le plan vertical (pl. LIV).

Les deux brins du câble formant entre eux un angle très ouvert, d'au moins 175 degrés, s'appuieraient contre la joue de la poulie inclinée comme il vient d'être dit. Cette joue, dans sa partie utile, serait formée d'un cône de révolution engendré par une ligne verticale (ou légèrement inclinée à l'arrière de la verticale, c'est-à-dire côté de terre) tournant autour de l'axe incliné de la poulie.

Il est facile de voir, et nous reviendrons sur ce point quand nous traiterons particulièrement des poulies, que, pour de très petits angles de déviation, ce système produit à peu près le même effet que produirait une poulie horizontale de très grand diamètre pour guider le câble.

Quant au passage de la corde d'amarre, il est bien évidemment assuré.

Malheureusement l'idée de cette solution ne s'est nettement précisée dans notre esprit que depuis la fin de nos expériences, et elle n'a pas pour elle, comme les solutions précédentes, la sanction de ces expériences.

Nous ne mettons pas en doute sa réussite pour des déviations ne dépassant pas 4 à 5 degrés, et nous espérons que les explications plus complètes qui seront données à ce sujet à l'occasion de l'étude de détail des poulies justifieront et feront partager cette opinion.

Comme on pourra, dans la pratique, franchir la plupart des courbes par une suite de déviations ne dépassant pas 5 degrés chacune, cette solution qui ne comporte que des poulies de 0 m. 60 à fond de gorge, comme les poulies verticales de support, simplifierait beaucoup l'installation du halage funiculaire.

On serait ainsi conduit, dans le tracé, à *multiplier le nombre des angles en rive concave,* tandis que *pour les rives convexes nous avons conseillé de réduire ce nombre au strict minimum.*

§ 63. — Profil en long.

L'étude du profil en long est plus simple encore que celle du plan; elle exige seulement un nivellement très soigné.

La seule règle dont il faille bien se pénétrer, nous le répéterons, c'est qu'une installation de halage funiculaire ne comporte ni tricherie ni à peu près.

Un câble, même fortement tendu comme celui qui constitue l'élément essentiel du système, se plie facilement à toutes les sinuosités d'un tracé, si compliqué qu'il soit en plan ou en élévation, mais à la condition d'être guidé d'une façon absolument précise à tous les changements de direction ou de niveau.

Si les poulies qui doivent le diriger ou le maintenir ne sont pas à la place exacte qu'elles doivent occuper par rapport aux poulies voisines, elles seront renversées ou ne fonctionneront pas d'une façon satisfaisante.

1° *Changements d'altitude par paliers successifs.* — D'une manière générale, nous estimons que le profil en long d'une installation de halage funiculaire bien conçue doit présenter une série de paliers successifs, le passage d'un palier à l'autre s'effectuant en pente douce et

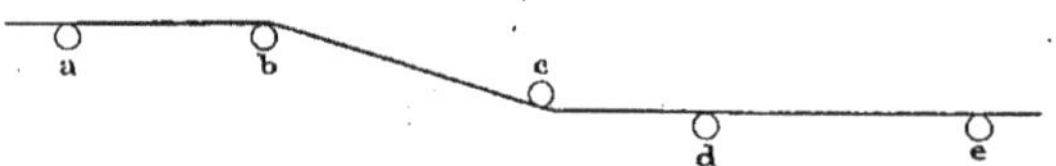

étant assuré par une poulie d'abaissement (*c* du croquis ci-contre), qui s'oppose à tout relèvement du câble. Le changement de niveau s'effectue en somme entre les poulies *b* et *c*. Dans cette travée le câble a naturellement une pente plus ou moins forte, il ne convient pas qu'elle dépasse, s'il est possible, 0 m. 15 par mètre et nous croyons préférable de la fixer d'une manière générale à 0 m. 10 par mètre.

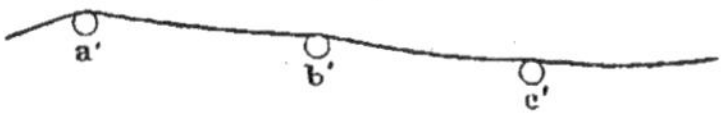

a' b' c'

Nous avons eu recours sur le canal Saint-Maurice, notamment dans la traversée du garage de Charenton, à une solution qui consiste à relever progressivement le câble de poulie en poulie et à le faire monter pour ainsi dire par échelons sans employer de poulie d'abaissement.

C'est une pratique détestable que nous indiquons en recommandant de l'éviter. On ne peut évidemment s'astreindre à employer une poulie d'abaissement pour un changement de niveau de quelques centimètres, ce serait là une exagération peu justifiée. Mais dès que la différence de niveau des deux travées voisines dépassera 0 m. 20 ou 0 m. 25, il ne faudra pas hésiter à prévoir l'emploi de cette poulie (en porte-à-faux bien entendu) dont la dépense assez faible est largement compensée par la stabilité qu'elle assure au câble et la régularité avantageuse à tous égards qu'elle détermine dans la répartition des flèches.

2° *Changement simultané d'altitude et de direction.* — Nous avons en général évité de faire des changements de direction accompagnés de changements d'altitude du câble. Lorsque nous avons été forcés d'en faire, nous avons employé la solution *d* du paragraphe précédent, c'est-à-dire l'ensemble de deux poulies verticales. Elle s'y prête facilement, mais nous ne la recommanderons pas en principe à cause des inconvénients déjà signalés à différentes reprises.

C'est une solution exceptionnelle qu'il convient de réserver pour les cas eux-mêmes exceptionnels.

On peut d'ailleurs parfaitement réaliser un changement simultané de direction et d'altitude à l'aide d'une poulie unique, à la condition essentielle de la placer *exactement* dans le plan des deux brins qui y aboutissent.

Nous allons indiquer le calcul trigonométrique qui permet de donner rigoureusement à l'axe de la poulie l'orientation nécessaire.

3° *Calcul de l'orientation de l'axe d'une poulie exactement placée dans le plan des deux brins qui y aboutissent.* — Soient SX, SY les deux brins supposés plus ou moins inclinés qui doivent opérer le double changement d'altitude et de direction.

La circonférence moyenne de la poulie doit être inscrite dans l'angle XSY de sorte que l'axe de la poulie est normal à ce plan.

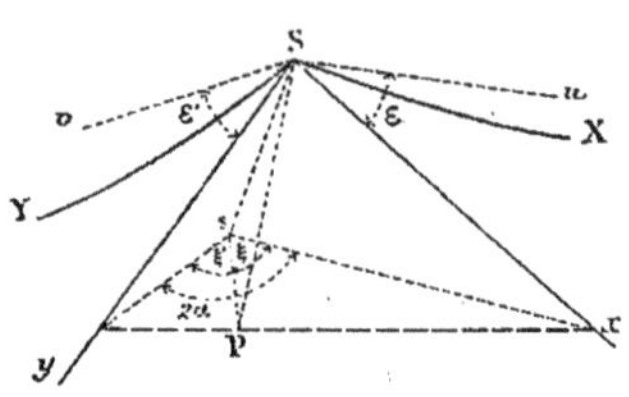

Prenons un plan horizontal de projection arbitraire. Soient x et y les traces des deux brins sur ce plan et soit s la projection du sommet S de l'angle qu'ils forment, de sorte que xy est l'horizontale du plan de la poulie, et si P est le pied de la perpendiculaire abaissée du point s sur xy, SP est la ligne de plus grande pente de ce plan. L'axe de la poulie est dans le plan vertical SPs et perpendiculaire à SP.

Nous allons en déterminer la position.

Les données de la question sont :

L'angle de déviation en plan $\widehat{xsy}$ des deux brins et les inclinaisons de ces mêmes brins sur l'horizontale, ou, si l'on veut, sur la verticale descendante Ss.

Posons

$$\widehat{xsy} = 2\alpha, \qquad \widehat{sSx} = i_v, \qquad \widehat{sSy} = i'_v.$$

Soient de plus

$$\xi = \widehat{xsP}, \qquad \xi' = \widehat{ysP}, \qquad I = \widehat{SPs}.$$

Les deux directions sx, sy étant tracées sur le terrain, l'un des deux angles ξ ou ξ' permet de tracer la ligne sP. L'axe de la poulie devra être dans le plan vertical passant par cette ligne et nous appellerons I son inclinaison inconnue sur la verticale ascendante sS.

Or, si h désigne, pour abréger, la longueur Ss, longueur arbitraire et qui n'intervient pas dans les formules finales, on a

$$sx = h \operatorname{tang} i_v, \qquad sy = h \operatorname{tang} i'_v,$$

puis dans le triangle xsy

$$sP = sx \cos \xi = sy \cos \xi',$$

ou

$$sP = h \operatorname{tang} i_v \cos \xi = h \operatorname{tang} i'_v \cos \xi', \tag{2}$$

d'où

$$\operatorname{tang} i_v \cos \xi = \operatorname{tang} i'_v \cos \xi'.$$

D'ailleurs

$$\xi + \xi' = 2\alpha.$$

Ces deux équations permettent de trouver les angles ξ et ξ' dont un seul, par exemple le premier, suffit.

On a

$$\tan i_v \cos \xi = \tan i'_v \cos(2\alpha - \xi),$$

ou

$$\tan \xi = \frac{\tan i_v - \tan i'_v \cos 2\alpha}{\tan i'_v \sin 2\alpha}. \tag{3}$$

Si l'on pose

$$\tan i'_v \cos 2\alpha = \tan \beta,$$

on a

$$\tan \xi = \frac{\sin(i_v - \beta)}{\cos i_v \sin \beta \tan 2\alpha}, \qquad (3\ bis)$$

formules calculables par logarithmes.

On a ensuite à cause de (2)

$$\tan I = \frac{h}{sP} = \frac{1}{\tan i_v \cos \xi}. \tag{4}$$

L'angle i_v ou l'angle i'_v est aigu, droit ou obtus suivant que le brin auquel il se rapporte est plongeant, de niveau, ou se relève. Dans ce qui précède nous avons implicitement fait abstraction des flèches, en général très petites, des brins. Soit SX, SY les courbes qu'ils forment. Ce qu'on connaît ce sont les cordes S*u*, S*v* de ces arcs, comptés depuis la poulie inclinée que l'on considère jusqu'à chacune des deux poulies voisines. Les angles i_v et i'_v se rapportent à ces cordes et ce qu'il faut considérer ce sont les tangentes S*x*, S*y* aux cordes SX, SY. Les angles ε et ε' que ces tangentes forment avec les cordes correspondantes sont donnés par la formule (1) du paragraphe précédent.

Les courbes SX, SY que forment les brins sont dans des plans verticaux. Il s'ensuit :

1° Que les angles des tangentes S*x*, S*y* avec la verticale descendante S*s* sont respectivement

$$i_v - \varepsilon, \qquad i'_v - \varepsilon'.$$

2° Que les projections horizontales *sx*, *sy* des tangentes coïncident avec celles des cordes, de sorte que rien n'est à changer à l'angle 2α.

Ainsi pour tenir compte de la courbure des brins il suffit de remplacer respectivement dans les formules précédentes i_v et i'_v par $i_v - \varepsilon$ et $i'_v - \varepsilon'$, les angles ε et ε' étant donnés par la formule (1)

$$\operatorname{tang} \varepsilon = \frac{\frac{1}{2} pl}{T},$$

$$\operatorname{tang} \varepsilon' = \frac{\frac{1}{2} pl'}{T}.$$

On aura donc définitivement à la place des formules (3), (3 *bis*) et (4), les suivantes :

$$\operatorname{tang} \xi = \frac{\operatorname{tang}(i_v - \varepsilon)}{\operatorname{tang}(i'_v - \varepsilon') \sin 2\alpha} - \operatorname{cotg} 2\alpha. \qquad (5)$$

$$\left.\begin{aligned} &\operatorname{tang}(i'_v - \varepsilon') \cos 2\alpha = \operatorname{tang} \beta; \\ &\operatorname{tang} \xi = \frac{\sin(i_v - \varepsilon - \beta)}{\cos(i_v - \varepsilon) \sin \beta \operatorname{tang} 2\alpha}. \end{aligned}\right\} \qquad (5\ bis)$$

$$\operatorname{tang} I = \frac{1}{\operatorname{tang}(i_v - \varepsilon) \cos \xi}. \qquad (9)$$

Il peut être utile d'avoir l'angle xSy qui donne l'étendue de l'arc de contact du câble sur la poulie.

Soit $2\alpha'$ cet angle. En égalant les valeurs du côté xy dans les deux triangles xSy et xsy, on aura :

$$\overline{Sx}^2 + \overline{Sy}^2 - 2\overline{Sx} \times \overline{Sy} \times \cos 2\alpha' = \overline{sx}^2 + \overline{sy}^2 - 2\overline{sx} \times \overline{sy} \times \cos 2\alpha.$$

Nous avons vu que dans le triangle rectangle Ssx on a

$$sx = h \operatorname{tang}(i_v - \varepsilon).$$

On a dans ce même triangle

$$Sx = \frac{h}{\cos(i_v - \varepsilon)}.$$

De même

$$sy = h \operatorname{tang}(i'_v - \varepsilon') \qquad Sy = \frac{h}{\cos(i'_v - \varepsilon')}.$$

Portant dans la précédente équation on a, toutes réductions faites,

$$\cos 2\alpha' = \cos(i_v - \varepsilon) \cos(i'_v - \varepsilon') + \sin(i_v - \varepsilon) \sin(i'_v - \varepsilon') \cos 2\alpha,$$

qu'on pourrait écrire directement par la considération du triangle sphérique correspondant au trièdre dont les arêtes sont Sx, Ss, Sy. On peut écrire cette formule

$$\begin{aligned} \cos 2\alpha' = {} & \cos(i_v - \varepsilon) \cos(i'_v - \varepsilon') [\cos^2 \alpha + \sin^2 \alpha] \\ & + \sin(i_v - \varepsilon) \sin(i_v - \varepsilon') [\cos^2 \alpha - \sin^2 \alpha], \end{aligned}$$

ou

$$\cos 2\alpha' = \cos(i_v + i'_v - \varepsilon - \varepsilon') \sin^2\alpha + \cos[i_v - i'_v - \varepsilon - \varepsilon'] \cos^2\alpha.$$

L'angle 2α est en général très voisin de 180° de sorte que $\cos\alpha$ est très petit. Si l'on en néglige le carré on a

$$\cos 2\alpha' = \cos(i_v + i'_v - \varepsilon - \varepsilon') \sin^2\alpha. \tag{7}$$

4° *Cas particuliers.* — *a.* Si les deux brins sont d'égale inclinaison, en sorte que $i_v = i'_v$ et que les deux travées voisines soient égales, de sorte que $\varepsilon = \varepsilon'$ (ou quelles que soient les travées si l'on néglige les petits angles ε et ε'), la formule (5) donne $\xi = \alpha$, ce qui est évident.

L'axe de la poulie est dans le plan bissecteur de l'angle xsy et la formule (6) donne, pour son inclinaison sur la verticale,

$$\operatorname{tang} I = \frac{1}{\operatorname{tang}(i_v - \varepsilon)\cos\alpha}. \tag{8}$$

b. Si l'un des deux brins, par exemple Sy, est horizontal, en sorte que $i'_v = 90°$, on a

$$\operatorname{tang}\xi = \operatorname{tang}(i_v - \varepsilon)\operatorname{tang}\varepsilon' - \operatorname{cotg} 2\alpha,$$

ou

$$\operatorname{tang}\xi = \operatorname{tang}(90° - 2\alpha) + \operatorname{tang}(i_v - \varepsilon)\operatorname{tang}\varepsilon'. \tag{9}$$

Si l'on néglige l'angle ε', on a

$$\xi = 90° - 2\alpha, \tag{10}$$

ce qui est encore évident.

L'axe de la poulie est dans le plan mené par S normalement au brin horizontal Sy. On aura ensuite

$$\operatorname{tang} I = \frac{1}{\operatorname{tang}(i_v - \varepsilon)\sin 2\alpha}. \tag{11}$$

c. Si les deux brins sont horizontaux, en sorte que $i_v = i'_v = 90°$, on a

$$\left.\begin{aligned} \operatorname{tang}\xi &= \frac{\operatorname{tang}\varepsilon'}{\operatorname{tang}\varepsilon\sin 2\alpha} - \operatorname{cotang} 2\alpha \\ \operatorname{tang} I &= \frac{\operatorname{tang}\varepsilon}{\cos\xi} \end{aligned}\right\} \tag{12}$$

Si les deux travées voisines sont égales

$$\xi = \alpha, \quad \operatorname{tang} I = \frac{\operatorname{tang}\varepsilon}{\cos\alpha}. \tag{12 bis}$$

Ce sont ces formules auxquelles nous avons fait allusion au paragraphe précédent.

5° *Passage aux ouvrages d'art.* — Pour les passages de ponts, souterrains, écluses, passages rétrécis, on a généralement à rapprocher les deux brins situés sur les deux rives, de façon à avoir en plan la forme ci-contre pour les alignements du câble, de part et d'autre des passages considérés.

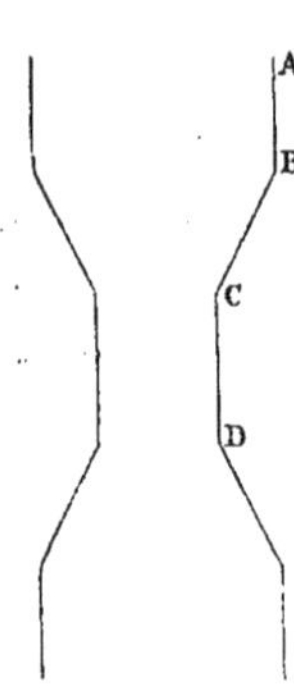

Pour les passages élargis, on aurait, au contraire, à augmenter momentanément l'écartement des brins. Dans tous les cas, on a à résoudre deux ou plusieurs fois ce problème, passer d'une direction AB à une direction parallèle CD. Il est nécessaire d'employer pour cela deux poulies en B et C. Si les alignements AB et CD sont de niveau, il n'y a pas de difficulté, on emploiera deux poulies horizontales. Dans le cas contraire, on aura recours à des poulies inclinées. Leurs inclinaisons se déduisent facilement des formules qui précèdent.

Soient b et c les altitudes des poulies B et C au-dessus d'un plan de comparaison horizontal inférieur quelconque, par exemple audessus du chemin de halage, et soit a la longueur BC prise suivant les convenances locales. Pour la poulie B, on aura pour l'angle $i_{\prime\prime}$ du brin BC avec la verticale descendante

$$\tang i_{\prime\prime} = \frac{c-b}{a}.$$

Si AB est horizontal, on fera $i'_{\prime\prime} = 0$.

Sinon, on prendra pour $i'_{\prime\prime}$ la valeur résultant de l'inclinaison de AB.

Le plan de la poulie C sera, bien entendu, parallèle à celui de la poulie B.

Il pourrait se présenter des cas où l'on aurait intérêt à se donner d'avance l'inclinaison commune I de ces deux poulies. Alors les formules fourniraient la valeur de l'inclinaison $i_{\prime\prime}$ à donner au brin de jonction BC.

Au passage d'une écluse avec pont sur les murs de fuite, il faut abaisser brusquement le câble à l'entrée amont du pont. La solution par deux poulies verticales s'impose alors. A la sortie, rien n'empêche d'employer une poulie horizontale ou inclinée, suivant qu'on a à re-

IMPRIMERIE NATIONALE.

lever plus ou moins le câble pour retrouver l'altitude normale au-dessus du chemin de halage du bief d'aval.

§ 64. — Piquetage.

Les considérations qui précèdent nous dispensent d'insister sur l'utilité et même la nécessité de procéder à un piquetage très soigné avant de commencer l'implantation des fondations et la pose des appareils qui arrivent de l'usine prêts à être calés et boulonnés sur les massifs destinés à les recevoir.

Comme les nécessités d'une construction économique obligent à réduire le nombre des types de supports et, par suite, à leur donner autant que possible les mêmes dimensions, on ne peut les utiliser dans toutes les circonstances qu'en faisant varier le niveau d'arasement des fondations, suivant les exigences du tracé.

Rien n'est en général plus facile, et il suffit d'apporter quelque soin au piquetage des fondations, pour n'avoir, au moment de la pose, aucune erreur à réparer, ni aucun mécompte à redouter. Cependant, si l'installation comprend un souterrain, la question demande plus d'attention et quelques précautions spéciales, en raison de l'irrégularité ordinaire des parois de ces ouvrages.

Par suite des conditions particulières dans lesquelles elles sont exécutées, les maçonneries des parois, qui paraissent parfaitement dressées, présentent ordinairement, en réalité, une surface ondulée dans laquelle les bosses ou les flaches dépassent parfois 0 m. 20.

On comprend combien il est important de repérer très exactement avant de commencer la pose les emplacements où doivent être scellés les supports des poulies.

Nous croyons enfin devoir appeler l'attention sur une erreur que nous avons vu commettre à différentes reprises par des agents peu exercés ou étourdis au moment de l'implantation des massifs de fondation des supports d'angles.

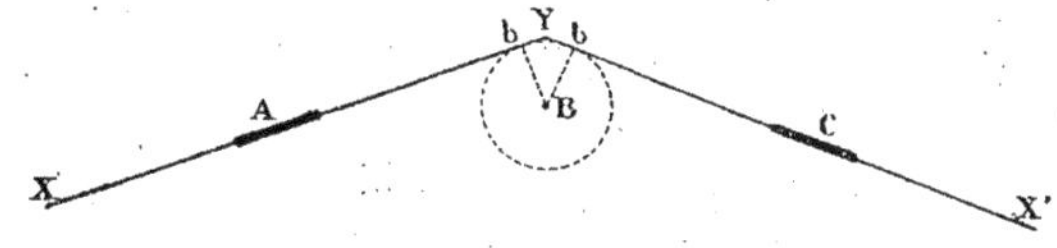

Soient les deux alignements XY, YX′ qui se coupent en Y.

Les poulies de support ordinaires A et C étant situées respectivement sur les alignements XY et YX', le massif de fondation est établi à l'emplacement même du piquet.

En arrivant à l'angle, un agent maladroit ne manque pas de faire établir le massif de fondation, comme si l'axe du support devait coïncider avec le piquet du sommet, tandis qu'il doit, en réalité, se trouver en B à une distance B*b* des deux alignements égale au rayon à fond de gorge de la poulie d'angle.

Si l'erreur n'est pas rectifiée à temps, la poulie de changement de direction se trouve donc en dehors du tracé et il faut la déplacer sous peine de voir le câble renverser les poulies de support adjacentes qui n'offrent aucune résistance latérale

Des précautions analogues, sur lesquelles il serait oiseux d'insister, doivent, bien entendu, être prises pour l'implantation des poulies à ailes ou poulies inclinées, si le projet en comporte l'emploi.

CHAPITRE VII.

ÉTUDE THÉORIQUE DES TENSIONS ET FLÈCHES PRODUITES PAR LA RÉSISTANCE D'UN BATEAU, EU ÉGARD À L'OBLIQUITÉ DE LA TRACTION.

§ 65. — Objet et données du problème.

Le problème qui fait l'objet principal de cette théorie peut s'énoncer de la manière suivante :

Un câble étant en marche à vide, on vient à appliquer en l'un de ses points une force donnée F, et l'on demande de déterminer les tensions et flèches qui en résulteront dans le circuit entier que forme le câble, abstraction faite de son inertie et de celle des poulies.

Pour nous, que la grande tension initiale donnée au câble du canal Saint-Maurice garantit contre toute exagération possible des flèches, ce problème n'est pas d'un intérêt capital; mais peut-être aura-t-il quelque utilité pour d'autres câbles de traction moins tendus que le nôtre, et l'étude théorique en présente, en tous cas, un sérieux intérêt.

Soient BA une travée quelconque; AI_0B la forme parabolique que

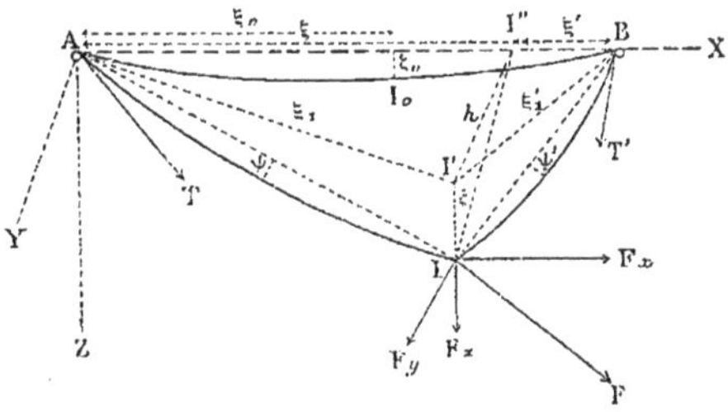

le câble y affecte pendant la marche à vide, T^0, f^0, la tension et la flèche correspondantes, tension et flèche que nous pouvons regarder comme connues, puisqu'elles sont données par les formules précédemment établies qu'il suffirait d'appliquer, en ayant soin de distinguer les cas où l'installation est pourvue d'un tendeur et ceux où il n'en a pas été établi. En un point I_0 de cette travée, on applique une force donnée F, sous l'influence de laquelle le point vient prendre une nouvelle position I.

Si la force est dans le plan vertical AB, le point I restera lui-même dans ce plan; mais, dans le cas général que nous supposerons et où la traction F est quelconque, il en sortira.

La marche du câble étant supposée avoir lieu dans le sens de la flèche que porte la figure c'est-à-dire, de B vers A, rapportons les points de l'espace à trois axes de coordonnées, l'un AX dirigé suivant AB, de A vers B, soit en sens inverse de la marche; le second AY perpendiculaire au plan vertical passant par AB et dirigé *en avant* de ce plan, c'est-à-dire du côté où se produit la traction F, du côté de l'eau, si, comme on peut le faire, on se représente cette force comme provenant de l'action exercée sur le câble par la corde d'amarre d'un bateau; le troisième AZ vertical descendant.

Soient F_x, F_y, F_z les composantes parallèlement à ces axes de la force F.

Les deux composantes horizontales, par le choix même que nous avons fait du sens des axes sont positives; quant à la force verticale F_z, elle peut être descendante ou ascendante, c'est-à-dire positive ou négative. Dans la pratique, elle sera d'ordinaire nulle, la traction d'un bateau se faisant, le plus souvent, dans un plan à peu près horizontal. L'obliquité de l'amarre sur la ligne du câble dépasse rarement un quart, de sorte qu'on peut admettre

$$F_y \leq \frac{F_x}{4}.$$

Quant à la force prédominante F_x, pour une péniche de 300 tonnes en marche normale à une vitesse de 0 m. 75 par seconde, sur un canal assez large comme celui sur lequel nous avons opéré, elle ne dépasse guère 100 kilogrammes. Pour ce qui concerne la force nécessaire au démarrage d'un tel bateau, on peut se rendre compte, comme nous l'avons vu, que sa valeur *moyenne* doit être de 500 kilogrammes environ. Mais, comme le démarrage, qui systématiquement devrait maintenir cette force constante, ne peut pas réaliser complètement ce but, il convient d'admettre que cette force peut parfois doubler et atteindre alors 1,000 kilogrammes.

Pour compléter les données du problème, nous désignerons par ξ_0 et ζ_0, les deux coordonnées du point d'application I_0 de la force F dans sa position initiale. La première est donnée directement et la seconde s'en déduit, puisque le point I_0 étant sur la parabole AI_0B, dont la flèche f^0 est connue, on a

$$\zeta_0 = 4f^0 \frac{\xi_0}{l}\left(1 - \frac{\xi_0}{l}\right). \qquad (1)$$

Le cas le plus intéressant, celui que nous avons spécialement en vue, est celui où la traction se fait au milieu d'une travée, ce qui donne

$$\xi_0 = \frac{l}{2} \qquad \zeta_0 = f^0 \qquad (2)$$

§ 66. — Énumération des inconnues au nombre de treize dans la travée attelée.

Soient ξ, h, ζ, les coordonnées finales du point d'application I de la force donnée.

Projetons le point I en I' sur le plan horizontal YAX et le point I' en I'' sur la droite ABX, en sorte que

$$\xi = AI'', \qquad h = I'I'', \qquad \zeta = II'.$$

Posons pour abréger :

$$I''B = l - \xi = \xi',$$

puis

$$AI' = \xi_1, \qquad BI' = \xi'_1,$$

de sorte que

$$\xi_1 = \sqrt{\xi^2 + h^2},$$

ou, comme h est très petit par rapport à ξ, on aura suivant les cas

$$\xi_1 = \xi \text{ ou } \xi_1 = \xi\left(1 + \frac{h^2}{2\xi^2}\right). \qquad (3)$$

De même

$$\xi'_1 = \xi' \text{ ou } \xi'_1 = \xi'\left(1 + \frac{h^2}{2\xi'^2}\right).$$

Soit

$$\xi'_1 = l - \xi \text{ ou } \xi'_1 = (l - \xi) + \frac{h^2}{2(l - \xi)}. \qquad (3')$$

L'arc AI qu'affecte le câble sous l'influence de son seul poids entre A et I, et celui IB qu'il affecte de même entre I et B sont deux arcs de chaînette assimilables à des arcs de parabole et situés l'un et l'autre dans des plans verticaux, par conséquent le premier dans le plan vertical AII', et le second dans le plan vertical BII'.

Désignons respectivement par ψ et ψ' leurs flèches, par T et T' leurs tensions en A et B, par T_x, T_y, T_z, les composantes de T, suivant les axes de coordonnées, par T'_x, T'_y, T'_z, les composantes de T', enfin par λ l'allongement généralement positif qu'a subi l'arc AI_0, et par λ' le raccourcissement positif ou négatif qu'a subi l'arc I_0B par suite du passage du point d'application de la force F de sa position initiale I_0 à celle I.

Ainsi les inconnues dans la travée attelée sont au nombre de treize, savoir :

$$\xi, h, \zeta; \quad T_x, T_y, T_z; \quad T'_x, T'_y, T'_z; \quad \psi, \psi'; \quad \lambda, \lambda'.$$

§ 67. — Expressions de ces treize inconnues à l'aide de deux d'entre elles.

Nous allons montrer que ces treize inconnues peuvent être immédiatement exprimées à l'aide de deux d'entre elles.

Nous choisirons pour ces deux inconnues les deux coordonnées du point I dans le plan AIB, c'est-à-dire

$$AI'' = \xi \text{ et } II'' = \sqrt{h^2 + \zeta^2}. \tag{4}$$

Pour en déduire toutes les autres, observons que le plan AIB du câble est en équilibre sous l'influence :

1° De la force F;

2° De son propre poids;

3° Des tensions $-T$ et $-T'$ égales et contraires à celles représentées sur la figure.

Décomposons le poids $p\xi_1$ de la portion AI du câble en deux autres $\frac{p\xi_1}{2}$, appliqués l'un en A, l'autre en I.

Décomposons de même le poids $p\xi'_1$ de l'arc IB en deux autres $\frac{p\xi'_1}{2}$, appliqués l'un en B, l'autre en I.

Nous aurons de la sorte trois forces seulement appliquées respectivement en A, B, I, à savoir :

1° En A la résultante de la tension $-T$ et du poids $\frac{p\xi_1}{2}$ sensiblement égal à $\frac{p\xi}{2}$.

Appelons ϖ cette force; ses composantes sont

$$\varpi_x = -T_x, \qquad \varpi_y = -T_y, \qquad \varpi_z = -T_z + \frac{p\xi}{2}.$$

2° En B la résultante de la tension $-T'$ et du poids $\frac{p\xi'_1}{2}$ sensiblement égal à $p\frac{(l-\xi)}{2}$. Soit ϖ' cette force; ses composantes sont

$$\varpi'_x = -T'_x, \qquad \varpi'_y = -T'_y, \qquad \varpi'_z = -T'_z + p\frac{(l-\xi)}{2};$$

3° En I la résultante de la force F et du poids $\frac{p\xi_1 + p\xi'_1}{2}$ sensiblement égal à

$$\frac{p\xi_1 + p(l-\xi)}{2} = \frac{pl}{2}.$$

Soit $\mathcal{F}$ cette force; ses composantes sont

$$\mathcal{F}_x = F_x, \qquad \mathcal{F}_y = F_y, \qquad \mathcal{F}_z = F_z + \frac{pl}{2}.$$

Cela posé, pour que ces trois forces soient en équilibre, il faut :

1° Qu'elles soient toutes les trois dans un même plan;

2° Qu'elles se rencontrent en un même point;

3° Que les sommes de leurs projections sur deux droites du plan soient nulles.

Les trois forces ϖ, ϖ', $\mathcal{F}$ ayant respectivement leurs points d'application en A, B, I ne peuvent être dans un même plan que si chacune d'elles est dans le plan ABI.

Pour que la force $\mathcal{F}$ soit dans ce plan il faut et il suffit que sa projection sur le plan ZAY passe par le point A, d'où

$$\frac{h}{\mathcal{F}_y} = \frac{\zeta}{\mathcal{F}_z} \qquad \text{ou} \qquad F_y\zeta = \left(F_z + \frac{pl}{2}\right)h, \tag{5}$$

qui fait connaître immédiatement le rapport $\frac{h}{\zeta}$, c'est-à-dire la position du plan AIB où ira se placer le point I_0 et où doivent précisément se trouver les trois forces que nous envisageons en ce moment.

Passons à la force ϖ; elle est située dans le plan vertical ZAI; donc, pour qu'elle soit en même temps dans le plan AIB, il faut qu'elle soit dirigée suivant la droite AI, d'où

$$\frac{\varpi_x}{\xi} = \frac{\varpi_y}{h} = \frac{\varpi_z}{\zeta},$$

soit

$$\frac{T_x}{\xi} = \frac{T_y}{h} = \frac{T_z - \frac{p\xi}{2}}{\zeta}. \tag{b}$$

On trouve de même que la force $\mathfrak{C}'$ ne peut qu'être dirigée suivant la droite BI et par suite

$$\frac{T'_x}{\xi - l} = \frac{T'_y}{h} = \frac{T'_z - \frac{p(l-\xi)}{2}}{\zeta}. \qquad (c)$$

Les trois forces $\mathfrak{C}$, $\mathfrak{C}'$, $\mathfrak{F}$ doivent, avons-nous dit, se rencontrer en un même point. Cette condition est remplie d'elle-même; car d'après ce qui précède elles passent toutes les trois par le point I.

Il reste donc seulement à écrire que leurs projections sur deux axes sont nulles. Prenons les projections sur les axes AX et AY, nous avons

$$\mathfrak{C}_x + \mathfrak{C}'_x + \mathfrak{F}_x = 0, \qquad \mathfrak{C}_y + \mathfrak{C}'_y + \mathfrak{F}_y = 0,$$

soit

$$\left.\begin{aligned} T_x + T'_x &= F_x \\ T_y + T'_y &= F_y \end{aligned}\right\} \qquad (d)$$

Les six équations (b) (c) (d) permettent d'exprimer les six composantes des deux tensions T et T′ en fonction des trois coordonnées ξ, h, ζ du point I et l'équation (a) permet de les exprimer à l'aide des deux seules variables ξ et $\sqrt{h^2+\zeta^2}$.

Posant

$$K = \sqrt{F_y^2 + \left(F_z + \frac{pl}{2}\right)^2} \qquad (6)$$

de sorte que K est une force connue, on tire d'abord de (a)

$$\left.\begin{aligned} h &= F_y \frac{\sqrt{h^2+\zeta^2}}{K} \\ \zeta &= \left(F_z + \frac{pl}{2}\right) \frac{\sqrt{h^2+\zeta^2}}{K} \end{aligned}\right\} \qquad (6\ bis)$$

Puis, si l'on désigne par S la valeur commune des rapports (b), par S′ celle des rapports (c), l'on tire de (d)

$$\left.\begin{aligned} S\xi - (l-\xi)\,S' &= F_x \\ S + S' = \frac{F_y}{h} &= \frac{K}{\sqrt{h^2+\zeta^2}} \end{aligned}\right\} \qquad (6\ ter)$$

d'où

$$Sl = F_x + \frac{K(l-\xi)}{\sqrt{h^2+\zeta^2}},$$

$$S'l = -F_x + \frac{K\xi}{\sqrt{h^2+\zeta^2}}.$$

IMPRIMERIE NATIONALE.

Par suite

$$\left.\begin{aligned}
T_x &= F_x \frac{\xi}{l} + \frac{K\xi(l-\xi)}{l\sqrt{h^2+\zeta^2}} \\
T_y &= F_y \left[1 - \frac{\xi}{l} + \frac{F_x\sqrt{h^2+\zeta^2}}{Kl}\right] \\
T_z &= \frac{p\xi}{2} + \left(F_z + \frac{pl}{2}\right)\left[1 - \frac{\xi}{l} + \frac{F_x\sqrt{h^2+\zeta^2}}{Kl}\right]
\end{aligned}\right\} \quad (7)$$

$$\left.\begin{aligned}
T'_x &= F_x\left(1 - \frac{\xi}{l}\right) - \frac{K\xi(l-\xi)}{l\sqrt{h^2+\zeta^2}} \\
T'_y &- F_y \left[\frac{\xi}{l} - \frac{F_x\sqrt{h^2+\zeta^2}}{Kl}\right] \\
T'_z &= \frac{p(l-\xi)}{2} + \left(F_z + \frac{pl}{2}\right)\left[\frac{\xi}{l} - F_x \frac{\sqrt{h^2+\zeta^2}}{Kl}\right]
\end{aligned}\right\} \quad (7\ bis)$$

La force T étant dans le plan vertical ZAI de l'arc de parabole AI peut être décomposée dans ce plan en une force horizontale Q et une composante verticale T_z.

De même, la tension T' peut être décomposée en une composante verticale T'_z et une composante horizontale Q' située dans le plan ZBI.

On aura

$$Q = \sqrt{T_x^2 + T_y^2} = T_x \sqrt{1 + \frac{T_y^2}{T_x^2}} = T_x \sqrt{1 + \frac{h^2}{\xi^2}},$$

ou sensiblement

$$Q = T_x.$$

De même, on peut admettre

$$Q' = T'_x.$$

Mais entre la poussée Q de l'arc AI et sa flèche ψ, on a la relation connue

$$Q = \frac{p\xi_1^2}{8\psi} = \frac{p(\xi^2 + h^2)}{8\psi}.$$

Soit, en négligeant de nouveau h^2 devant ξ^2,

$$T_x = \frac{p\xi^2}{8\psi},$$

d'où

$$\psi = \frac{p\xi l}{8\left[F_x + \frac{K(l-\xi)}{\sqrt{h^2+\zeta^2}}\right]} = \frac{p\xi\sqrt{h^2+\zeta^2}}{8K\left(1 - \frac{\xi}{l}\right)\left[1 + \frac{F_x}{K}\frac{\sqrt{h^2+\zeta^2}}{l-\xi}\right]} \quad (8)$$

de même

$$\psi' = \frac{p(l-\xi)\sqrt{h^2+\zeta^2}}{8K\frac{\xi}{l}\left[1 - \frac{F_x}{K}\frac{\sqrt{h^2+\zeta^2}}{\xi}\right]}, \qquad (8\ bis)$$

qui donnent les flèches ψ et ψ' à l'aide des deux inconnues ξ et $\sqrt{h^2+\zeta^2}$.

Reste à exprimer à l'aide de ces mêmes inconnues l'allongement λ qu'a subi l'arc AI_0 et le raccourcissement λ' qu'a subi l'arc I_0B, par l'effet de la force F.

On a par définition

$$\left.\begin{aligned} \lambda &= \text{arc AI} - \text{arc AI}_0 \\ \lambda' &= \text{arc BI}_0 - \text{arc BI} \end{aligned}\right\} \qquad (9)$$

L'équation de la parabole AI rapportée aux deux axes AZ et AIX_1 situés dans son plan est

$$z = \zeta\frac{x_1}{\xi_1} + 4\psi\frac{x_1}{\xi_1}\left(1 - \frac{x_1}{\xi_1}\right).$$

Sa longueur d'arc comptée du point A est

$$s = \int_0^{x_1} dx_1\sqrt{1 + \left(\frac{dz}{dx_1}\right)^2},$$

ou, aux quantités du quatrième ordre près,

$$s = \int_0^{x_1} dx_1\left[1 + \frac{1}{2}\left(\frac{dz}{dx_1}\right)^2\right],$$

soit

$$s = x_1 + \frac{1}{2}\int_0^{x_1}\left(\frac{dz}{dx_1}\right)^2 dx_1,$$

et enfin

$$s = x_1 + \frac{1}{48\psi\xi_1}\left\{\left[8\frac{\psi x_1}{\xi_1} - (\zeta + 4\psi)\right]^3 + (\zeta + 4\psi)^3\right\}.$$

En particulier pour $x_1 = \xi_1$

$$s = \text{arc AI} = \xi_1 + \frac{8\psi^2}{3\xi_1} + \frac{\zeta^2}{2\xi_1}.$$

et comme

$$\xi_1 = \xi + \frac{h^2}{2\xi},$$

on a, en négligeant les termes d'ordre supérieur,

$$\text{arc AI} = \xi + \frac{8\psi^2}{3\xi} + \frac{h^2+\zeta^2}{2\xi}, \qquad (9\ bis)$$

On aura de même

$$\text{arc AI}_0 = \xi_0 + \frac{8\psi_0^2}{3\xi_0} + \frac{\zeta_0^2}{2\xi_0}, \tag{9 ter}$$

en appelant comme nous l'avons dit ξ_0, ζ_0 les coordonnées du point I_0 et de plus ψ_0 la flèche de l'arc AI_0.

D'ailleurs f^0 étant la flèche de l'arc de parabole complet AI_0B

$$\zeta_0 = 4f^0 \frac{\xi_0}{l}\left(1 - \frac{\xi_0}{l}\right),$$

$$\psi_0 = f^0 \frac{\xi_0^2}{l^2}.$$

On a donc

$$\lambda = \xi - \xi_0 + \frac{8}{3}\left(\frac{\psi^2}{\xi} - \frac{\psi_0^2}{\xi_0}\right) + \frac{\zeta^2 + h^2}{2\xi} - \frac{\zeta_0^2}{2\xi_0}; \tag{10}$$

soit

$$\lambda = \xi - \xi_0 + \frac{8}{3}\left(\frac{\psi^2}{\xi} - \frac{f^0\xi_0^3}{l^4}\right) + \frac{\zeta^2 + h^2}{2\xi} - \frac{\zeta_0^2}{2\xi_0}. \tag{10 bis}$$

On obtient $-\lambda'$ en changeant dans cette équation ξ et ξ_0 respectivement en $l-\xi$ et $l-\xi_0$ et ψ en ψ';
il vient

$$-\lambda' = \xi_0 - \xi + \frac{8}{3}\left[\frac{\psi'^2}{l-\xi} - \frac{f^{02}(l-\xi_0)^3}{l^4}\right] + \frac{\zeta^2 + h^2}{2(l-\xi)} - \frac{\zeta_0^2}{2(l-\xi_0)}.$$

Les longueurs de câble λ, λ' entrées ou sorties de la travée sont de même ordre de grandeur que le déplacement longitudinal $\xi - \xi_0$ du point d'application de la force F et très petits par rapport à la longueur d'une travée. On peut par suite, dans les termes des seconds membres qui sont de l'ordre des carrés des flèches, remplacer ξ par ξ_0, ce qui donne

$$\left.\begin{aligned} \lambda &= \xi - \xi_0 + \frac{8}{3\xi_0}\left(\psi^2 - f^{02}\frac{\xi_0^4}{l^4}\right) + \frac{1}{2\xi_0}(\zeta^2 + h^2 - \zeta_0^2) \\ -\lambda' &= \xi_0 - \xi + \frac{8}{3(l-\xi_0)}\left[\psi'^2 - f^{02}\frac{(l-\xi_0)^4}{l^4}\right] + \frac{1}{2(l-\xi_0)}(\zeta^2 + h^2 - \zeta_0^2) \end{aligned}\right\} \tag{11}$$

Dans les équations qui donnent ψ et ψ', on peut de même remplacer approximativement ξ par ξ_0.

De plus, les termes

$$\frac{F_x\sqrt{h^2+\zeta^2}}{K\xi_0} \quad \text{et} \quad \frac{F_x\sqrt{h^2+\zeta^2}}{K(l-\xi_0)},$$

qui contiennent la flèche en facteur, sont en général petits devant l'unité, et l'on en peut négliger le carré, sauf, quand F_x est très grand, à vérifier à la fin des calculs l'erreur ainsi commise, de sorte que de ces équations on tire approximativement

$$\left.\begin{aligned}
\psi^2 &= \frac{p^2\xi_0^2(h^2+\zeta^2)\left[1-\dfrac{2F_x\sqrt{h^2+\zeta^2}}{K(l-\xi_0)}\right]}{64K^2\left(1-\dfrac{\xi_0}{l}\right)^2}\\
\psi'^2 &= \frac{p^2(l-\zeta_0)^2(h^2+\zeta^2)\left[1+\dfrac{2F_x\sqrt{h^2+\zeta^2}}{K\xi_0}\right]}{64K^2\dfrac{\xi_0^2}{l^2}}
\end{aligned}\right\} \qquad (12)$$

Par suite, les équations (11) donnent pour déterminer ξ et $\sqrt{h^2+\zeta^2}$ en fonction de λ et λ' les deux équations suivantes :

$$\left.\begin{aligned}
\frac{\lambda-\lambda'}{2} &= A_0+B_0(\zeta^2+h^2)+C_0(\zeta^2+h^2)^{\frac{3}{2}}\\
\xi-\xi_0 &= \frac{\lambda+\lambda'}{2}+A_1+B_1(\zeta^2+h^2)+C_1(\zeta^2+h^2)^{\frac{3}{2}}
\end{aligned}\right\} \qquad (13)$$

où les coefficients A_0, B_0, C_0; A_1, B_1, C_1 sont connus et fournis à l'aide des données du problème par les expressions suivantes :

$$\left.\begin{aligned}
A_0 &= -\frac{4}{3}\frac{f^{02}}{l^4}\left[\xi_0^3+(l-\xi_0)^3\right]-\frac{\zeta_0^2 l}{4\xi_0(l-\xi_0)}\\
B_0 &= \frac{l}{4\xi_0(l-\xi_0)}+\frac{p^2l^2\left[\xi_0^3+(l-\xi_0)^3\right]}{48K^2\xi_0^2(l-\xi_0)^2}\\
C_0 &= -\frac{2p^2l^2F_x\left[\xi_0^4-(l-\xi_0)^4\right]}{48K^2\xi_0^3(l-\xi_0)^3}\\
A_1 &= \frac{4}{3}\frac{f^{02}}{l^4}\left[\xi_0^3-(l-\xi_0)^3\right]+\frac{\zeta_0^2(l-2\xi_0)}{4\xi_0(l-\xi_0)}\\
B_1 &= -\frac{l-2\xi_0}{4\xi_0(l-\xi_0)}-\frac{p^2l^2\left[\xi_0^3-(l-\xi_0)^3\right]}{48K^2\xi_0^2(l-\xi_0)^2}\\
C_1 &= \frac{2p^2l^2F_x\left[\xi_0^4+(l-\xi_0)^4\right]}{48K^2\xi_0^3(l-\xi_0)^3}\\
&\text{avec}\\
\zeta_0 &= 4f^0\frac{\xi_0}{l}\left(1-\frac{\xi_0}{l}\right),\\
K^2 &= F_y^2+\left(F_z+\frac{pl}{2}\right)^2.
\end{aligned}\right\} \qquad (14)$$

Dans le cas le plus intéressant où la force F est appliquée au milieu d'une travée $\xi_0 = l-\xi_0 = \frac{l}{2}$,

et alors

$$\left.\begin{aligned}
A_0 &= -\frac{4f^{02}}{3l}\\
B_0 &= \frac{1}{l}+\frac{p^2l}{12K^2}\\
C_0 &= 0\\
A_1 &= B_1 = 0\\
C_1 &= \frac{p^2F_x}{3K^2}
\end{aligned}\right\} \qquad (14 \textit{ bis})$$

Les équations (13) deviennent alors

$$\left.\begin{aligned} \frac{\zeta^2+h^2}{l^2} &= \frac{\frac{\lambda-\lambda'}{2l}+\frac{4f_0^2}{3l^2}}{1+\frac{p^2l^2}{12K^2}} \\ \frac{\xi}{l} &= \frac{1}{2}+\frac{\lambda+\lambda'}{2l}+\frac{p^2l^2F_x}{3K^3}\left(\frac{\zeta^2+h^2}{l^2}\right)^{\frac{3}{2}}. \end{aligned}\right\} \quad (15)$$

Les équations (5), (6), (6 *bis*), (6 *ter*), (7), (8), (8 *bis*), (13), (14), (15) permettent d'exprimer toutes les inconnues relatives à la travée attelée soit à l'aide de celles ξ et $\sqrt{\zeta^2+h^2}$, soit à l'aide de celles λ et λ' après qu'on y a remplacé ξ par ξ_0.

Nous nous bornerons à donner toutes ces équations pour le cas où le point de traction se trouve au milieu de la travée :

$$\left.\begin{aligned} K &= \sqrt{F_y^2+\left(F_z+\frac{pl}{2}\right)^2} \\ \zeta F_y &= \left(F_z+\frac{pl}{2}\right)h \\ \frac{\lambda-\lambda'}{2} &= -\frac{4f^{o2}}{3l}+\left(1+\frac{p^2l^2}{12K^2}\right)\frac{\zeta^2+h^2}{l} \\ \xi-\xi_0 &= \frac{\lambda+\lambda'}{2}+\frac{p^2F_x}{3K^3}(\zeta^2+h^2)^{\frac{3}{2}} \\ T_x &= \frac{1}{2}F_x+\frac{Kl}{4\sqrt{\zeta^2+h^2}} \\ T_y &= F_y\left(\frac{1}{2}+\frac{F_x\sqrt{\zeta^2+h^2}}{Kl}\right) \\ T_z &= \frac{pl}{4}+\left(F_z+\frac{pl}{2}\right)\left(\frac{1}{2}+\frac{F_x\sqrt{\zeta^2+h^2}}{Kl}\right) \\ T'_x &= \frac{1}{2}F_x-\frac{Kl}{4\sqrt{\zeta^2+h^2}} \\ T'_y &= F_y\left(\frac{1}{2}-\frac{F_x\sqrt{\zeta^2+h^2}}{Kl}\right) \\ T'_z &= \frac{pl}{4}+\left(F_z+\frac{pl}{2}\right)\left(\frac{1}{2}-\frac{F_x\sqrt{\zeta^2+h^2}}{Kl}\right) \end{aligned}\right\} \quad (16)$$

Si l'on confond T et T' avec les valeurs absolues de leurs projections on aura

$$\left.\begin{aligned} T &= \frac{F_x}{2}+\frac{Kl}{4\sqrt{\zeta^2+h^2}} = \frac{F_x}{2}+T^0\frac{K}{\frac{pl}{2}}\frac{f^0}{\sqrt{\zeta^2+h^2}} \\ T' &= -\frac{F_x}{2}+\frac{Kl}{4\sqrt{\zeta^2+h^2}} = -\frac{F_x}{2}+T^0\frac{K}{\frac{pl}{2}}\frac{f^0}{\sqrt{\zeta^2+h^2}} \end{aligned}\right\} \quad (16\ bis)$$

§ 68. — APPLICATION À UNE TRAVÉE UNIQUE À EXTRÉMITÉS FIXES.

Si les deux extrémités A et B de la travée attelée étaient des points fixes, le problème serait complètement résolu par ces équations.

Dans ce cas, en effet, λ et λ' seraient nulles.

Les équations (13) donneraient les coordonnées $\xi, \sqrt{\zeta^2+h^2}$ du point I dans le plan AIB défini par l'équation (5); celles (8) donneraient ensuite les tensions, et celles (8 *bis*) les flèches des deux arcs de parabole AI et IB si l'on désirait les avoir.

En particulier, si l'on tirait sur le milieu de la travée, les équations (15) remplaçant celles (13) donneraient pour la flèche

$$\lambda = \frac{\sqrt{\zeta^2+h^2}}{f^0} = \frac{2}{\sqrt{3+\frac{p^2l^2}{4K^2}}}. \tag{17}$$

Puis pour le déplacement dans le sens AB :

$$\xi - \frac{l}{2} = \frac{8p^2F_x f^{0^3}}{3\left[3K^2+\frac{p^2l^2}{4}\right]^{\frac{3}{2}}}. \tag{17 bis}$$

Les formules (16 *bis*) donnent pour les tensions

$$\left.\begin{aligned} T &= \frac{F_x}{2} + \frac{T^0}{2}\sqrt{1+\frac{3K^2}{\left(\frac{pl}{2}\right)^2}} \\ T' &= -\frac{F_x}{2} + \frac{T^0}{2}\sqrt{1+\frac{3K^2}{\left(\frac{pl}{2}\right)^2}} \end{aligned}\right\} \tag{18}$$

Si la traction est tangentielle, c'est-à-dire si $F_y = F_z = 0$,

$$F_x = F.$$

$$\left.\begin{aligned} K &= \frac{pl}{2} \\ T &= T^0 + \frac{F}{2} \\ T' &= T^0 - \frac{F}{2} \end{aligned}\right\} \tag{18 bis}$$

§ 69. — APPLICATION À UNE TRAVÉE UNIQUE AYANT UN POINT FIXE ET UN TENDEUR.

Supposons le point fixe à l'avant et le tendeur à l'arrière de la travée; ce tendeur maintient la tension initiale T_0.

D'ailleurs comme il n'y a qu'une travée

$$T^0 = T_0, \qquad f^0 = f_0.$$

Les équations (16 *bis*) donnent, puisque la tension T′ à l'arrière est maintenue égale à T_0,

$$T = \frac{F_x}{2} + T_0 \frac{K}{\frac{pl}{2}} \frac{f_0}{\sqrt{h^2+\zeta^2}},$$

$$T_0 = -\frac{F_x}{2} + T_0 \frac{K}{\frac{pl}{2}} \frac{f_0}{\sqrt{h^2+\zeta^2}}.$$

Cette dernière équation donne la flèche, et, en la retranchant de l'avant-dernière, on obtient la tension T à l'avant, de sorte que

$$\left.\begin{aligned} & T = T_0 + F_x. \\ & \frac{\sqrt{h^2+\zeta^2}}{f_0} = \frac{\frac{K}{\frac{pl}{2}}}{1+\frac{F_x}{2T_0}} = \frac{\sqrt{\left(1+\frac{F_x}{\frac{pl}{2}}\right)^2 + \left(\frac{F_y}{\frac{pl}{2}}\right)^2}}{1+\frac{F_x}{2T_0}}. \end{aligned}\right\} \qquad (19)$$

Si la tension est tangentielle $F_y = F_z = 0$, la flèche est légèrement diminuée.

Si le tendeur est placé à l'avant on obtient de même

$$\left.\begin{aligned} & T' = T - F_x \\ & \frac{\sqrt{h^2+\zeta^2}}{f_0} = \frac{\frac{K}{\frac{pl}{2}}}{1-\frac{F_x}{2T_0}} \end{aligned}\right\} \qquad (19\ bis)$$

La flèche, toutes choses égales, est plus grande et la tension plus petite que quand le tendeur est placé à l'arrière.

§ 70. — Expressions des tensions et des flèches dans les deux travées contiguës à la travée attelée.

Nous avons exprimé toutes les inconnues, flèches, allongements et tensions, relatives à la travée où s'exerce la force F, à l'aide de deux d'entre elles qui peuvent être les allongements λ et $-\lambda'$ des deux parties de cette travée placées de chaque côté du point d'application de la force F, ou les deux coordonnées ξ et $\sqrt{h^2+\zeta^2}$ de ce point.

Il faut maintenant exprimer à l'aide des deux mêmes inconnues les tensions et les flèches dans les autres travées.

Nous commencerons par résoudre cette question pour chacune des travées contiguës à celle où est appliquée la force F.

Nous n'avons pour cela qu'à exprimer l'équilibre de chacune des poulies A et B (voir fig. ci-dessous) qui supportent cette travée. Commençons par la première, celle d'avant.

La tension du brin AI de la travée attelée étant comme précédemment désignée par la lettre T, soit T_1 la tension dans la travée contiguë à la poulie A.

La force F qui est supposée résistante a accru la tension T. Elle a donc ralenti momentanément le mouvement de la poulie A; elle lui a imprimé un *recul* relativement à sa marche normale; c'est à la fin de ce mouvement de recul que nous avons à exprimer son équilibre. C'est donc la tension T, c'est-à-dire celle qui est du côté opposé à la marche normale qui doit être regardée ici comme la force motrice, tandis que

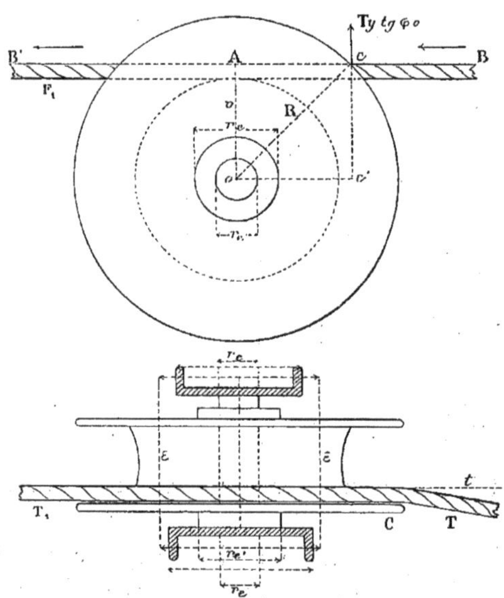

c'est la tension T_1 placée du côté de la marche qui fait résistance pendant ce recul momentané.

Pendant ce même recul les résistances passives agissent du côté de la marche normale, c'est-à-dire du côté de la tension T_1.

Sous l'influence de la force oblique F, le câble se brise au point C

IMPRIMERIE NATIONALE.

où il quitte la poulie du côté de la travée sur laquelle s'exerce cette force F.

La tension T supposée appliquée en C se décompose donc en deux, l'une t dans le plan vertical des travées et de la poulie A, l'autre T_y, perpendiculaire à ce plan.

La première a pour expression

$$t=\sqrt{T_x^2+T_z^2},$$

soit

$$t=T_x\sqrt{1+\frac{\left(F_z+\frac{pl}{2}\right)^2}{K^2\xi^2}(h^2+\zeta^2)}.$$

Le second terme du radical est négligeable devant l'unité, et l'on peut prendre

$$t=T_x=T.$$

La composante T_y, qui appuie le câble sur la joue de la poulie au point C, fait naître un frottement correspondant

$$T_y\times\operatorname{tang}\varphi_0,$$

tang φ_0 étant le coefficient de frottement du câble sur la poulie.

Ce frottement est dirigé suivant la vitesse relative du câble et de la poulie, et, comme le mouvement relatif est une rotation instantanée autour du point de contact A du câble et de la poulie, la force de frottement dont il s'agit est verticale; comme elle est résistante dans le recul relatif de la poulie occasionné par la force F, elle est ascendante et son moment est

$$-T_y\operatorname{tang}\varphi_0\times AC=-T_y\operatorname{tang}\varphi_0\sqrt{R^2-r^2}, \qquad (a)$$

en appelant R le rayon extérieur et r le rayon à fond de gorge de la poulie.

La force T_y appliquée au point C produit encore d'autres effets. Transportons-la dans l'axe O de la poulie, en lui adjoignant le couple de moment $T_y\times R$ situé dans le plan radial OC.

La force transportée appuie la poulie sur la face verticale de son support antérieur et y produit un frottement de pivot sur crapaudine dont le moment est

$$-\frac{2}{3}\operatorname{tang}\varphi_1\frac{\rho'^3-\rho^3}{\rho'^2-\rho^2}T_y, \qquad (b)$$

ρ étant le rayon du tourillon; $\rho' - \rho$ l'épaisseur de la couronne circulaire d'appui de la poulie sur la face verticale de son support; tang φ_1 le coefficient de frottement.

Quant au couple $T_y \times OC$, il peut se décomposer en deux, l'un dans le plan diamétral horizontal OC′ de la poulie égal à

$$T_y \times OC' = T_y \times AC = T_y \sqrt{R^2 - r^2},$$

C′ étant la projection de C; l'autre dans le plan vertical OA égal à

$$T_y \times OA = T_y \times r.$$

Celui-ci produira sur les deux coussinets qui portent la poulie deux pressions verticales formant un autre couple équivalent, savoir : sur le coussinet antérieur une pression descendante, sur le coussinet postérieur une pression ascendante.

En valeur absolue, si ε est l'écartement moyen des deux coussinets, ces deux forces auront la valeur

$$T_y \times \frac{r}{\varepsilon}. \qquad (c)$$

De même le couple horizontal $T_y \sqrt{R^2 - r^2}$ produira sur le coussinet antérieur une pression horizontale

$$T_y \frac{\sqrt{R^2 - r^2}}{\varepsilon} \qquad (d)$$

dirigée de la droite vers la gauche, et sur le coussinet postérieur une pression égale et de sens contraire

Cela posé, les tensions T et T_1 des deux brins du câble supporté par la poulie déterminent sur l'axe de celle-ci une pression dont la composante horizontale est sensiblement

$$T - T_1, \qquad (f)$$

et la composante verticale

$$T_z + \frac{pl}{2}. \qquad (g)$$

Comme, par suite de la traction oblique F qui s'exerce sur lui, le câble est tout à fait sur le devant de la poulie, nous pouvons admettre pour simplifier que les forces (f) et (g) et le poids Π de la poulie se reportent en entier sur le coussinet antérieur.

Nous aurons, par suite, en réunissant toutes les forces énumérées, les valeurs suivantes des pressions exercées sur les coussinets

Coussinet antérieur.

1° Composante horizontale de la pression : $T - T_1 - T_y \frac{\sqrt{R^2 - r^2}}{\varepsilon}$;

2° Composante verticale : $T_z + \frac{pl}{2} + \Pi + T_y \frac{r}{\varepsilon} - T_y \operatorname{tang} \varphi_0$.

Coussinet postérieur.

1° Composante horizontale : $T_y \frac{\sqrt{R^2 - r^2}}{\varepsilon}$;

2° Composante verticale : $- T_y \frac{r}{\varepsilon}$.

L'équation d'équilibre de la poulie à la fin du ralentissement qu'elle a subi dans sa marche normale sous l'action de la traction F est alors :

$$Tr = T_1 r + \operatorname{tang} \varphi_0 T_y \sqrt{R^2 - r^2} + \frac{2}{3} \operatorname{tang} \varphi_1 T_y \frac{\rho'^3 - \rho^3}{\rho'^2 - \rho^2} + \rho \sin \varphi$$
$$\times \left[T_y \frac{R}{\varepsilon} + \sqrt{\left[T - T_1 - T_y \frac{\sqrt{R^2 - r^2}}{\varepsilon} \right]^2 + \left[T_z + \frac{pl}{2} + \Pi + T_y \frac{r}{\varepsilon} - T_y \operatorname{tang} \varphi_0 \right]^2} \right].$$

Comme, dans une première approximation, on aurait $T = T_1$, nous pouvons négliger dans le second membre la différence $T - T_1$ puisqu'elle est multipliée par $\rho \sin \varphi$.

La quantité $\sqrt{R^2 - r^2}$ ne serait pas, par elle-même, négligeable devant r; mais l'hypothèse que nous avons faite pour simplifier l'exposé qui précède de l'émergence du câble au point C, c'est-à-dire sur le bord extérieur de la poulie, ne se réalise pas. Elle se réaliserait si les faces intérieures des joues des poulies étaient planes, mais alors le câble en marche serait à tout instant jeté hors des poulies par la force verticale ascendante $T_y \operatorname{tang} \varphi_0$. C'est ce qu'on évite en évasant suivant des surfaces courbes la gorge des poulies, et alors le câble, même tiré très obliquement, ne vient épouser la forme de la joue que dans le voisinage immédiat du point de contact géométrique A.

Il faut donc, à la place de $\sqrt{R^2 - r^2}$, mettre partout une très petite fraction de cette grandeur, et pour cette raison nous pouvons négliger les termes qui contiennent $T_y \sqrt{R^2 - r^2}$ devant ceux qui contiennent $T_y r$.

Par cette double simplification et en négligeant le produit $\rho \sin \varphi \operatorname{tg} \varphi_0$, nous obtenons

$$T_1 = T - \left[\frac{\rho (R + r)}{r \varepsilon} \sin \varphi + \frac{2}{3} \frac{\rho'^3 - \rho^3}{r (\rho'^2 - \rho^2)} \operatorname{tang} \varphi_1 \right] T_y - \frac{\rho \sin \varphi}{r} \left(T_z + \frac{pl}{2} + \Pi \right).$$

On peut trouver de même T'_1 dans la travée placée immédiatement à l'arrière de celle attelée,

Toutefois il y a deux cas à considérer :

La force F étant censée faire un angle aigu ou au plus un angle droit avec l'arrière du câble, les travées d'avant qui se trouvent influencées par cette force ne peuvent l'être que d'une façon telle que leurs tensions s'en trouvent accrues.

Pour les travées d'arrière, il peut arriver que leurs tensions soient ou diminuées ou augmentées par l'effet de la force F, cela dépend de l'obliquité de cette traction.

On trouve par suite :

$$T'_1 = T' \mp \left[\frac{\rho(R+r)}{r\varepsilon}\sin\varphi + \frac{2}{3}\frac{\rho'^3-\rho^3}{r(\rho'^2-\rho^2)}\operatorname{tang}\varphi_1\right]T'_y \mp \frac{\rho\sin\varphi}{r}\left(T'_z + \frac{pl}{2} + \Pi\right), \quad (21\ bis)$$

les signes supérieurs convenant au cas où les tensions des travées d'arrière sont accrues par l'effet de la traction F, les signes inférieurs au cas contraire.

Reste à remplacer dans les équations (21), (21 *bis*) les grandeurs T, T_y, T_z, T', T'_y, T'_z par leurs valeurs (7) et (7 *bis*) où l'on mettra ξ_0 à la place de ξ_1, pour avoir les tensions T_1, T'_1 dans les deux travées contiguës à la travée attelée, en fonction de la seule inconnue $\sqrt{h^2+\zeta^2}$.

Si la traction F se fait au milieu de la travée, les expressions (7) et (7 *bis*) sont remplacées par celles (16) et (16 *bis*).

Effectuons la substitution dans ce cas; on aura pour T_1 l'expression suivante :

$$\left.\begin{aligned} T_1 = \frac{F_x}{2} + \frac{Kl}{4\sqrt{h^2+\zeta^2}} - F_y\left[\frac{\rho(R+r)}{r\varepsilon}\sin\varphi + \frac{2}{3}\frac{\rho'^3-\rho^3}{r(\rho'^2-\rho^2)}\operatorname{tang}\varphi_1\right] \\ -\frac{\rho\sin\varphi}{r}\left[\frac{pl}{4} + \left(F_z + \frac{pl}{2}\right)\left(\frac{1}{2} + F_x\frac{\sqrt{h^2+\zeta^2}}{Kl}\right) + \frac{pl}{2} + \Pi\right] \end{aligned}\right\} \quad (22)$$

On voit que la force F_x entre dans trois termes :

Dans le premier elle a pour coefficient $\frac{1}{2}$;

Dans les deux autres elle a des coefficients beaucoup plus petits, car, puisque $K = \sqrt{F_y^2 + \left(F_z + \frac{pl}{2}\right)^2}$, les rapports $\frac{F_y}{K}$, $\frac{F_z + \frac{pl}{2}}{K}$ sont moindres que l'unité.

Le rapport $\frac{\sqrt{h^2+\zeta^2}}{l}$, de la flèche à la longueur d'une travée, est extrêmement petit.

Il en est de même de $\frac{\rho \sin \varphi}{r}$ et de la quantité

$$\frac{\rho(R+r)}{r\varepsilon}\sin\varphi+\frac{2}{3}\frac{\rho'^3-\rho^3}{r(\rho'^2-\rho^2)}\operatorname{tang}\varphi_1.$$

On peut donc négliger les termes en F_x, à l'exception du premier, ce qui donne, en se rappelant que nous avons posé

$$\frac{\rho \sin \varphi}{r}(pl+\Pi)=A$$

et en posant pour abréger

$$\frac{\rho(R+r)}{2r\varepsilon}\sin\varphi+\frac{1}{3}\frac{\rho'^3-\rho^3}{r(\rho'^2-\rho^2)}=\alpha:$$

$$\left.\begin{aligned}T_1=\frac{F_x}{2}+\frac{Kl}{4\sqrt{h^2+\zeta^2}}-A-\alpha F_y-\frac{\rho\sin\varphi}{r}F_z\\ -\frac{F_x\sqrt{h^2+\zeta^2}}{Kl}\left[2\alpha F_y+\frac{\rho\sin\varphi}{r}\left(F_z+\frac{pl}{2}\right)\right].\end{aligned}\right\}\qquad(22\ bis)$$

$$\left.\begin{aligned}T'_1=-\frac{F_x}{2}+\frac{Kl}{4\sqrt{h^2+\zeta^2}}\mp A\mp\alpha F_y\\ \mp\frac{\rho\sin\varphi}{r}F_z\pm\frac{F_x\sqrt{h^2+\zeta^2}}{Kl}\left[2\alpha F_y+\frac{\rho\sin\varphi}{r}\left(F_z+\frac{pl}{2}\right)\right].\end{aligned}\right\}\qquad(22\ ter)$$

§ 71. — Tensions, flèches et longueurs de câble déplacées dans les travées antérieures à celle attelée.

Soient n le nombre des travées qui précèdent celle où agit la force F, n_0 le nombre de celles de ces travées qui sont influencées par cette force.

Soit T_μ la tension existant après l'action de cette force dans la travée qui précède de μ rangs celle où elle agit.

On aura, d'après la théorie de la marche à vide, la relation

$$T_\mu=T_{\mu-1}-A$$

vraie pour $\mu=2, 3 \ldots n_0$, c'est-à-dire pour toutes les travées influencées. Il en résulte

$$T_\mu=T_1-(\mu-1)A \qquad (23)$$

vraie pour $\mu=1, 2, 3 \ldots n_0$.

En y remplaçant T_1 par sa valeur précédemment trouvée, on aura T_μ.

En particulier, si la force F agit au milieu de la travée, il suffit de remplacer T_1 par la valeur fournie par l'équation (22 *bis*).

Soit T^0 la tension qui existe dans la travée AB avant l'action de la force F, c'est-à-dire la tension pendant la marche à vide.

Soit T^0_μ la tension pendant la marche à vide dans la travée précédant de μ rangs celle AB, on aura

$$T^0_\mu = T^0 + \mu A, \tag{24}$$

vraie pour toutes les travées.

Donc l'accroissement de tension dû à la force F est

$$T_\mu - T^0_\mu = T_1 - T^0 - (2\mu - 1)A = C - 2\mu A,$$

en posant $C = T_1 - T^0 + A$.

Soient f_μ et f^0_μ les flèches correspondantes :

Comme $T_\mu - T^0_\mu$ est petit, on aura, d'après nos formules,

$$f_\mu = f^0_\mu \left[1 - \frac{C - 2\mu A}{T^0_\mu}\right]$$

$$f^{02}_\mu - f^2_\mu = 2 f^{02}_\mu \frac{C - 2\mu A}{T^0_\mu}.$$

Si s_μ, s^0_μ sont les longueurs de câble correspondant aux flèches f_μ f^0_μ

$$s^0_\mu - s_\mu = \frac{16}{3l} f^{02}_\mu \frac{C - 2\mu A}{T^0_\mu} = \frac{16}{3l}\left(\frac{pl^2}{8}\right)^2 \frac{C - 2\mu A}{T^{03}_\mu},$$

En vertu des équations précédentes

$$s^0_\mu - s_\mu = \frac{16}{3l}\left(\frac{pl^2}{8}\right)^2 \frac{C - 2\mu A}{T^3_0\left(1 + \frac{\mu A}{T_0}\right)^3}$$

$$s^0_\mu - s_\mu = \frac{16 f^{02}}{3l T_0} \frac{C - 2\mu A}{\left[1 + \frac{\mu A}{T_0}\right]^3}.$$

La diminution totale de la longueur du câble produite dans les travées antérieures est

$$\sum_{\mu=1}^{\mu=n_0} (s^0_\mu - s_\mu).$$

Cette diminution est égale à l'allongement λ du brin AI_0 dans la travée attelée, ce qui fournit une nouvelle expression de λ,

$$\lambda = \sum_{\mu=1}^{\mu=n_0} (s^0_\mu - s_\mu),$$

ou

$$\lambda = \frac{16 f^{02}}{3l T^0} \left\{ C \sum_{\mu=1}^{\mu=n_0} \frac{1}{\left(1 + \frac{\mu A}{T_0}\right)^3} - 2A \sum_{\mu=1}^{\mu=n_0} \frac{\mu}{\left(1 + \frac{\mu A}{T_0}\right)^3} \right\}$$

ou encore

$$\lambda = \frac{32 f'^2 A}{3 l T^0} \left\{ \frac{T_1 - T^0 + A}{2A} \sum_{\mu=1}^{\mu=n_0} \frac{1}{\left(1 + \frac{\mu A}{T_0}\right)^3} - \sum_{\mu=1}^{\mu=n_0} \frac{\mu}{\left(1 + \frac{\mu A}{T_0}\right)^3} \right\} \qquad (26)$$

Comme T_1 est connu en fonction de $\sqrt{h^2+\zeta^2}$ nous avons une expression de λ à l'aide de la même inconnue et d'une autre inconnue, *le nombre n_0 des travées influencées.*

Avant de chercher une relation qui définisse autrement cette inconnue n_0 nouvellement introduite, observons que si le nombre n_0 n'est pas très grand, les termes $\frac{\mu A}{T_0}$ sont petits devant l'unité.

Faisons approximativement, sauf vérification à la fin des calculs de l'erreur commise,

$$\frac{1}{\left(1 + \frac{\mu A}{T_0}\right)^3} = 1 - \frac{3\mu A}{T_0} + \frac{6\mu^2 A^2}{T_0^2}.$$

Alors

$$\lambda = \frac{32 f'^2 A}{3 l T^0} \left\{ \frac{T_1 - T_0 + A}{2A} \left[n_0 - \frac{3A n_0 (n_0+1)}{2 T_0} + \frac{A^2}{T_0^2} n_0 (n_0+1)(2n_0+1) \right] - \frac{n_0(n_0+1)}{2} + \frac{A n_0 (n_0+1)(2n_0+1)}{2 T_0} - \frac{3A^2 n_0^2 (n_0+1)^2}{2 T_0^2} \right\}. \qquad (27)$$

Si toutes les travées antérieures sont influencées $n_0 = n$, et, comme n est connu, le calcul exact de (26) ne souffre pas de difficulté.

Dans le cas contraire il sera utile de recourir à la formule approchée (27) ou peut-être seulement à ses premiers termes.

Voyons maintenant comment on peut caractériser le nombre n_0 des travées influencées.

Pour toutes ces travées, on a, comme nous l'avons vu,

$$T_\mu = T_1 - (\mu - 1)A;$$

en particulier, pour la dernière de celles qui sont influencées,

$$T_{n_0} = T_1 - (n_0 - 1)A.$$

Puisque cette travée est encore influencée, la tension T_{n_0} y est un peu plus grande que celle $T^0_{n_0}$ qui existait lors de la marche à vide; ainsi

$$T_{n_0} > T^0_{n_0},$$

ou en remplaçant T_{n_0} par sa valeur ci-dessus et $T^0_{n_0}$ par celle trouvée au chapitre relatif à la marche à vide, on aura

$$T_1 - (n_0 - 1) A > T^0 + n_0 A,$$

soit

(a) $$T_1 - T_0 > (2_n - 1)A;$$

d'autre part, puisque la travée qui précède de n_0 rangs celle attelée est la dernière influencée, on a

$$T_{n_0} \leqq T^0_{n_0+1} + A,$$

soit

$$T_1 - (n_0 - 1)A \leqq T^0 + (n_0 + 1)A + A,$$

ou

(b) $$T_1 - T_0 \leqq (2n_0 + 1)A.$$

Ainsi en réunissant les inégalités (a) et (b)

$$(2n_0 - 1)A < T_1 - T^0 \leqq (2n_0 + 1)A.$$

Soit

$$n_0 < \frac{T_1 - T_0 + A}{2A} \leqq n_0 + 1, \tag{28}$$

qui montre que le nombre des travées influencées est le plus grand entier contenu dans le quotient

$$\frac{T_1 - T^0 + A}{2A},$$

quotient qui entre précisément dans l'expression de λ.

Par suite, en remplaçant ce quotient successivement par n_0 et $n_0 + 1$ dans (26) ou (27), on aura deux grandeurs très voisines ne contenant plus que la seule inconnue n_0 et entre lesquelles λ est compris.

On a exactement

$$\frac{T_1 - T_0 + A}{2A} = n_0 + 1 \tag{29}$$

lorsque la poulie d'avant de la dernière travée influencée est sur le point de reculer, de sorte que, pour le moindre accroissement de la tension, on aurait une travée de plus influencée. Ce cas limite est seul déterminé.

Comme dans tous les problèmes d'équilibre entre corps frottants, il y a ici une certaine indétermination; l'équilibre limite où les deux corps sont sur le point de glisser est seul déterminé.

Nous remplacerons les inégalités (28) par l'égalité (29) où nous regarderons n_0 comme une inconnue.

Si la valeur obtenue pour cette inconnue est entière, on se trouvera dans le cas limite qu'on vient de supposer; dans le cas contraire le plus grand entier contenu dans n_0 sera le nombre des travées influencées.

IMPRIMERIE NATIONALE.

§ 72. — Tensions, flèches et longueurs de câble déplacées dans les travées postérieures à celle attelée.

Nous pouvons résoudre le même problème pour les travées postérieures à celle attelée; mais ici il convient de distinguer deux cas, suivant que les flèches augmentent ou diminuent dans ces travées.

1. — Premier cas.

Les flèches augmentent ou les tensions diminuent.

Le problème est alors tout à fait semblable à celui que nous venons de traiter.

Nous accentuerons les lettres concernant les travées postérieures, de sorte que n' est le nombre total des travées précédant celle où agit la force F et n'_0 le nombre de celles qui sont influencées.

Pour celle qui précède de μ rangs, on aura ici :

$$T'_\mu = T'_1 + (\mu - 1)A,$$
$$T'^0_\mu = T^0 - \mu A,$$

la première formule s'appliquant aux travées influencées, la seconde à toutes les travées qui suivent celle attelée, d'où

$$T'^0_\mu - T'_\mu = T^0 - T'_1 - (2\mu - 1)A = C' - 2\mu A,$$

en posant

$$C' = T^0 - T'_1 + A.$$

On en tire les formules analogues aux précédentes, en changeant A en $-A$ et λ en $-\lambda'$:

$$\lambda' = \frac{32 f'^2 A}{3 l T^0} \left\{ \frac{T^0 - T'_1 + A}{2A} \sum_{\mu=1}^{\mu=n'_0} \frac{1}{\left(1 - \frac{\mu A}{T^0}\right)^3} - \sum_{\mu=1}^{\mu=n'_0} \frac{\mu}{\left(1 - \frac{\mu A}{T^0}\right)^3} \right\} \tag{30}$$

ou approximativement

$$\left.\begin{aligned} \lambda' = \frac{32 f'^2 A}{3 l T^0} \Big[& \frac{T^0 - T'_1 + A}{2A} \left\{ n'_0 + \frac{3A n'_0 (n'_0 + 1)}{2T^0} + \frac{A^2}{T^{02}} n'_0 (n'_0 + 1)(2n'_0 + 1) \right\} \\ & - \frac{n'_0 (n'_0 + 1)}{2} - \frac{A n'_0 (n'_0 + 1)(2n'_0 + 1)}{2T^0} - \frac{3A^2 n'^2_0 (n'_0 + 1)^2}{2T^{02}} \Big] \end{aligned}\right\} \text{(30 bis)}$$

et

$$n'_0 < \frac{T^0 - T'_1 + A}{2A} < n'_0 + 1. \tag{31}$$

Si l'influence de la force F s'étend jusqu'à la poulie motrice, les inégalités (31) disparaissent; mais les équations (30) et (30 *bis*) subsistent en y remplaçant n'_0 par n'.

2. — Deuxième cas.

Les flèches diminuent ou les tensions augmentent.

Dans ce cas il est impossible que l'influence soit partielle; il faut qu'elle s'étende à toutes les travées qui suivent celle attelée jusqu'à la poulie motrice ou jusqu'au tendeur, s'il y en a un à l'arrière.

En effet, contrairement à tout ce qui a eu lieu dans tous les cas précédemment examinés, aussi bien à l'arrière qu'à l'avant, la force F est censée ici ne produire aucun recul des poulies. Au moment de l'attelage celles d'avant seules éprouvent un recul relatif; celles d'arrière au contraire accélèrent un peu leur marche. Donc le sens des résistances n'y change pas et l'on aura

$$T'_\mu = T'_1 - (\mu - 1)A,$$

$$T'^0_\mu = T^0 - \mu A,$$

d'où

$$T'_\mu - T'^0_\mu = T'_1 - T^0 + A = C'' = \text{constante},$$

c'est-à-dire que l'accroissement de tension est indépendant du numéro de la travée; s'il existe pour l'une d'elles il existera identique pour toutes.

Par suite les formules relatives aux flèches et aux longueurs, appliquées comme précédemment, donneront ici

$$f'_\mu = f'^0_\mu \left(1 - \frac{C''}{T'^0_\mu}\right),$$

$$f'^{02}_\mu - f'^2_\mu = 2 f'^{02}_\mu \frac{C''}{T'^0_\mu} = 2 f'^{02}_\mu \frac{C''}{T^0\left(1 - \frac{\mu A}{T^0}\right)}$$

$$s'^0_\mu - s'_\mu = \frac{16}{3} f'^{02}_\mu \frac{C''}{T'^0_\mu} = \frac{16}{3}\left(\frac{pl^2}{8}\right)^2 \frac{C''}{T'^{03}_\mu},$$

ou

$$s'^0_\mu - s'_\mu = \frac{16}{3}\left(\frac{pl^2}{8}\right)^2 \frac{C''}{T^{03}\left(1 - \frac{\mu A}{T^0}\right)^3}$$

et

$$-\lambda' = \frac{16}{3l}\left(\frac{pl^2}{8}\right)^2 \frac{C''}{T^{03}} \sum_{\mu=1}^{\mu=n'} \frac{1}{\left(1 - \frac{\mu A}{T^0}\right)^3} = \frac{16 f^{02}}{3 l T^0}\left(T' - T^0 + A\right) \sum_{\mu=1}^{\mu=n'} \frac{1}{\left(1 - \frac{\mu A}{T^0}\right)^3}. \quad (32)$$

Si $\frac{n'A}{T^0}$ est suffisamment petit, on peut poser

$$\left(1-\frac{\mu A}{T^0}\right)^{-3}=1+\frac{3A}{T^0}\mu+\frac{6A^2}{T^{02}}\mu^2$$

et

$$-\lambda'=\frac{16f'^2}{3T^0l}(T'-T^0+A)\left[n'+\frac{3An'(n'+1)}{2T^0}+\frac{A^2n'(n'+1)(2n'+1)}{T^{02}}\right]. \quad (33)$$

§ 73. — Distinction de six cas dans le problème posé.

Le problème posé consistant à déterminer les valeurs définitives des tensions et flèches occasionnées dans le câble tout entier par une traction F exercée dans une travée donnée BA présente quatre solutions différentes suivant que :

1° Partie seulement des travées tant antérieures que postérieures à la travée BA se trouvent influencées par la force F ;

2° Toutes les travées antérieures, mais partie seulement des travées postérieures sont influencées;

3° Toutes les travées postérieures, mais partie seulement des travées antérieures sont influencées;

4° Le câble tout entier est influencé.

Ces deux derniers cas se subdivisent chacun en deux autres, suivant qu'à l'arrière les tensions augmentent ou diminuent sous l'action de la force F.

Pour les deux premiers cas cette distinction n'est pas à faire, puisque, suivant la remarque que nous avons faite précédemment, lorsque la partie arrière du câble n'est que partiellement influencée, sa tension ne peut que diminuer; d'autre part pour la partie avant, la distinction n'existe pas non plus, puisque, d'après la direction supposée à la force F (celle de la traction d'un bateau), la tension ne peut que s'y accroître; de sorte qu'en tout il y a six solutions possibles.

Nous allons les passer successivement en revue et conclure de là la façon de reconnaître celle qui se réalisera dans chaque application particulière.

1. — Premier cas.

Partie seulement des travées tant antérieures que postérieures sont influencées.

Si n_0 est le nombre des travées influencées à l'avant et que ce nombre ne soit pas grand, nous pourrons dans le crochet de l'équation (27) négliger les termes qui contiennent la petite fraction $\frac{A}{T^0}$ et son carré, sauf à vérifier à la fin des calculs la valeur des termes négligés et à procéder, s'il est nécessaire, à une nouvelle approximation.

On aura ainsi

$$\lambda = \frac{16 f'^2 A n_0}{3 l T^0}\left[\frac{T_1 - T^0}{A} - n_0\right]. \tag{34}$$

Puis, appliquant l'équation (29) suivant la remarque faite à la fin du paragraphe 71, on en tire

$$n_0 = \frac{T_1 - T^0}{2A} - \frac{1}{2}, \tag{35}$$

d'où

$$\frac{T_1 - T^0}{A} - n_0 = \frac{T_1 - T^0}{2A} + \frac{1}{2},$$

et

$$\lambda = \frac{4 f'^2 A}{3 l T^0}\left[\left(\frac{T_1 - T^0}{A}\right)^2 - 1\right]. \tag{36}$$

On aura de même par la formule (30 *bis*)

$$\lambda' = \frac{16 f'^2 A n'_0}{3 l T^0}\left[T^0 - T'_1 - n'_0\right]. \tag{37}$$

Puis, remplaçant les inégalités (31) par l'égalité qui répond au cas limite,

$$\frac{T^0 - T'_1}{2A} - \frac{1}{2} = n'_0, \tag{38}$$

il vient

$$\lambda' = \frac{4 f'^2 A}{3 l T^0}\left[\left(\frac{T^0 - T'_1}{A}\right)^2 - 1\right]. \tag{39}$$

Par suite

$$\frac{\lambda - \lambda'}{2} = \frac{f'^2}{3 l T^0 A}(T_1 - T'_1)\left(\frac{T_1 + T'_1}{2} - T_0\right). \tag{40}$$

Les équations (22 *bis*) et (22 *ter*), en prenant dans ces dernières les signes inférieurs puisque les tensions arrière ne peuvent pas croître dans l'hypothèse où nous sommes, c'est-à-dire où partie seulement des travées postérieures sont influencées, donnent :

$$T_1 - T'_1 = F_x - 2A - 2\alpha F_y - \frac{2\rho \sin\varphi}{r} F_z,$$

$$\frac{T_1 - T'_1}{2} - T_0 = \frac{Kl}{4\sqrt{h^2 + \zeta^2}} - T_0 - \frac{F_z \sqrt{h^2 + \zeta^2}}{Kl}\left[2\alpha F_y + \frac{\rho \sin\varphi}{r}\left(F_z + \frac{pl}{2}\right)\right].$$

d'où

$$\frac{\lambda-\lambda'}{2}=\frac{f^{0^2}}{3lT^0A}\left[F_x-2A-2\alpha F_y-\frac{2p\sin\varphi}{r}F_z\right]$$
$$\times\left[\frac{Kl}{4\sqrt{h^2+\zeta^2}}-T^0-\frac{F_x\sqrt{h^2+\zeta^2}}{Kl}\left\{2\alpha F_y+\frac{p\sin\varphi}{r}\left(F_z+\frac{pl}{2}\right)\right\}\right].$$

Mais nous avons trouvé précédemment

$$\frac{\lambda-\lambda'}{2}=-\frac{4f^{0^2}}{3l}+\left(1+\frac{p^2l^2}{12K^2}\right)\frac{h^2+\zeta^2}{l}.$$

Égalant ces deux valeurs de $\frac{\lambda-\lambda'}{2}$ on aura une équation du troisième degré par rapport à la flèche $\sqrt{h^2+\zeta^2}$, équation qui donnera cette inconnue, et alors les équations (16) et (16 *bis*) donneront les tensions, le déplacement longitudinal $\xi-\xi_0$ du point d'attelage I, etc. En divisant les deux membres de l'équation dont il s'agit par $\frac{f^{0^2}}{3l}$ et observant que $T^0=\frac{pl^2}{8f^0}$, on pourra l'écrire ainsi :

$$\left.\begin{aligned}&\frac{F_x-2A-2\alpha F_y-\frac{2p\sin\varphi}{r}F_z}{A}\left\{\frac{K}{\frac{pl}{2}}\frac{f^0}{\sqrt{h^2+\zeta^2}}-1-\frac{F_x\left\{2\alpha F_y+\frac{p\sin\varphi}{r}\left(F_z+\frac{pl}{2}\right)\right\}}{4\frac{K}{\frac{pl}{2}}T^{0^2}}\frac{\sqrt{h^2+\zeta^2}}{f^0}\right\}\\&=-4+\left[3+\frac{1}{\left(\frac{K}{\frac{pl}{2}}\right)^2}\right]\frac{h^2+\zeta^2}{f^{0^2}}\end{aligned}\right\}\quad(41)$$

Si la traction est horizontale, ce qui est le cas ordinaire de la pratique, $F_z=0$ et

$$\frac{K}{\frac{pl}{2}}=\sqrt{1+\left(\frac{F_y}{\frac{pl}{2}}\right)^2}.$$

Si la traction est tangentielle au câble on a

$$F_z=0,\qquad F_y=0,\qquad F_x=F\qquad\text{et}\qquad K=1;$$

l'équation devient

$$\left(\frac{F}{A}-2\right)\left\{\frac{f^0}{\sqrt{h^2+\zeta^2}}-1-\frac{F\times\frac{p\sin\varphi}{2r}pl}{4T^{0^2}}\frac{\sqrt{h^2+\zeta^2}}{f^0}\right\}=4\left(-1+\frac{h^2+\zeta^2}{f^{0^2}}\right),$$

où l'inconnue du problème est le rapport purement numérique

$$\frac{\sqrt{h^2+\zeta^2}}{f^0}.$$

de la flèche après la traction à sa valeur primitive et où tous les coefficients sont aussi des rapports purement numériques. On voit de suite que le second terme du crochet du premier membre est toujours une très faible fraction, de sorte que si l'on suppose en outre la traction horizontale, soit $F_z = 0$, d'où

$$\frac{K}{\frac{pl}{2}} = \sqrt{1 + \left(\frac{F_y}{\frac{pl}{2}}\right)^2},$$

et qu'on pose

$$\chi = \frac{\sqrt{h^2 + \zeta^2}}{f^0},$$

on a

$$\left[1 + \frac{1}{\left(\frac{K}{\frac{pl}{2}}\right)^2}\right]\chi^3 + \left(\frac{F_x - 2\alpha F_y}{A} - 2\right)\frac{F_x\left[2\alpha F_y + \frac{\rho \sin \varphi}{2r} pl\right]}{4\left(\frac{K}{\frac{pl}{2}}\right) T^{0 2}}\chi^2$$
$$+ \left[\frac{F_x - 2\alpha F_y}{A} - 6\right]\chi - \left[\frac{F_x - 2\alpha F_y}{A} - 2\right]\frac{K}{\frac{pl}{2}} = 0 \qquad (42)$$

où α est le coefficient numérique des équations (22 *bis*) et (22 *ter*). La force F_x étant de beaucoup prédominante, les trois premiers termes sont positifs et cette équation admet une seule racine positive qui est la racine cherchée.

Le second terme pourra le plus souvent être négligé.

Si la traction est tangentielle $F_x = F$, $F_y = 0$, $K = \frac{pl}{2}$ et l'équation devient

$$4\chi^3 + \left(\frac{F}{A} - 2\right)\frac{\rho \sin \varphi \, plF}{8r \, T^{0 2}}\chi^2 + \left(\frac{F}{A} - 6\right)\chi - \left(\frac{F}{A} - 2\right) = 0.$$

Pour $\chi = 1$ le premier membre se réduit au second terme qui est très petit, parce que le facteur $\frac{\rho \sin \varphi}{8r}$ est petit et que T^0 est très grand par rapport à $F_x \, pl$. On peut donc admettre $\chi = 1$ comme première approximation, ce qui veut dire que la flèche n'est pas sensiblement altérée par une traction tangentielle. On trouverait aisément une seconde approximation, en se contentant de la première, les équations (16 *bis*) donnent :

$$T = T^0 + \frac{F_x}{2} = T^0 + \frac{F}{2},$$
$$T' = T^0 - \frac{F}{2}.$$

Lorsque la traction F ne présente aucune obliquité, *la traction an-*

térieure dans la travée tirée est accrue, la traction postérieure est diminuée de la moitié de la force de traction du bateau.

Les formules (21) et (21 *bis*) donnent, pour les tensions dans les deux travées contiguës à celle attelée,

$$T_1 = T - A = T^0 + \frac{F_x}{2} - A,$$
$$T'_1 = T' + A = T^0 - \frac{F_x}{2} + A.$$

Par suite, on aura

$$n_0 = \frac{T_1 - T^0 - A}{2A} = \frac{F_x}{4A} - 1,$$
$$n'_0 = \frac{T^0 - T'_1 - A}{2A} = \frac{F_x}{4A} - 1 = n_0.$$

Soit $A = 2$ kilogrammes, $4A = 8$ kilogrammes.

Si la traction tangentielle est de 240 kilogrammes, elle se fera sentir sur 30 travées, à l'avant et à l'arrière, soit à une distance de 2,100 mètres, les travées étant supposées égales et d'une longueur uniforme de 70 mètres.

Nous ne pouvons pas appliquer les équations précédentes au second cas extrême où la traction serait normale, parce qu'alors la tension dans les travées arrière serait accrue, et nous rentrerions dans l'un des cas qui restent à examiner.

1 *bis*. — *Caractères distinctifs du premier cas.*

La flèche trouvée, les équations (16 *bis*) donnent les tensions T et T' dans la travée attelée à l'avant et à l'arrière du point d'attache I; puis les équations (21), (21 *bis*) donnent les tensions T_1, T'_1 dans les travées contiguës.

Par suite, les équations

$$\left.\begin{aligned} n_0 &= \frac{T_1 - T^0 - A}{2A} \\ n'_0 &= \frac{T^0 - T'_1 - A}{2A} \end{aligned}\right\} \qquad (43)$$

donnent les nombres des travées influencées à l'avant et à l'arrière.

Pour que le cas supposé se réalise, il faut d'abord que la tension T' à l'arrière du point d'attache, dans la travée attelée, ait diminué, c'est-à-dire que $T' \leqq T^0$; il faut ensuite et il suffit que n_0 et n'_0 soient respectivement plus petits ou au plus égaux aux nombres n et n' des travées antérieures et postérieures à celle attelée.

Si ces conditions sont remplies, la solution trouvée est exacte, sinon ce sera l'un des cas suivants qui se réalisera.

Deuxième cas.

Supposons qu'on trouve pour la solution précédente

$$T' < T^0, \qquad n_0 < n, \qquad n'_0 > n',$$

alors il est à présumer qu'on se trouvera dans le second des cas que nous avons à examiner, celui où *partie des travées antérieures, mais la totalité des travées postérieures se trouvent influencées, les flèches augmentant ou les tensions diminuant dans ces dernières.*

L'équation (27), en la réduisant à

$$\lambda = \frac{16 f^{0 2} A n_0}{3 l T^0}\left[\frac{T_1 - T^0}{A} - n_0\right],$$

et celle (29) donnent

$$\lambda = \frac{8 f^{0 2}}{3 l T^0}(T_1 - T_0 + A); \tag{44}$$

d'autre part, l'égalité (30), en remplaçant n'_0 par n', donne

$$\lambda' = \frac{32 f^{0 2} A}{3 l T^0}\left[\frac{T^0 - T'_1 + A}{2A}\sum_{\mu=1}^{\mu=n'}\frac{1}{\left(1-\frac{\mu A}{T^0}\right)^3} - \sum_{\mu=1}^{\mu=n'}\frac{\mu}{\left(1-\frac{\mu A}{T^0}\right)^3}\right] \tag{45}$$

où les deux sommes peuvent être calculées directement, de sorte que ce sont deux coefficients numériques connus.

Remplaçant T_1 et T'_1 par leurs valeurs (21) et (21 *bis*) en prenant dans cette dernière les signes inférieurs, ce qui donne

$$\left.\begin{aligned} T_1 - T^0 + A = {} & \frac{Kl}{4\sqrt{h^2+\zeta^2}} - T^0 + \frac{F_x}{2} - \alpha F_y - \frac{\rho\sin\varphi}{r}F_z \\ & - F_x\left[2\alpha F_y + \frac{\rho\sin\varphi}{r}\left(F_z + \frac{pl}{2}\right)\right]\frac{\sqrt{h^2+\zeta^2}}{Kl} \end{aligned}\right\} \tag{46}$$

$$\left.\begin{aligned} T^0 - T'_1 + A = {} & -\frac{Kl}{4\sqrt{h^2+\zeta^2}} + T^0 + \frac{F_x}{2} - \alpha F_y - \frac{\rho\sin\varphi}{r}F_z \\ & + F_x\left[2\alpha F_y + \frac{\rho\sin\varphi}{r}\left(F_z + \frac{pl}{2}\right)\right]\frac{\sqrt{h^2+\zeta^2}}{Kl} \end{aligned}\right\} \tag{47}$$

IMPRIMERIE NATIONALE.

ou en observant que $T^0 = \frac{pl^2}{8f^0}$ et posant comme précédemment

$$\frac{\sqrt{h^2+\zeta^2}}{f^0} = \chi.$$

$$\left.\begin{aligned}\frac{T_1 - T^0 + A}{T^0} &= \frac{K}{\frac{pl}{2}} \times \frac{1}{\chi} - 1 - \frac{F_x\left[2\alpha F_y + \frac{\rho \sin \varphi}{r}\left(F_z + \frac{pl}{2}\right)\right]\chi}{4T^{0^2}\frac{K}{\frac{pl}{2}}}\\ &+ \frac{\frac{F_x}{2} - \alpha F_y - \frac{\rho \sin \varphi}{r} F_z}{T^0}.\end{aligned}\right\} \quad (46\ bis)$$

$$\left.\begin{aligned}\frac{T^0 - T'_1 + A}{T^0} &= -\frac{K}{\frac{pl}{2}} \times \frac{1}{\chi} + 1 + \frac{F_x\left[2\alpha F_y + \frac{\rho \sin \varphi}{r}\left(F_z + \frac{pl}{2}\right)\right]\chi}{4T^{0^2}\frac{K}{\frac{pl}{2}}}\\ &+ \frac{\frac{F_x}{2} - \alpha F_y - \frac{\rho \sin \varphi}{r} F_z}{T^0}\end{aligned}\right\} \quad (47\ bis)$$

$$\left.\begin{aligned}\frac{\lambda - \lambda'}{2} = \frac{4f^{0^2}}{3l}&\left[1 + 2\sum_{\mu=1}^{\mu=n'} \frac{1}{\left(1 - \frac{\mu A}{T^0}\right)^3}\right]\left[\frac{K}{\frac{pl}{2}} \times \frac{1}{\chi} - 1 - \frac{F_x\left[2\alpha F_y + \frac{\rho \sin \varphi}{r}\left(F_z + \frac{pl}{2}\right)\right]\chi}{4\frac{K}{\frac{pl}{2}}T^{0^2}}\right]\\ &+\left[1 - 2\sum_{\mu=1}^{\mu=n'} \frac{1}{\left(1 - \frac{\mu A}{T^0}\right)^3}\right]\frac{\frac{1}{2}F_x - \alpha F_y - \frac{\rho \sin \varphi}{r} F_z}{T^0} + \frac{4A}{T^0}\sum_{\mu=1}^{\mu=n'} \frac{\mu}{\left(1 - \frac{\mu A}{T^0}\right)^3}\end{aligned}\right\} \quad (48)$$

L'équation (15) donne d'autre part

$$\frac{\lambda - \lambda'}{2} = \frac{4f^{0^2}}{3l}\left[-1 + \left(3 + \frac{1}{\left(\frac{K}{\frac{pl}{2}}\right)^2}\right)\frac{\chi^2}{4}\right].$$

En égalant ces deux valeurs de $\frac{\lambda - \lambda'}{2}$, on a de nouveau une équation du troisième degré pour déterminer χ et par suite la flèche.

Ayant la flèche, on déterminera les tensions T et T' par les équations (16 *bis*); puis T_1 et T'_1 par (21) et (21 *bis*); par suite

$$n_0 = \frac{T_1 - T^0 - A}{2A}$$

donnera le nombre des travées influencées à l'avant.

2 *bis.* — *Caractères distinctifs du second cas.*

Pour que la solution trouvée soit exacte, il faut et il suffit que

$$T' < T^0 \text{ et } n_0 \leqq n.$$

3. — Troisième cas.

Supposons qu'on trouve $n_0 \leqq n$ mais $T' > T^0$; alors il sera présumable qu'on se trouve dans le troisième cas, celui où *partie des travées antérieures étant influencées, toutes les travées postérieures sont influencées et leurs tensions accrues.*

Ce cas se traite comme le précédent.

La formule (44) s'applique toujours; elle donne

$$\lambda = \frac{8f'^2}{3lT^0}(T_1 - T^0 + A).$$

L'expression de λ' est donnée ici par (32), soit

$$\lambda' = \frac{16f'^2}{3lT^0}(T^0 - T'_1 - A)\sum_{\mu=1}^{\mu=n'} \frac{1}{\left(1-\frac{\mu A}{T^0}\right)^3}.$$

L'équation (46) ou celle (46 *bis*) subsiste et donne T_1, mais l'expression de T'_1 doit être un peu modifiée.

L'équation (21 *bis*) doit être appliquée avec les signes supérieurs, ce qui, au lieu de (47 *bis*), donne

$$\frac{T^0 - T'_1 - A}{T^0} = -\frac{K}{\frac{pl}{2}} \times \frac{1}{\chi} + 1 - \frac{F_x\left[2\alpha F_y + \frac{\rho \sin\varphi}{r}\left(F_z + \frac{pl}{2}\right)\right]}{4T^{02}\left(\frac{K}{\frac{pl}{2}}\right)}\chi + \frac{\frac{1}{2}F_x + \alpha F_y + \frac{\rho\sin\varphi}{r}F_z}{T^0}.$$

Par suite

$$\left.\begin{aligned}\frac{\lambda-\lambda'}{2} = \frac{4f'^2}{3l}&\left[1 + 2\sum_{\mu=1}^{\mu=n'}\frac{1}{\left(1-\frac{\mu A}{T^0}\right)^3}\right]\left[\frac{K}{\frac{pl}{2}}\frac{1}{\chi} - 1 - \frac{\alpha F_y + \frac{\rho\sin\varphi}{r}F_z}{T^0}\right]\\ &+\left[-1 + 2\sum_{\mu=1}^{\mu=n'}\frac{1}{\left(1-\frac{\mu A}{T^0}\right)^3}\right]\left[\frac{F_x\left[2\alpha F_y + \frac{\rho\sin\varphi}{r}\left(F_z + \frac{pl}{2}\right)\right]\chi}{4T^{02}\frac{K}{\frac{pl}{2}}} - \frac{F_x}{2T^0}\right]\end{aligned}\right\} \quad (50)$$

L'équation (15) donne d'ailleurs

$$\frac{\lambda-\lambda'}{2}=\frac{4f^{0^2}}{3l}\left[-1+\left(3+\frac{1}{\left(\frac{K}{\frac{pl}{2}}\right)^2}\right)\frac{\chi^2}{4}\right]. \tag{51}$$

Égalant ces deux valeurs de $\frac{\lambda-\lambda'}{2}$, ce qui supprime le facteur $\frac{4f^{0^2}}{3l}$, on aura l'équation du troisième degré donnant χ et, par suite, la flèche.

Ayant la flèche, on aura les tensions T et T' dans la travée tirée, etc., et le nombre n_0 des travées antérieures influencées

$$n_0=\frac{T_1-T^0-A}{2A}. \tag{52}$$

3 *bis*. — *Caractères distinctifs du troisième cas.*

Pour que la solution convienne il faut et il suffit que

$$T'\geqq T^0 \text{ et } n_0\leqq n.$$

4. — Quatrième, cinquième et sixième cas.

Toutes les parties antérieures et partie seulement des travées postérieures sont influencées.

Supposons, comme c'est le cas dans notre installation, le tendeur placé en avant de la travée considérée. Si toutes les travées antérieures au nombre de n sont influencées, la tension du tendeur étant T_0, la tension T_1 après l'action de la force F dans la travée qui précède immédiatement celle attelée est

$$T_1=T_0+(n-1)A. \tag{53}$$

On connaît alors, *a priori*, cette tension. Portant cette valeur dans l'équation (21), on obtient, pour déterminer la flèche, l'équation du second degré

$$nA=\frac{F_z}{2}+\frac{Kl}{4\sqrt{h^2+\zeta^2}}-T^0-\alpha F_y-\frac{\rho\sin\varphi}{r}F_z-F_x\frac{\sqrt{h^2+\zeta^2}}{Kl}$$
$$\times\left[2\alpha F_y-\frac{\rho\sin\varphi}{r}\left(F_z+\frac{pl}{2}\right)\right].$$

Soit toujours

$$\frac{\sqrt{h^2+\zeta^2}}{f^0}=\chi \tag{54}$$

on aura, à cause de $\frac{pl^2}{8f^0} = T^0$,

$$\frac{K}{\frac{pl}{2}} \frac{1}{\chi} = 1 - \frac{\frac{F_x}{2} - nA - \alpha F_y - \frac{\rho \sin \varphi}{r} F_z}{T^0} + \frac{F_x \left[2\alpha F_y - \frac{\rho \sin \varphi}{r} \left(F_z + \frac{pl}{2} \right) \right]}{4T^{0 2} \frac{K}{\frac{pl}{2}}} \chi. \qquad (55)$$

En général le dernier terme est négligeable, et l'on aura $\frac{1}{\chi}$ par une équation du premier degré.

Ayant la flèche, on calculera les tensions T et T' dans la travée attelée par les équations (16 *bis*).

Il pourra se présenter trois cas :

5. — Quatrième cas.

On trouve $T' < T^0$.

Alors les tensions à l'arrière sont diminuées par l'effet de la force F On calculera la tension T'_1 dans la travée qui suit immédiatement celle attelée à l'aide de la formule (21 *bis*) en prenant les signes inférieurs. On cherchera le plus grand entier n'_0 contenu dans le quotient

$$\frac{T^0 - T'_1 - A}{2A};$$

s'il est inférieur au nombre n', l'influence de la force F ne se fera sentir que sur n'_0 travées. Ce sera le quatrième cas examiné : *Travées antérieures influencées en totalité et travées postérieures partiellement influencées :* dans les unes, la tension augmente à partir de la tension T_1 jusqu'au tendeur; dans les autres, elle augmente à partir de T'_1 jusqu'à celle de rang n'_0; pour les unes et les autres l'augmentation a lieu suivant la progression arithmétique dont la raison est A.

6. — Cinquième cas.

Si $n'_0 \geqq n'$, *le câble tout entier est influencé, les tensions étant accrues dans les travées antérieures et diminuées dans les travées postérieures.*

Les tensions augmentent pour les travées antérieures comme dans le cas précédent; il en est de même pour les travées postérieures, mais avec cette différence que l'augmentation se poursuit sur toutes les travées.

7. — Sixième cas.

$T' > T_0$. *Alors le câble tout entier est encore influencé et les tensions sont accrues dans toute sa longueur.*

On calcule T'_1 par la formule (21 *bis*) en employant les signes supérieurs. Les tensions des travées arrière vont ici en décroissant suivant la progression arithmétique dont la raison est A et le premier terme T'_1. A l'avant, la loi d'accroissement des tensions reste la même que dans les deux cas précédents.

TABLE DES MATIÈRES.

INTRODUCTION.

PREMIÈRE PARTIE.

HALAGE FUNICULAIRE.

PREMIÈRE SECTION.

HISTORIQUE.

CHAPITRE PREMIER. — RECHERCHES ANTÉRIEURES.

CHAPITRE II. — RECHERCHES DE M. MAURICE LÉVY.

CHAPITRE III. — RECHERCHES ULTÉRIEURES.

DEUXIÈME SECTION.

EXAMEN COMPARATIF DES DIVERSES SOLUTIONS PROPOSÉES.

CHAPITRE PREMIER. — EXPOSÉ DES DIFFICULTÉS TECHNIQUES DU PROBLÈME DU HALAGE FUNICULAIRE.

CHAPITRE II. — EXAMEN DES DIFFÉRENTS SYSTÈMES DE HALAGE FUNICULAIRE SOUMIS À L'EXPÉRIENCE.

TROISIÈME SECTION.

DESCRIPTION DU SYSTÈME DE HALAGE FUNICULAIRE EXPÉRIMENTÉ SUR LES CANAUX DE SAINT-MAUR ET DE SAINT-MAURICE. RÈGLES THÉORIQUES ET PRATIQUES POUR L'ÉTUDE D'UN PROJET DE CE SYSTÈME.

CHAPITRE PREMIER. — DESCRIPTION D'ENSEMBLE.

CHAPITRE II. — ÉTUDE THÉORIQUE DU CÂBLE AU REPOS.

CHAPITRE III. — THÉORIE D'UN CÂBLE MARCHANT À VIDE.

IMPRIMERIE NATIONALE.

CHAPITRE IV. — ÉTUDE PRATIQUE D'UN CÂBLE TRAÎNANT LE NOMBRE MAXIMUM DE BATEAUX QU'IL PEUT RECEVOIR.

CHAPITRE V. — CALCULS PRATIQUES D'ÉTABLISSEMENT D'UN CÂBLE.

CHAPITRE VI. — RÈGLES PRATIQUES POUR LE TRACÉ D'UNE INSTALLATION DE HALAGE FUNICULAIRE.

CHAPITRE VII. — ÉTUDE THÉORIQUE DES TENSIONS ET FLÈCHES PRODUITES PAR LA RÉSISTANCE D'UN BATEAU EN AYANT ÉGARD À L'OBLIQUITÉ DE LA TRACTION.

TABLE DES PLANCHES.

XXXI. Système de M. Maurice Lévy. — 1er certificat d'addition. — Déclenchement.

XXXII. *Idem.* — 2e certificat d'addition. — Attache différentielle. — Passage des poulies horizontales.

XXXIII. *Idem.* — 3e certificat d'addition. — Manilles d'amarrage, trébuchets, déclics.

XXXIV. *Idem.* — 4e certificat d'addition. — Rondelles d'arrêt. — Poulies verticales de changement de direction.

XXXV. *Idem.* — 5e certificat d'addition. — Manille démontable. — Déclic en corde.

XXXVI. *Idem.* — 5e certificat d'addition. (*Suite.*) — Poulies inclinées d'angle concave. — Bittes de démarrage.

XXXVII. *Idem.* — 6e certificat d'addition. — Déclic et attache à nœud coulant.

XXXVIII. 3e brevet de M. Oriolle. (No 195124. — 2 janvier 1889.) — Poulie à plan mobile.

XXXIX. 4e brevet de M. Oriolle. (No 195123. — 2 janvier 1889.) — Menotte d'attache.

XL. 5e brevet de M. Oriolle. (No 198478. — 24 mai 1889.) — Boulard à tension graduelle automatique.

XLI. 2e brevet de M. Maurice Lévy. (No 202942. — 3 janvier 1890.) — Poulies de support. — Fermoir.

XLII. *Idem.* — Arrêts.

XLIII. *Idem.* — Étrier simple.

XLIV. *Idem.* — Étrier à emboîtement. — Attelage.

XLV. *Idem.* — Crochet.

XLVI. *Idem.* — Manilles. — Pinces.

XLVII. *Idem.* — Systèmes de démarrage.

XLVIII. Certificat d'addition au brevet 202942. — Arrêt à cordelets. — Glissière-fermoir.

XLIX. *Idem.* — Guidage pour poulie d'angle concave.

L. Poulies de support ordinaires.

LI. Poulies à ailes d'angle concave. (1 m. 40 de diamètre à fond de gorge.)

LII. *Idem.* (2 mètres de diamètre à fond de gorge.)

LIII. *Idem.* (Disposition spéciale applicable aux cas où les deux brins du câble font un angle très obtus.)

LIV. Poulies doubles réalisant à la fois un changement d'altitude et de direction.

PLANCHES

IMPRIMERIE NATIONALE.

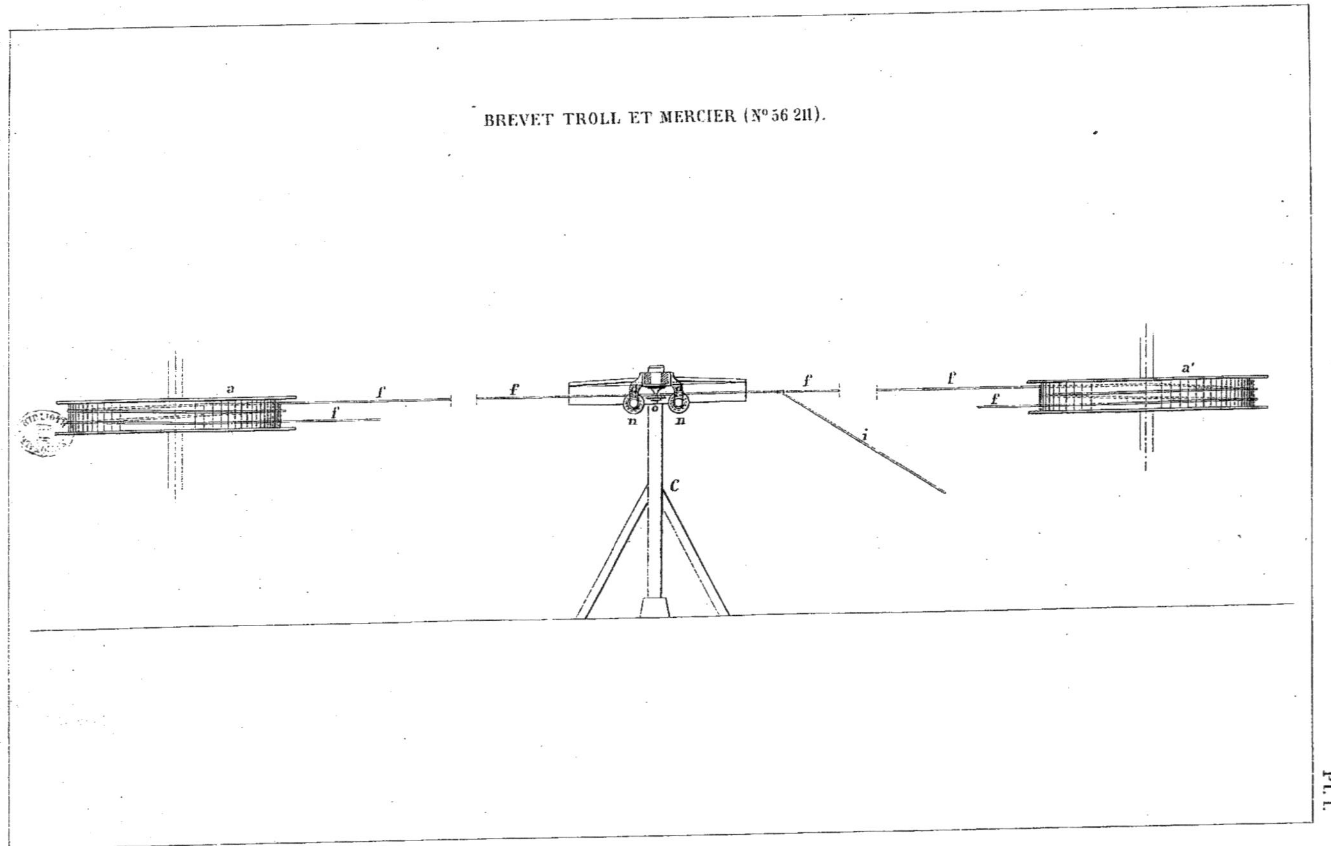
BREVET TROLL ET MERCIER (N° 56 211).
a
f
f
f
n
o
n
C
f
i
f
f
a'

BREVET TROLL ET MERCIER (Suite).

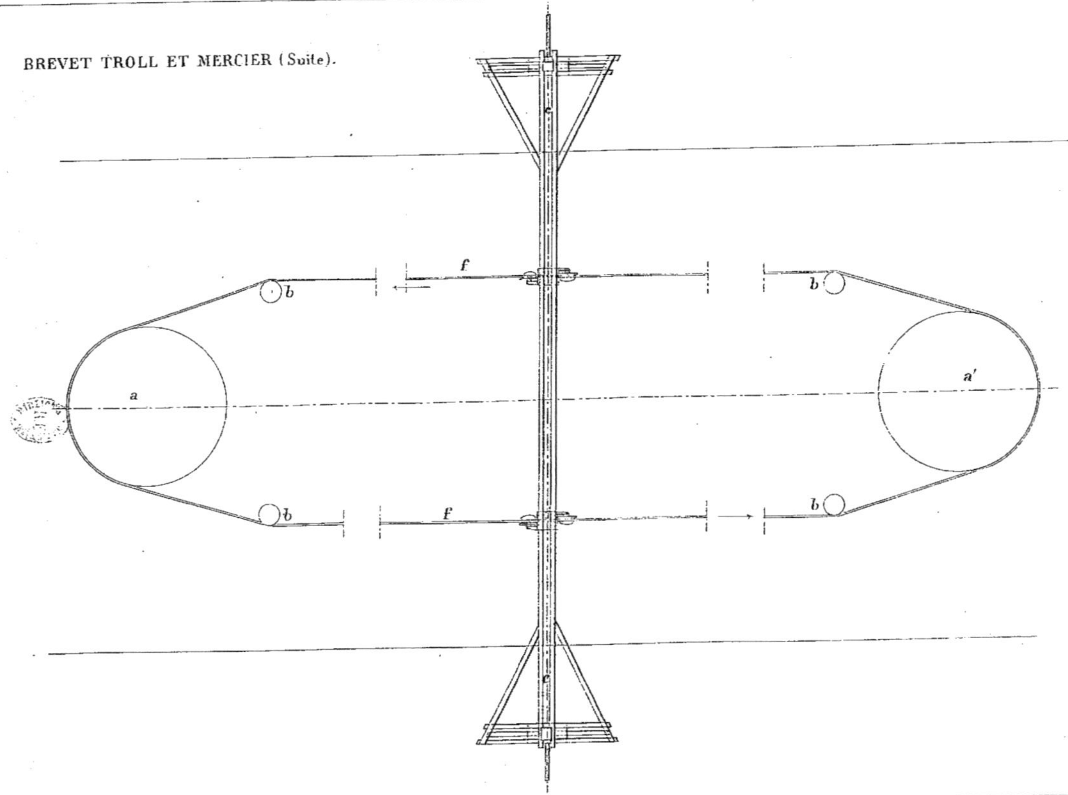

Pl. III.

BREVET TROLL ET MERCIER (Suite).

Échelle de 0m 015 p. 1 m.

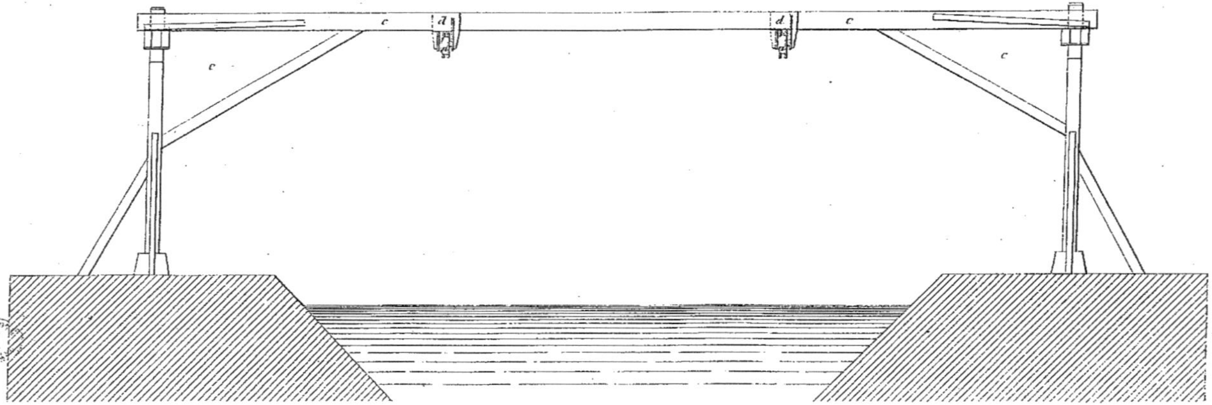

c

c

d

d

c

c

Pl. IV.

BREVET TROLL ET MERCIER (Suite).

Échelle de 0^m65 p. 1 m.

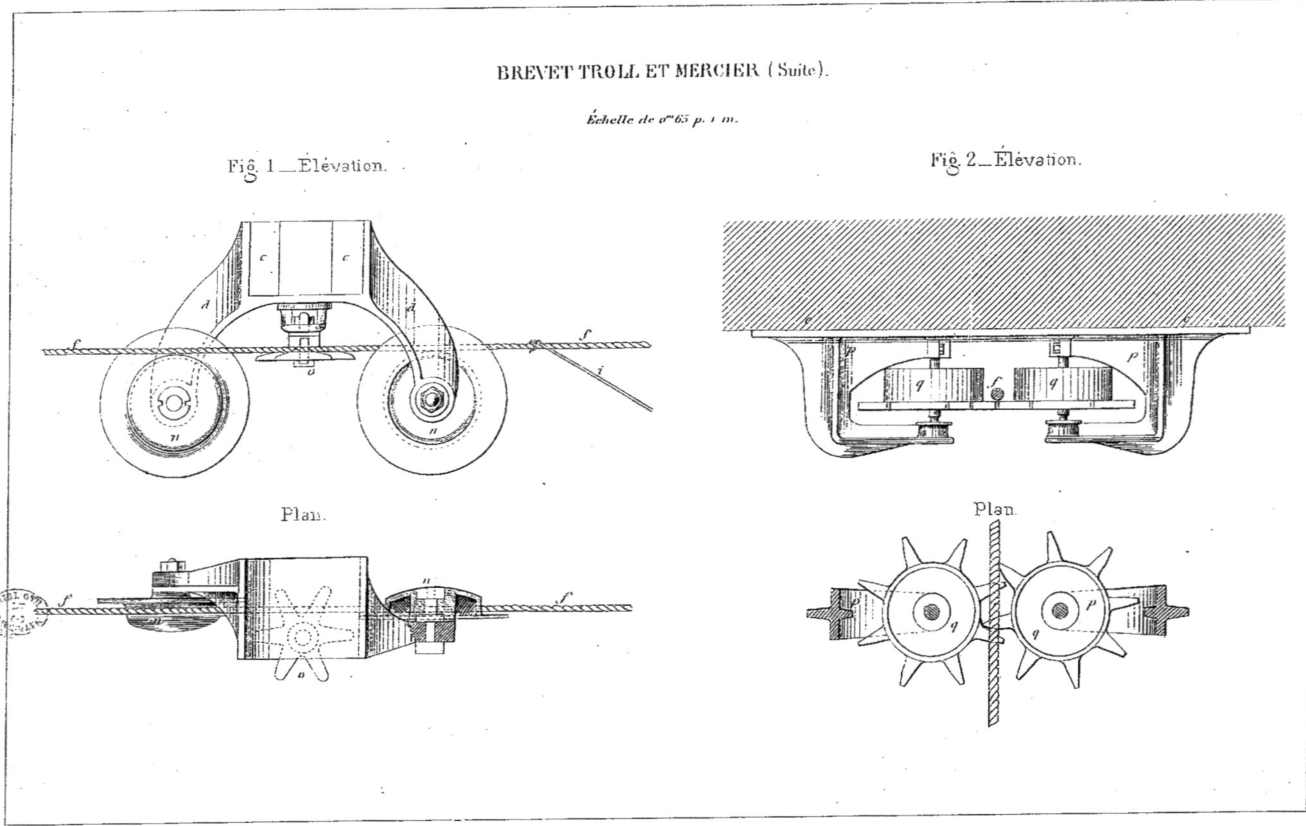

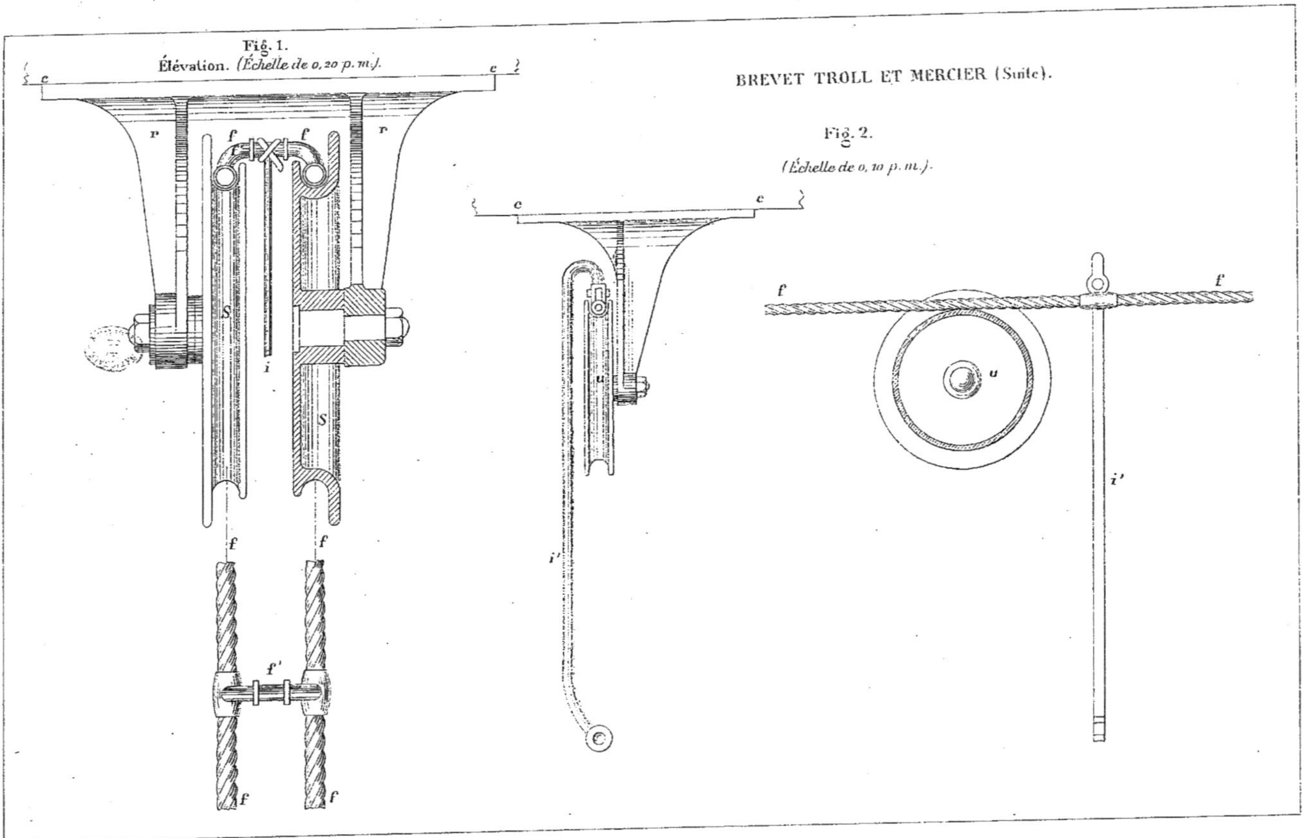
BREVET TROLL ET MERCIER (Suite).
Fig. 1.
Élévation. (Échelle de 0,20 p. m.)
Fig. 2.
(Échelle de 0,10 p. m.)
c
r
f
f'
i
i'
S
u

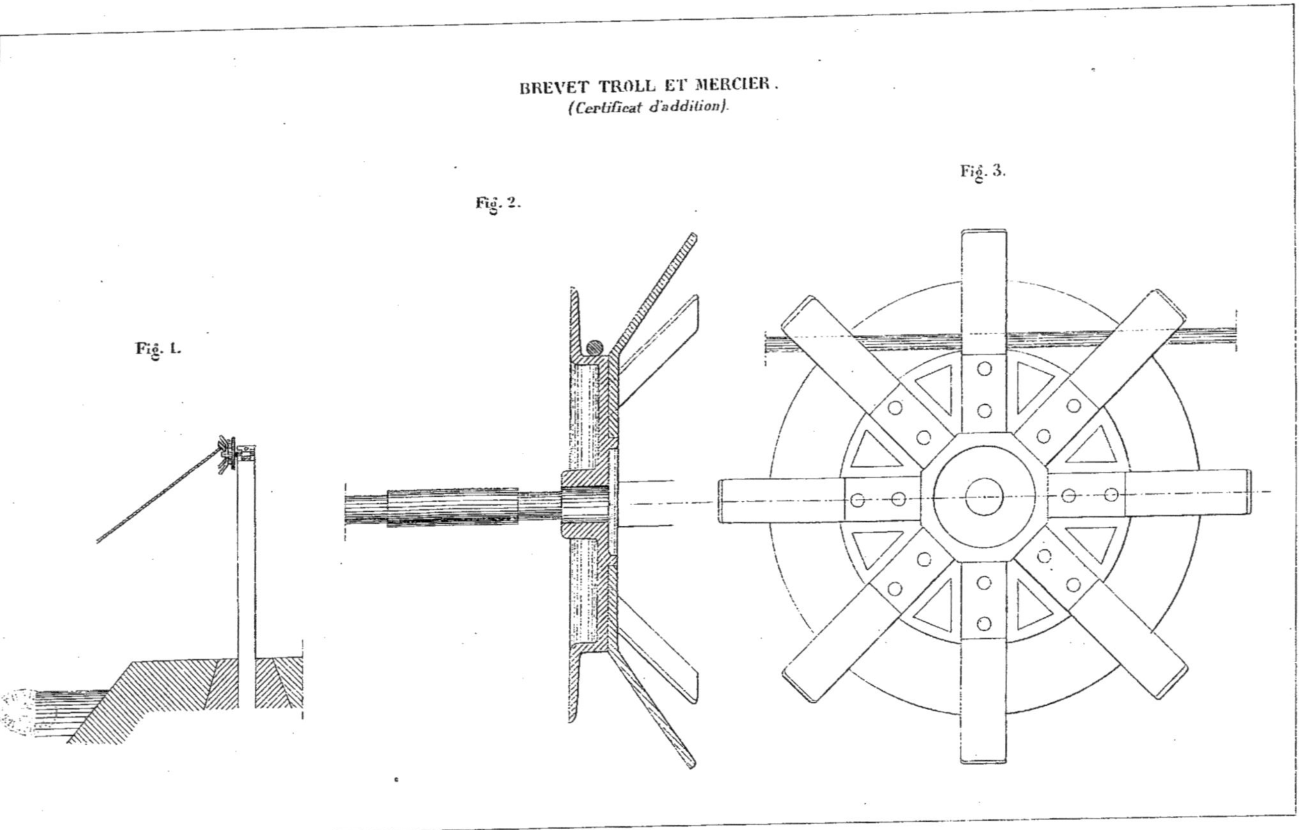
BREVET TROLL ET MERCIER.
(Certificat d'addition).
Fig. 1.
Fig. 2.
Fig. 3.

Pl. VII.

BREVET TROLL ET MERCIER.
Certificat d'addition (Suite).
Fig. 1.
Fig. 2.
b
c

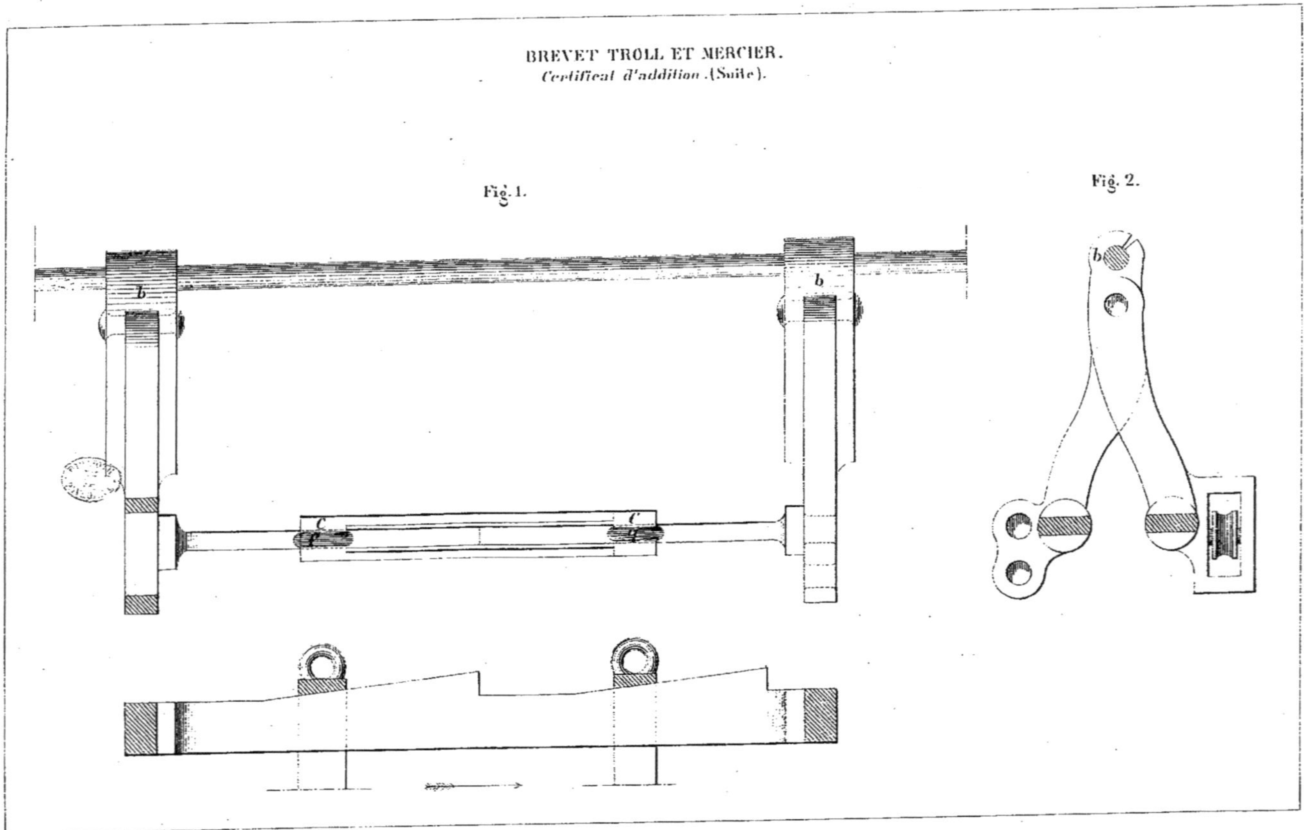

BREVET DE M. MAÉZIEUX (N° 86 087).

Élévation de la partie supérieure d'un poteau et de son mécanisme.

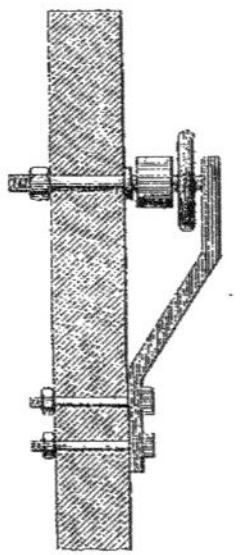

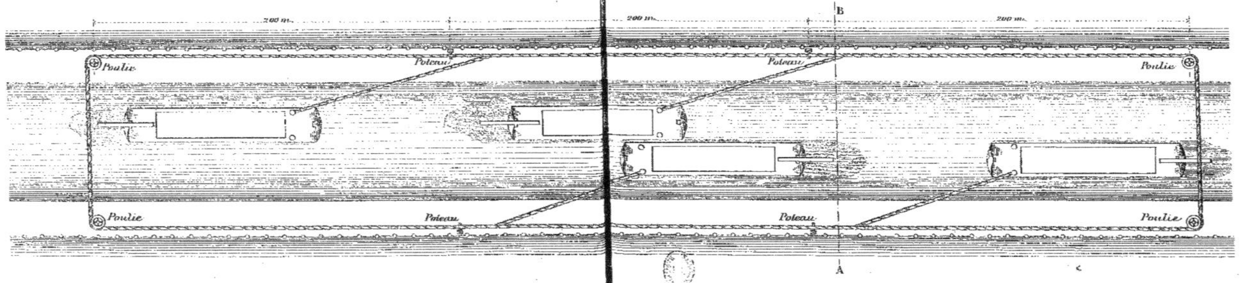

Coupe et élévation suivant AB.

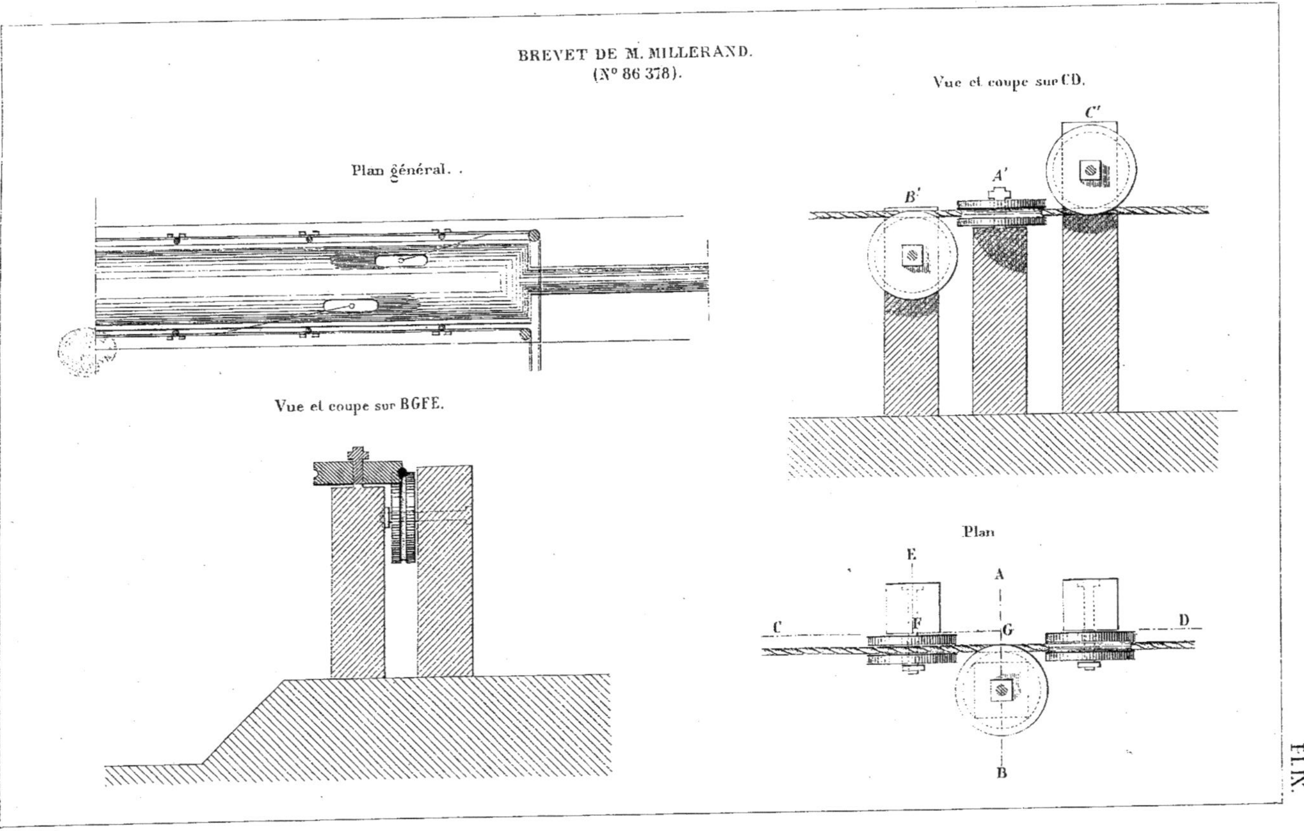
BREVET DE M. MILLERAND.
(Nº 86 378).
Plan général.
Vue et coupe sur BGFE.
Vue et coupe sur CD.
C'
A'
B'
Plan
E
A
C
F
G
D
B

BREVET DE M. RIGONI

(N° 151.248)

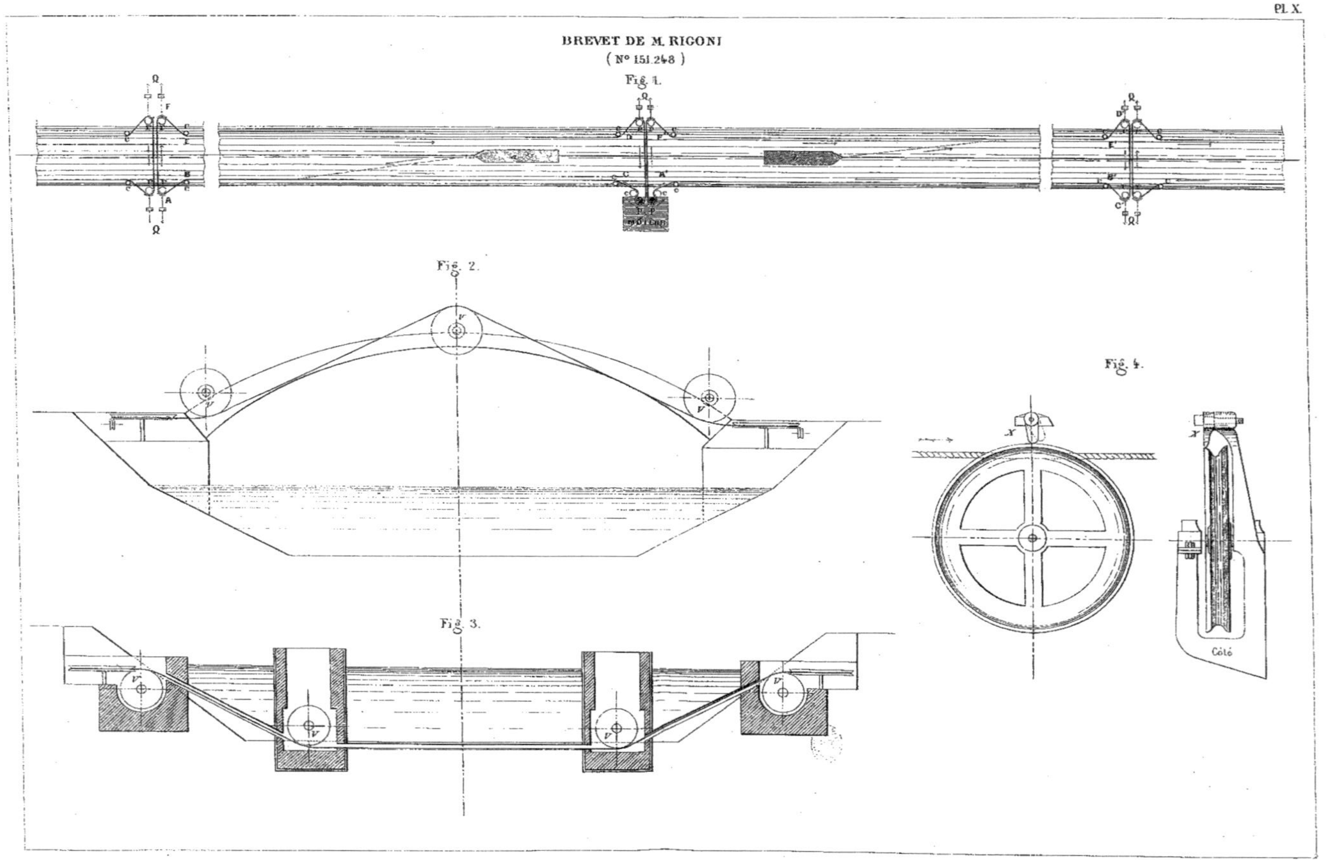

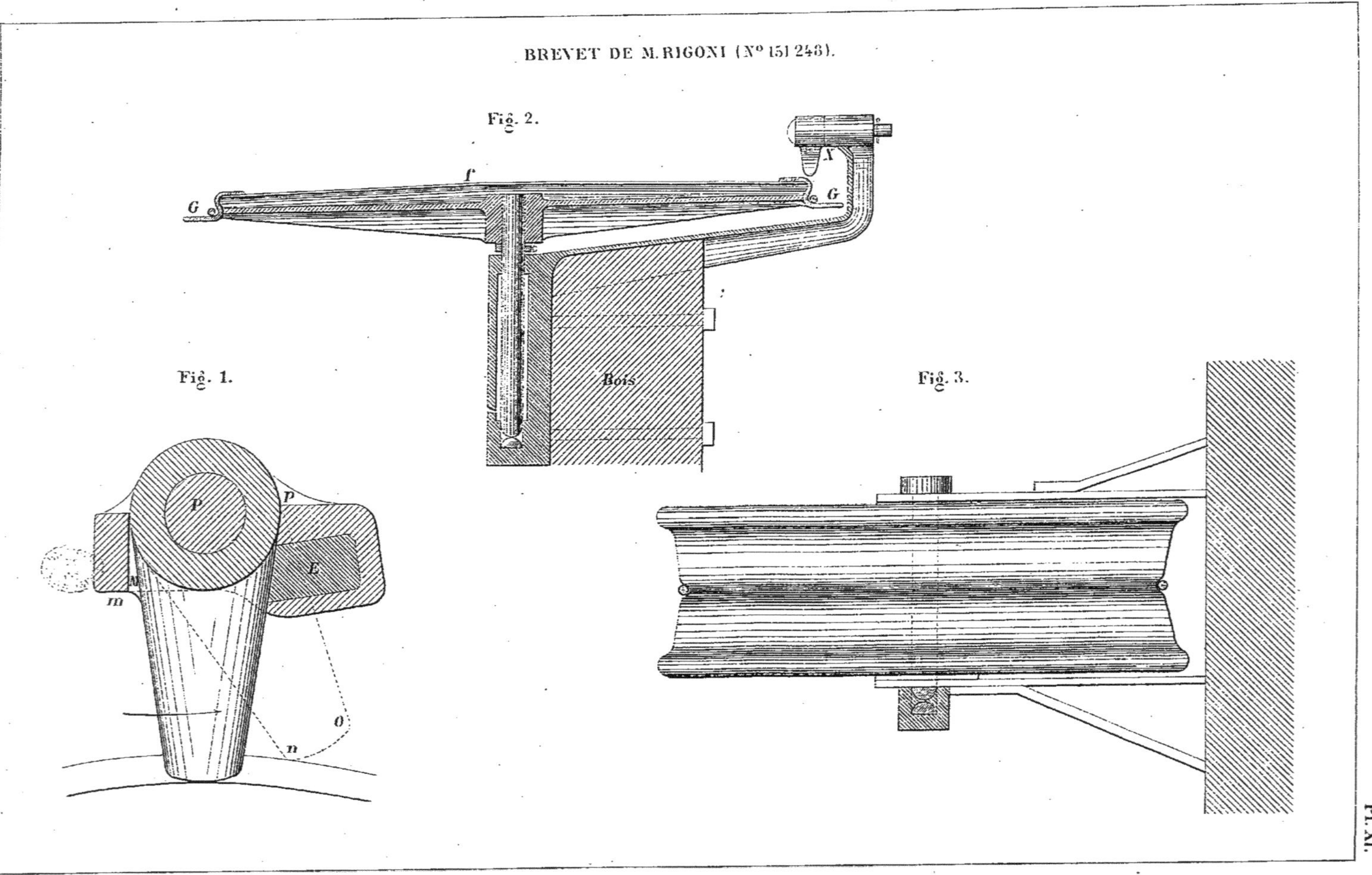
BREVET DE M. RIGONI (N° 151 243).
Fig. 2.
f
G
X
G
Bois
Fig. 1.
P
p
E
M
m
o
n
Fig. 3.

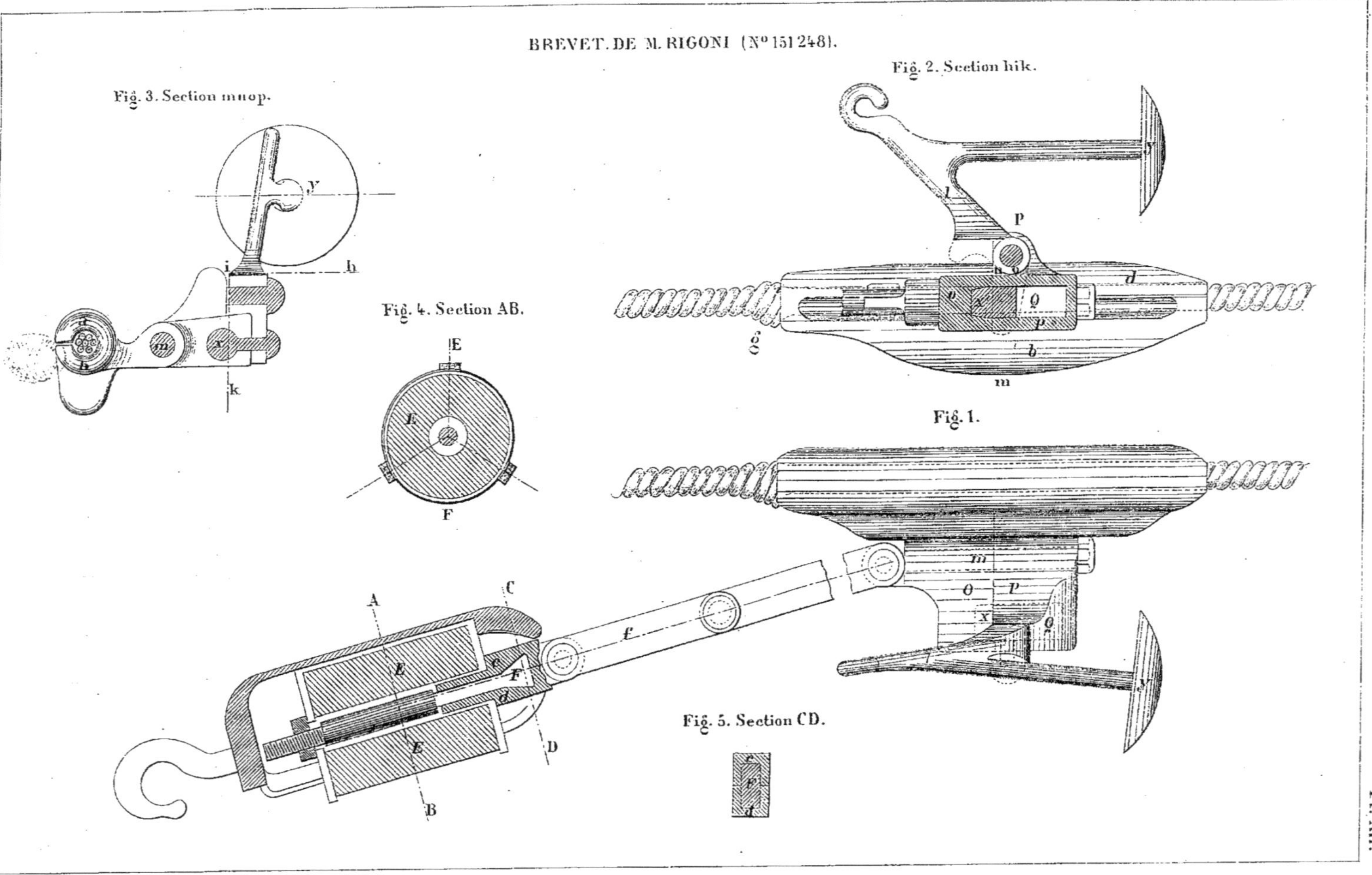
BREVET. DE M. RIGONI (N° 151 248).
Fig. 3. Section muop.
Fig. 2. Section hik.
Fig. 4. Section AB.
Fig. 1.
Fig. 5. Section CD.

1er BREVET DE M. ORIOLLE.

(N° 149 111) _ Certificat d'addition.

Fig. 3.

Échelle de 0,02 p. 1 m.

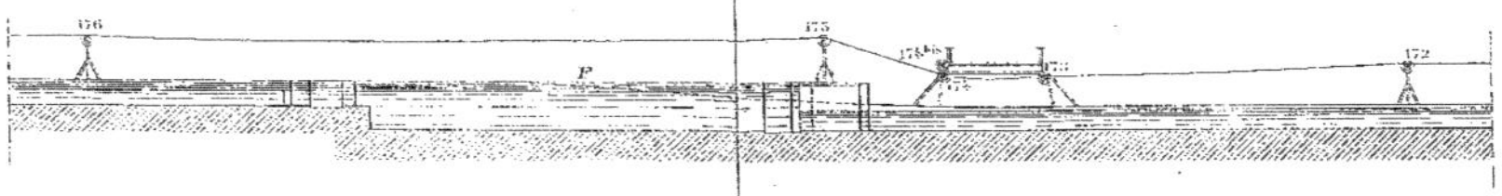

Fig. 2.

Échelle de 0,05 p. 1 m.

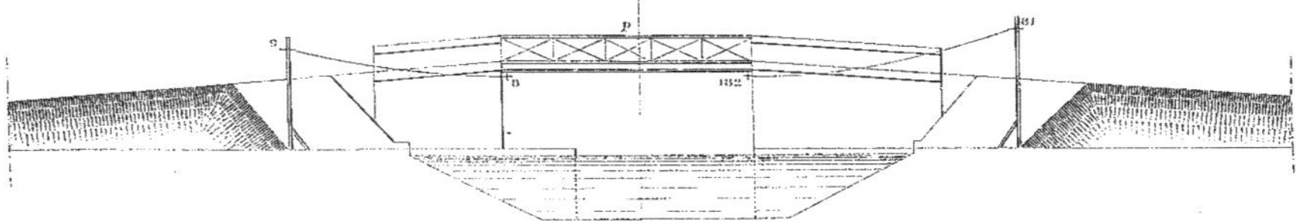

Fig. 1.

Échelle de 0,001 p. 1 m.

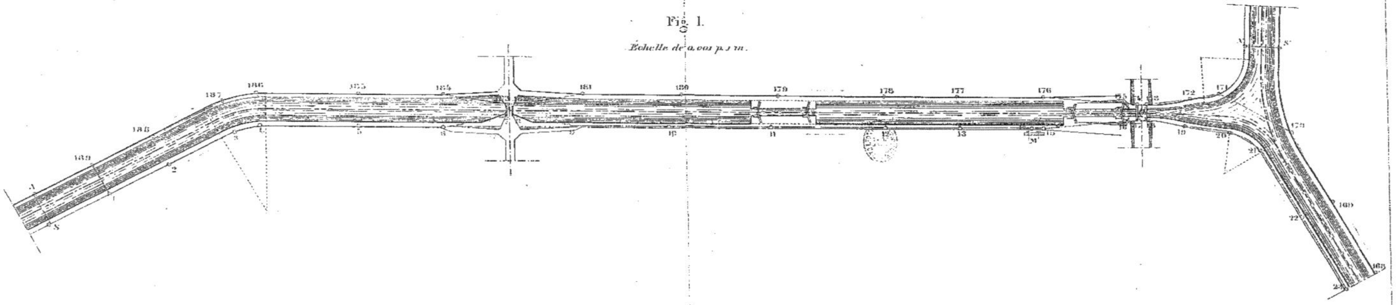

1ER BREVET DE M. ORIOLLE.
(N° 149 111) — *Certificat d'addition.*

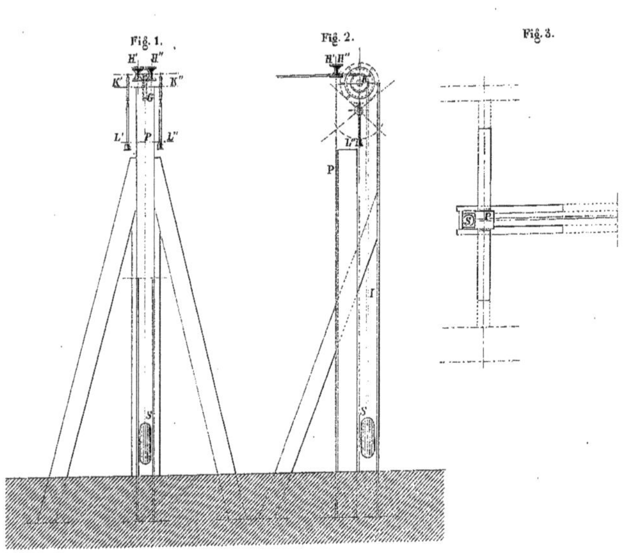

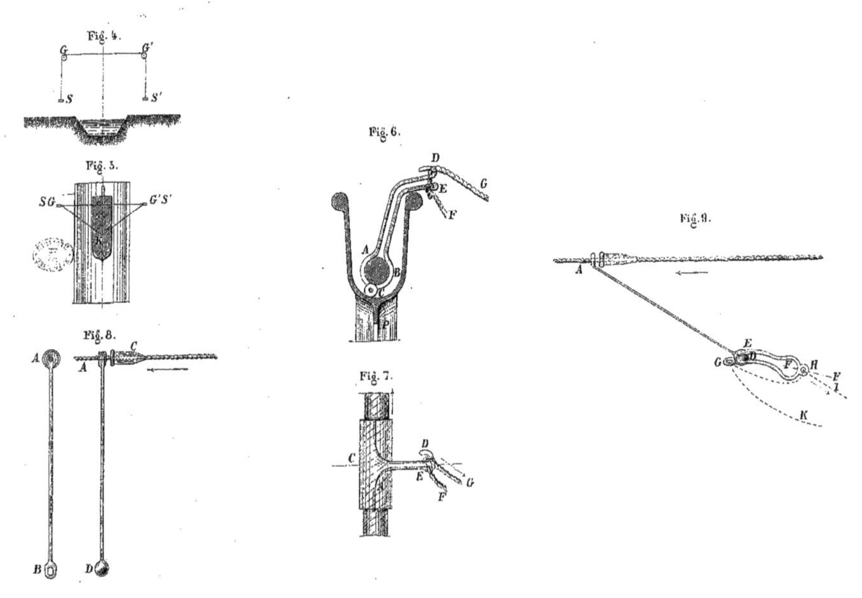

Pl. XIV.

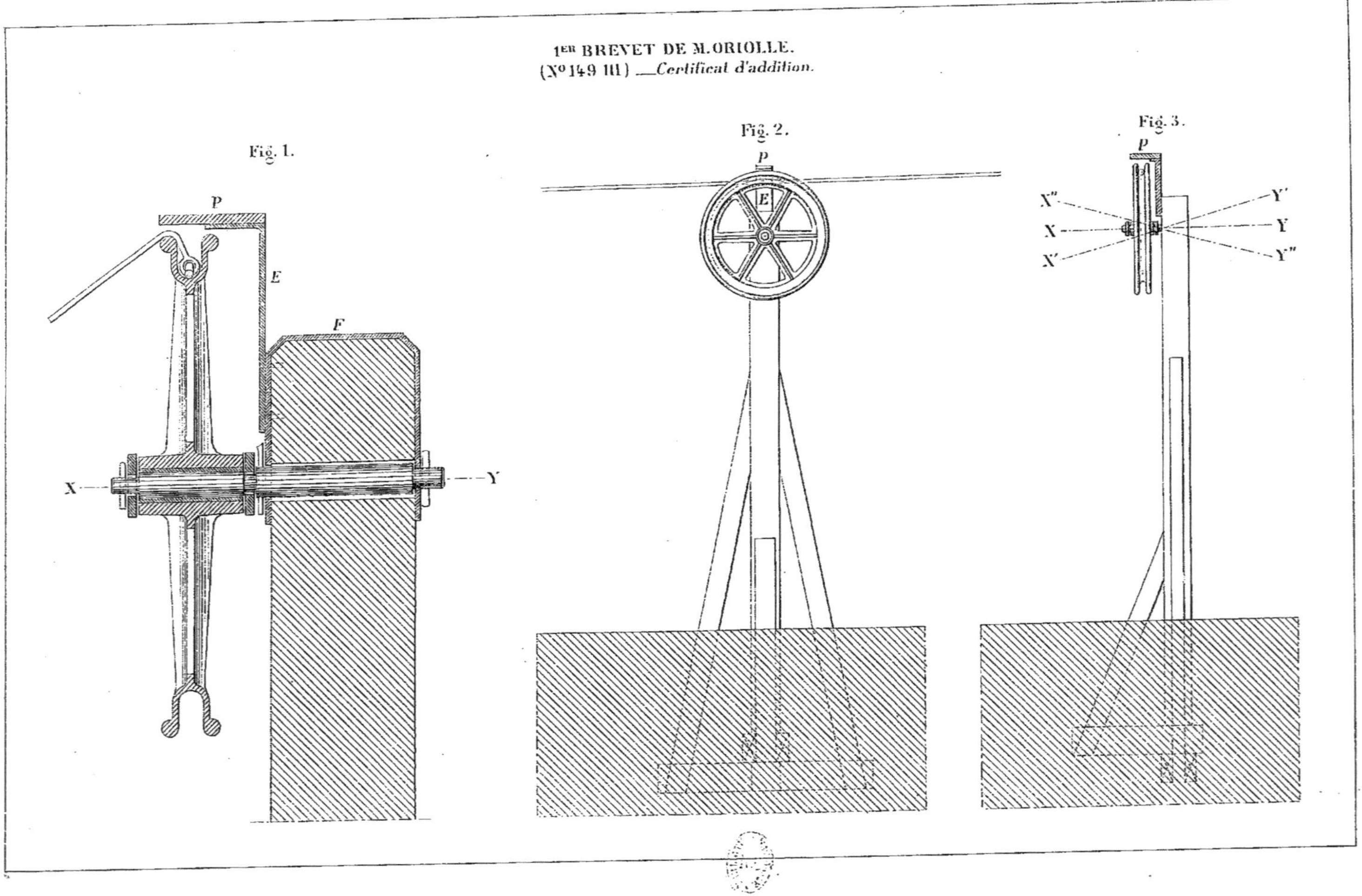
1er BREVET DE M. ORIOLLE.
(No 149 111) — Certificat d'addition.
Fig. 1.
P
E
F
X
Y
Fig. 2.
p
E
Fig. 3.
p
X"
X
X'
Y'
Y
Y"

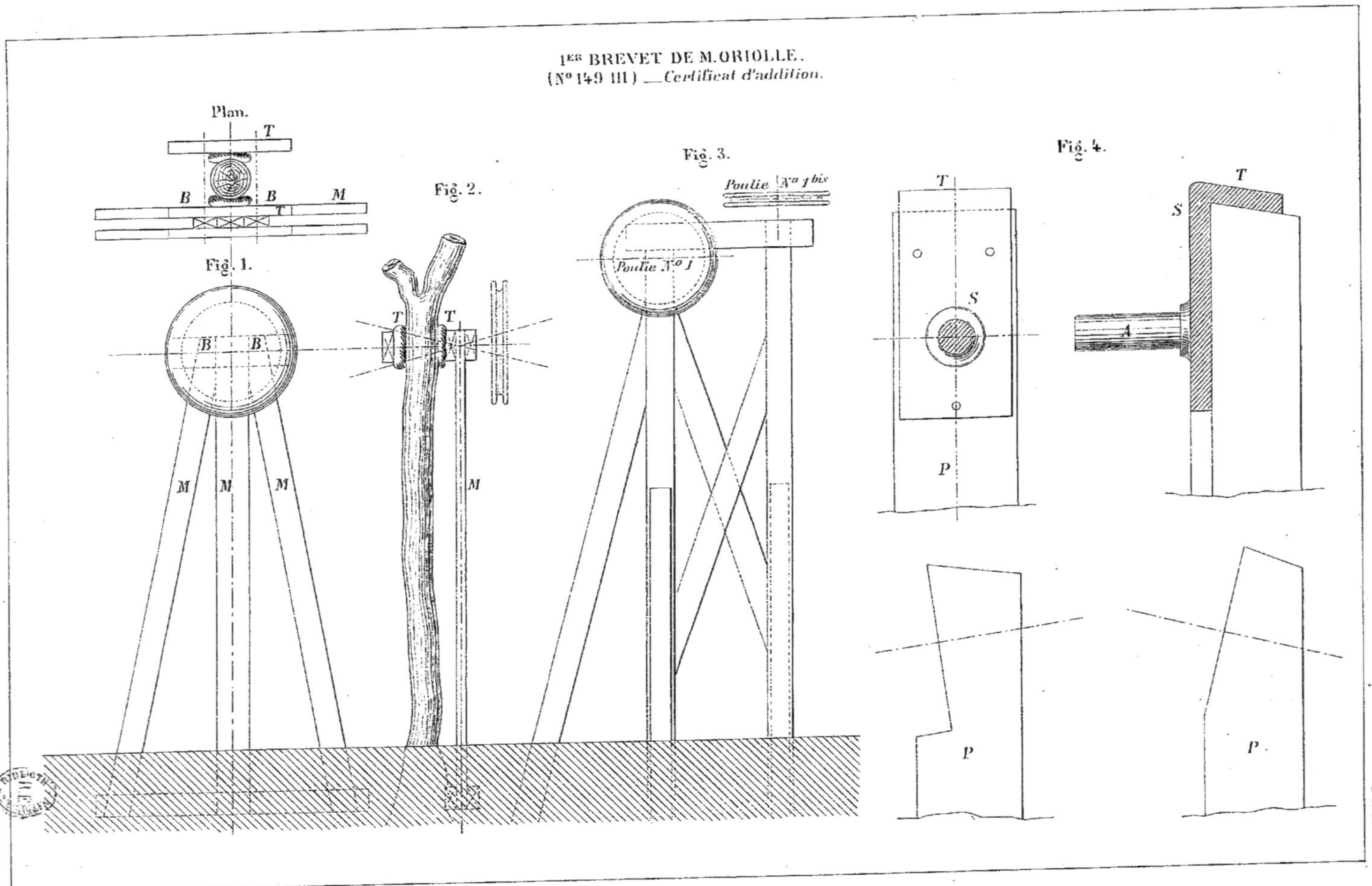

1er BREVET DE M. ORIOLLE.
(N° 149 111) — Certificat d'addition.
Plan.
Fig. 1.
Fig. 2.
Fig. 3.
Poulie N° 1
Poulie N° 1 bis
Fig. 4.
T
B
M
S
A
P

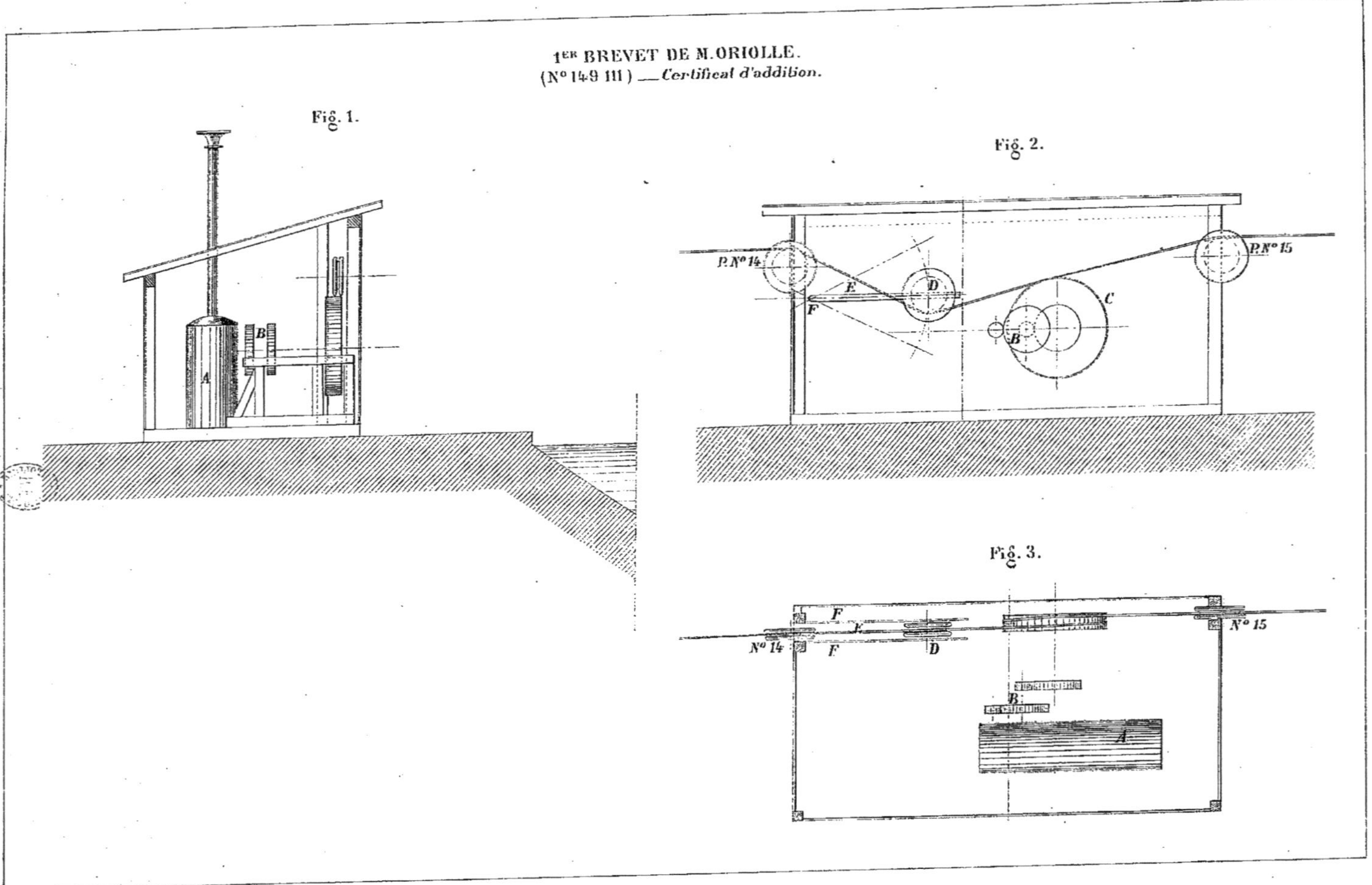
1er BREVET DE M. ORIOLLE.
(N° 149 111) — Certificat d'addition.
Fig. 1.
B
A
Fig. 2.
P. N° 14
E
D
F
C
B
P. N° 15
Fig. 3.
F
E
N° 14
F
D
N° 15
B
A

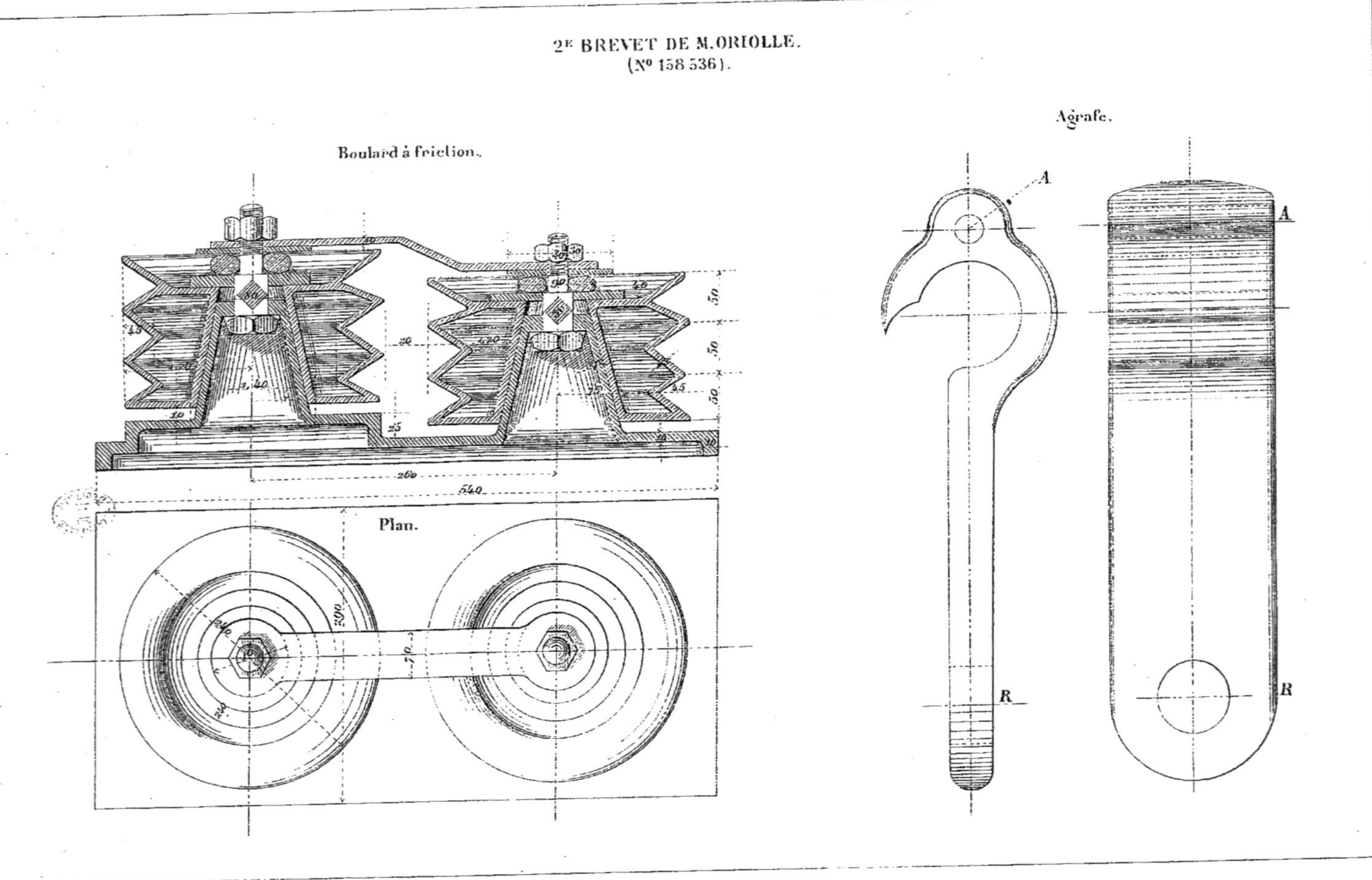
2E BREVET DE M. ORIOLLE.
(No 158 536).
Boulard à friction.
Plan.
Agrafe.
A
R
260
540

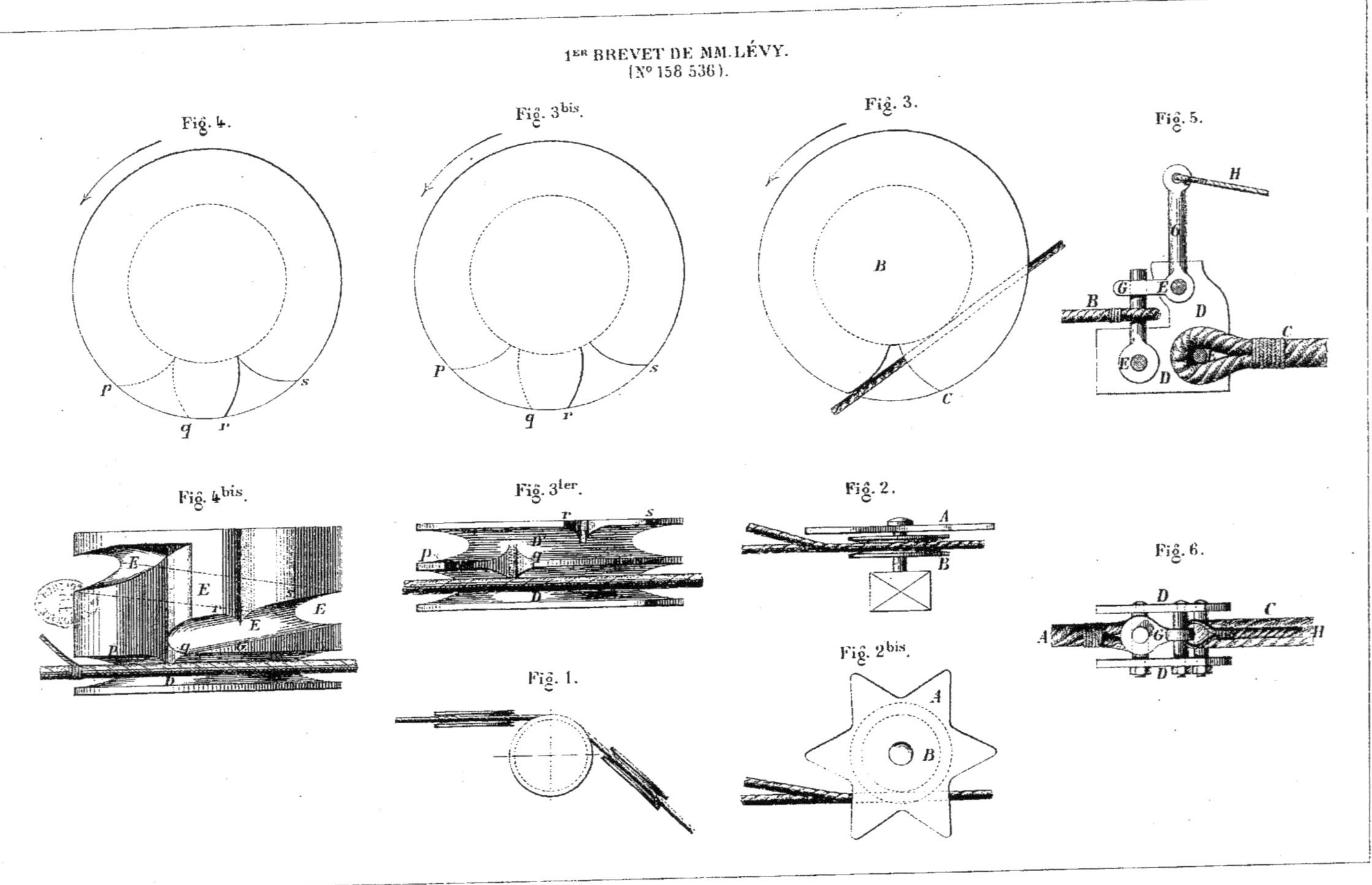
1er BREVET DE MM. LÉVY.
(N° 158 536).
Fig. 4.
Fig. 3bis.
Fig. 3.
Fig. 5.
Fig. 4bis.
Fig. 3ter.
Fig. 2.
Fig. 6.
Fig. 1.
Fig. 2bis.

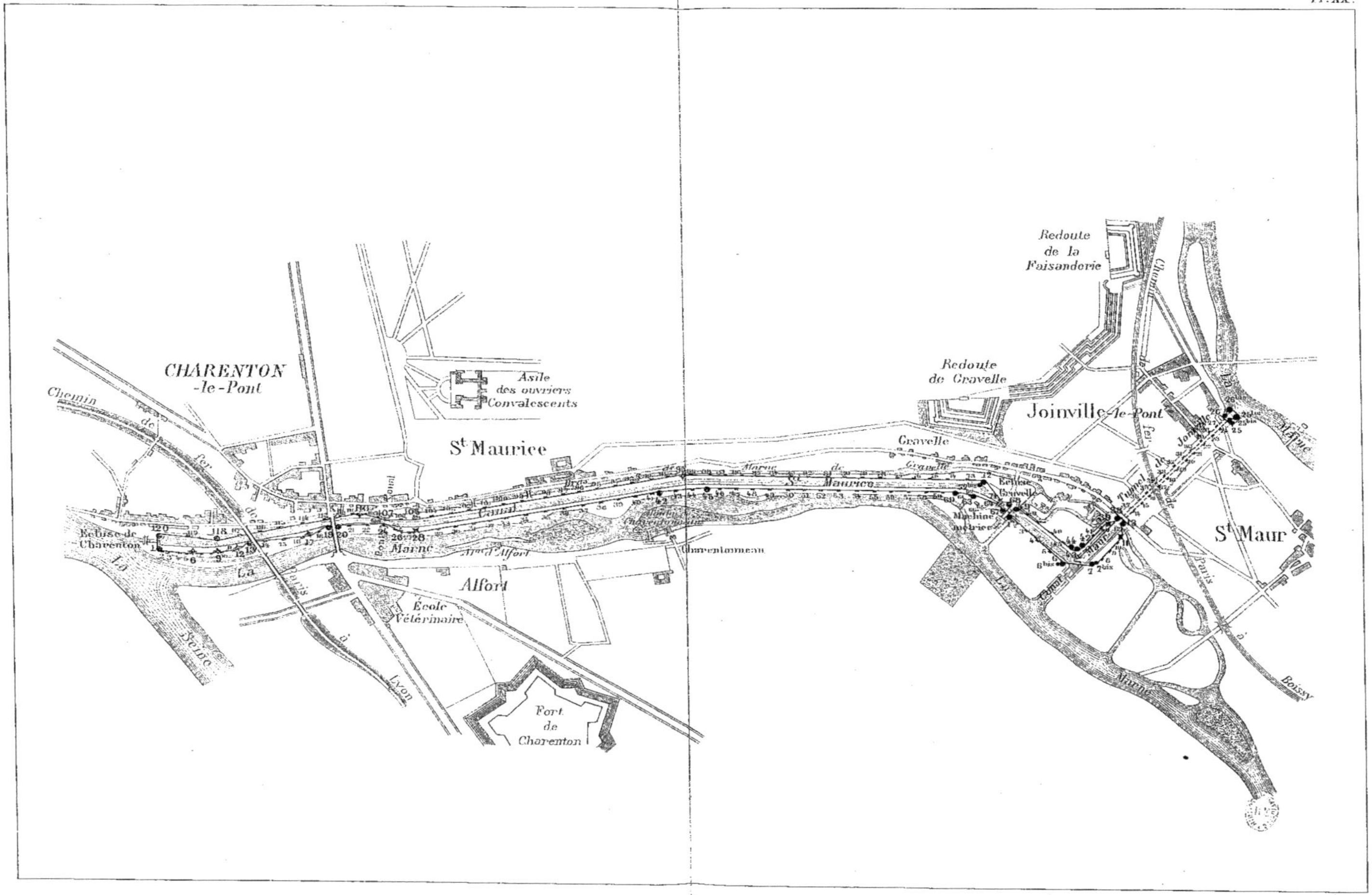

CHARENTON
-le-Pont

Asile
des ouvriers
Convalescents

St Maurice

Redoute
de la
Faisandorie

Redoute
de Gravelle

Joinville-le-Pont

St Maur

Gravelle

Écluse de
Charenton

Écluse
Gravelle

Machine
motrice

Canal

Marne

Charentonneau

Alfort

École
Vétérinaire

Fort
de
Charenton

Chemin de fer de Paris à Lyon

Chemin de fer de Paris à Boissy

La Seine

La Marne

HALAGE FUNICULAIRE INSTALLÉ SUR LES CANAUX DE S^{T}-MAURICE ET DE S^{T}-MAUR.

(SYSTÈME MAURICE LEVY).

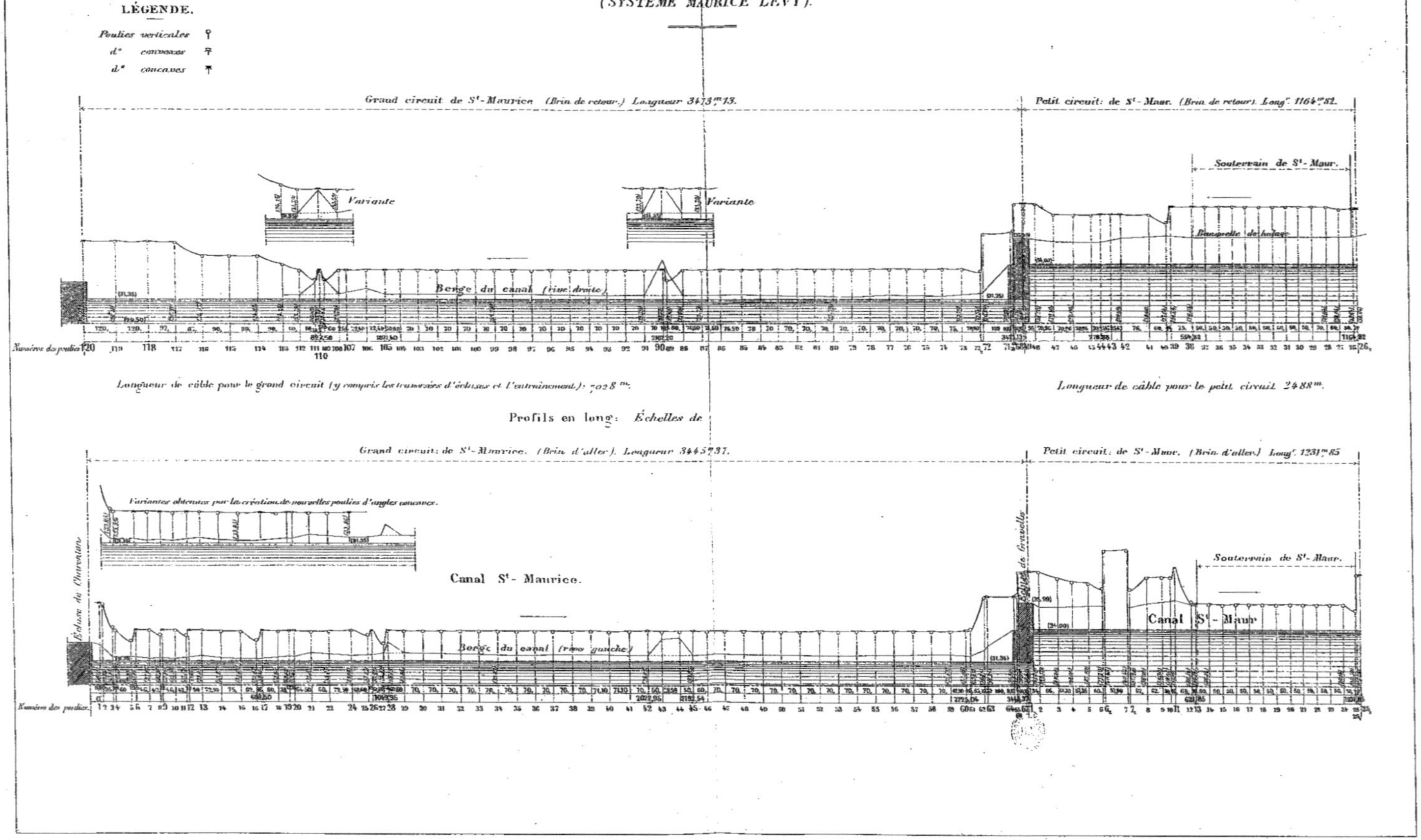

LÉGENDE.

Poulies verticales
d° convexes
d° concaves

Grand circuit de St-Maurice (Brin de retour.) Longueur 3473^{m}13.

Petit circuit: de St-Maur. (Brin de retour). Long^{r}. 1164^{m}82.

Souterrain de St-Maur.

Variante

Variante

Banquette de halage

Berge du canal *(rive droite)*

Numéros des poulies

Longueur de câble pour le grand circuit (y compris les traversées d'écluses et l'entraînement): 7028^{m}.

Longueur de câble pour le petit circuit 2488^{m}.

Profils en long: *Échelles de*

Grand circuit: de St-Maurice. (Brin d'aller). Longueur 3445^{m}37.

Petit circuit: de St-Maur. (Brin d'aller) Long^{r}. 1231^{m}85

Variantes obtenues par la création de nouvelles poulies d'angles concaves.

Canal St-Maurice.

Écluse de Charenton

Écluse de Gravelle

Souterrain de St-Maur.

Canal St-Maur

Berge du canal *(rive gauche)*

Numéros des poulies.

SOUTERRAIN DE SAINT-MAUR (TÊTE AVAL).

JONCTION DES CANAUX SAINT-MAUR ET SAINT-MAURICE.

ÉCLUSE DE GRAVELLE. — BÂTIMENT DE LA MACHINE.

APPAREIL D'ENTRAÎNEMENT ET DE RÈGLAGE. — CHARIOT TENDEUR DU CÂBLE.

RIVIÈRE DE MARNE.

ESSAI DE HALAGE AU MOYEN D'UN CÂBLE TÉLÉDYNAMIQUE

SYSTÈME MAURICE LÉVY.

Installation de la machinerie et des transmissions de mouvement.

Ensemble.

Coupe verticale.

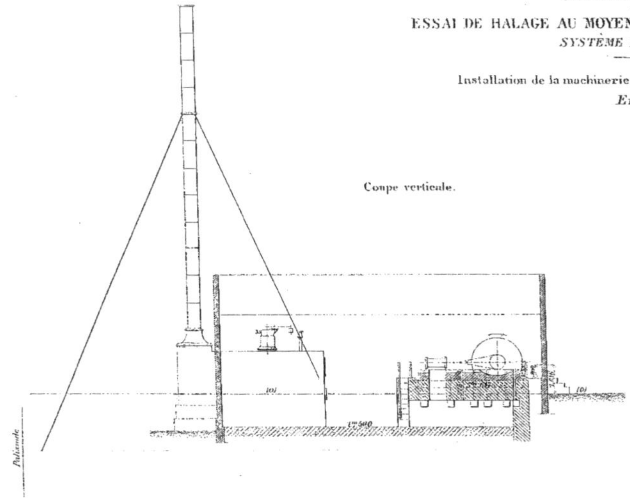

Commande du petit circuit.
(Côté de Joinville).

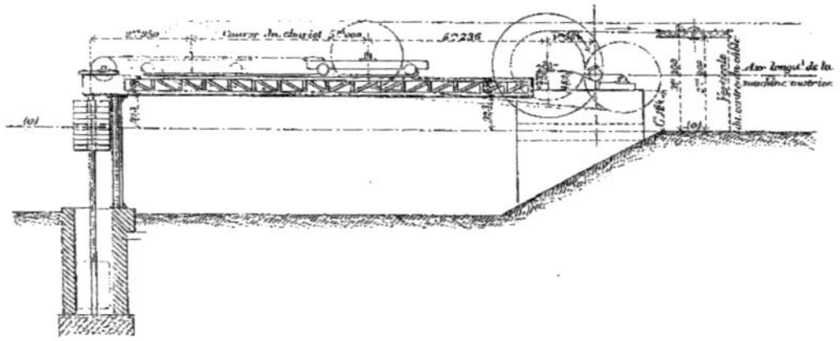

Commande du grand circuit.
(Côté de Charenton).

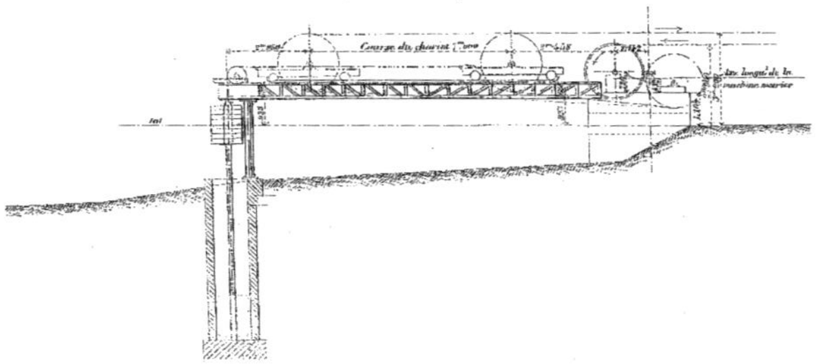

Vue en plan.

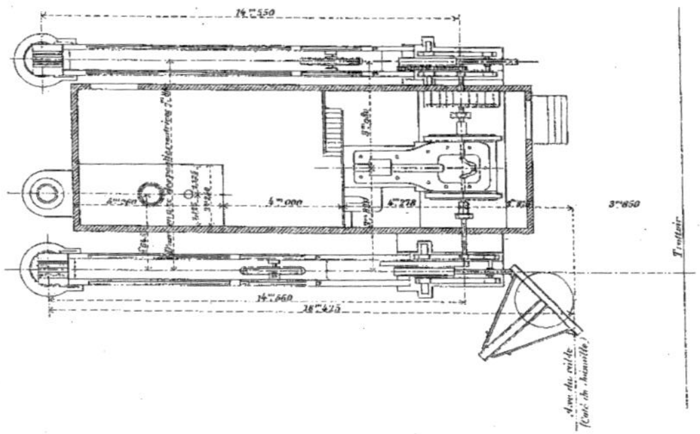

PASSAGE DU CÂBLE SOUS LE PONT DE L'ÉCLUSE DE GRAVELLE.

TÊTE AVAL DE L'ÉCLUSE DE GRAVELLE.

PASSAGE DU PONT-CANAL DE LA CHARITÉ.

Pl. XXX.

PORT DE CHARENTON.

1ER BREVET DE M. M. LÉVY.

1er Certificat d'addition.

Échelle variable.

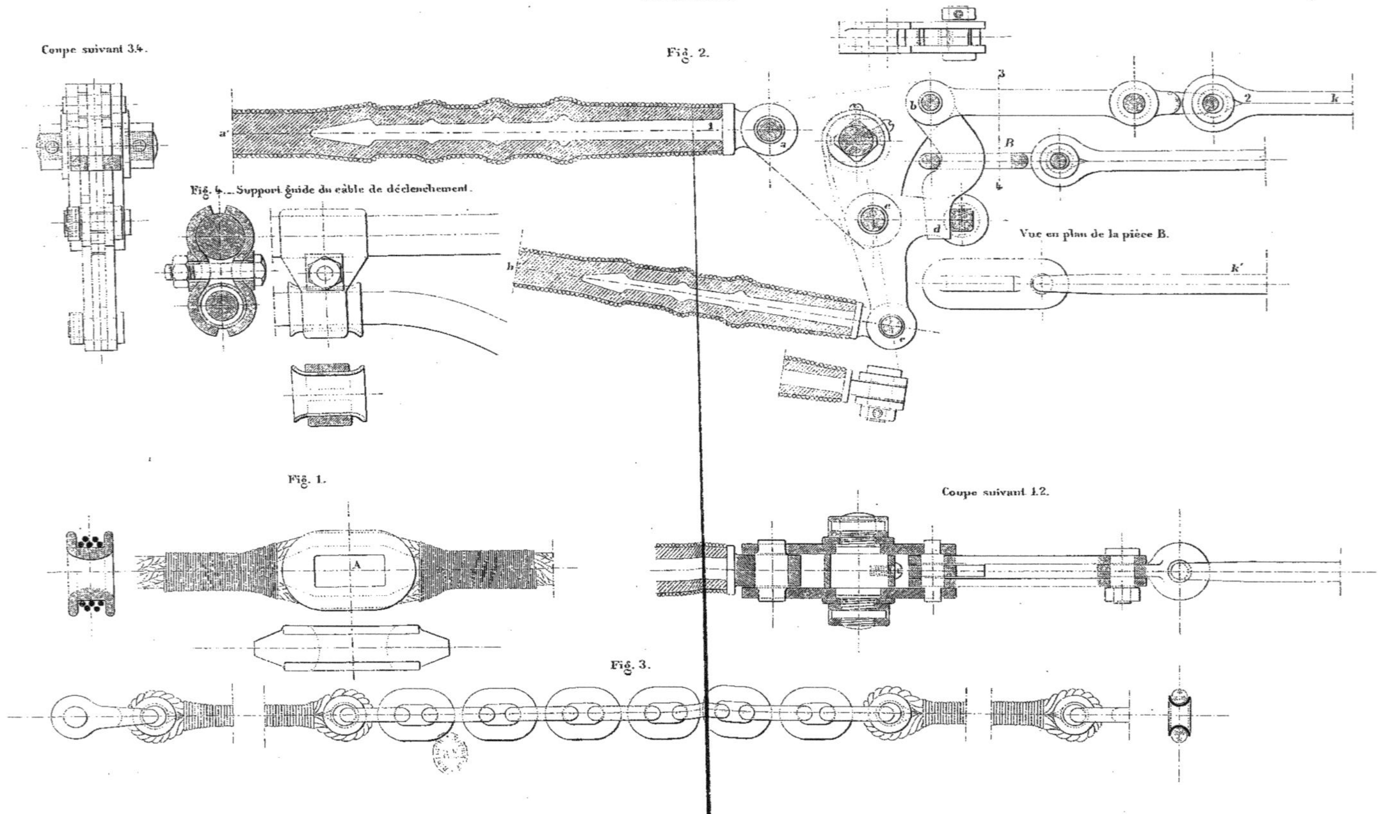

Levier double en deux parties A.

Coupe suivant 3.4.

Fig. 2.

a'

1

a

b

3

B

4

2

k

c'

d

c

b'

Vue en plan de la pièce B.

k'

Fig. 4. _ Support guide du câble de déclenchement.

Fig. 1.

A

Coupe suivant 1.2.

Fig. 3.

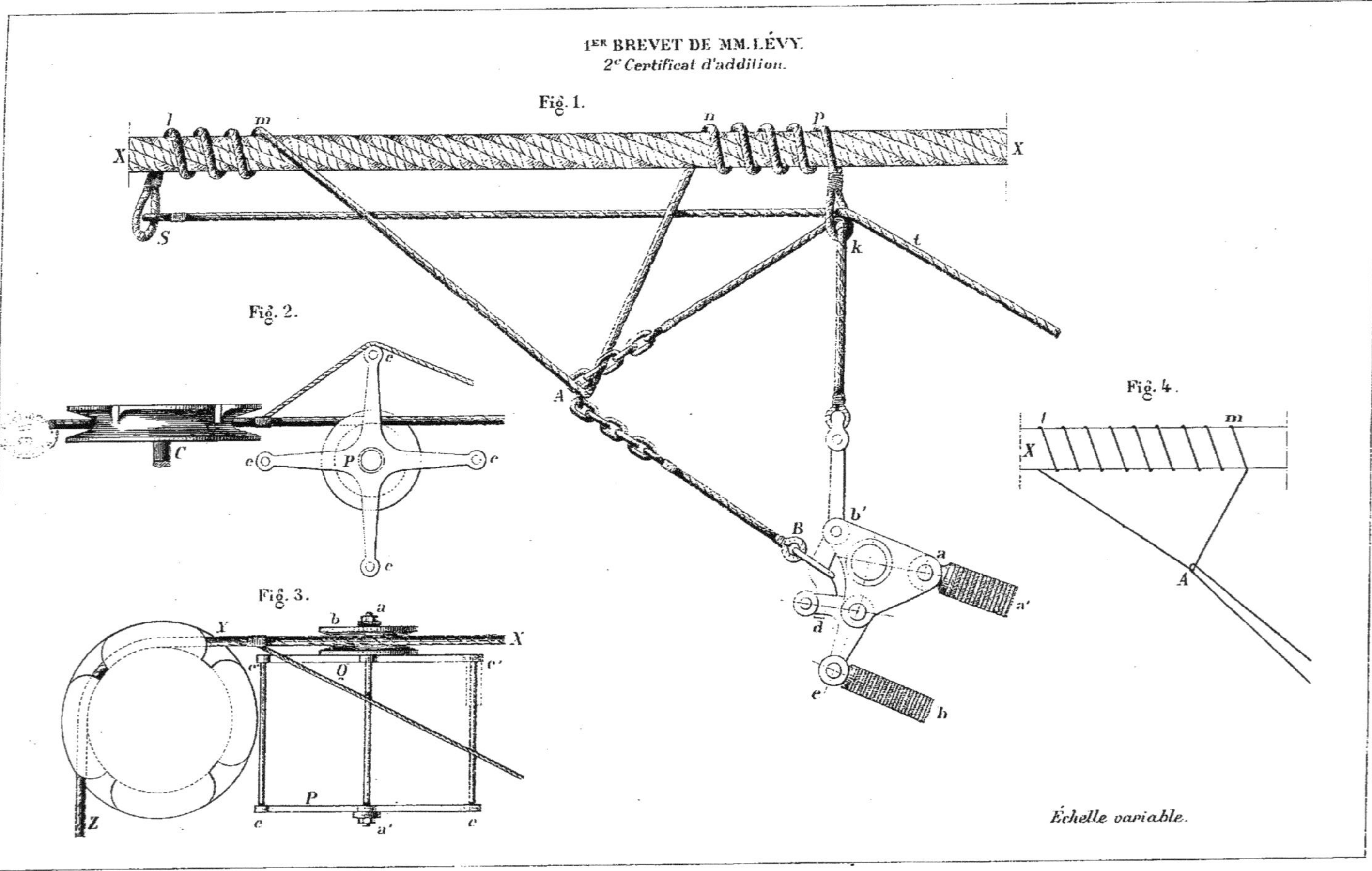
1ER BREVET DE MM. LÉVY.
2e Certificat d'addition.
Fig. 1.
Fig. 2.
Fig. 3.
Fig. 4.
Échelle variable.

1ER BREVET DE M. M. LÉVY.
3e Certificat d'addition.

Échelle variable.

Fig. 1.

Fig. 2.

Fig. 3.

Fig. 4.

Fig. 5.

Fig. 6.

Fig. 7.

Fig. 8.

Fig. 9.

Fig. 10.

Fig. 11.

Fig. 12.

Fig. 13.

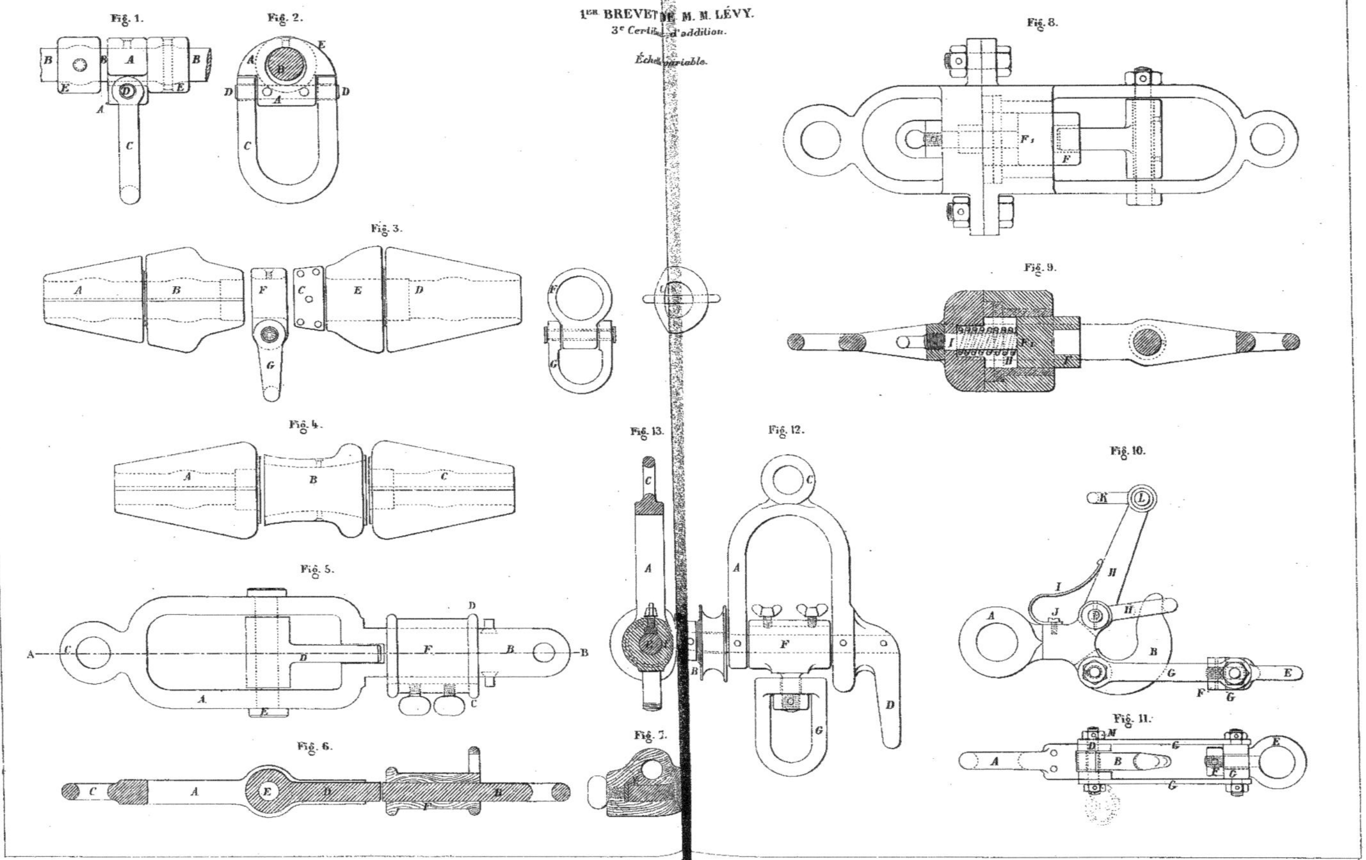

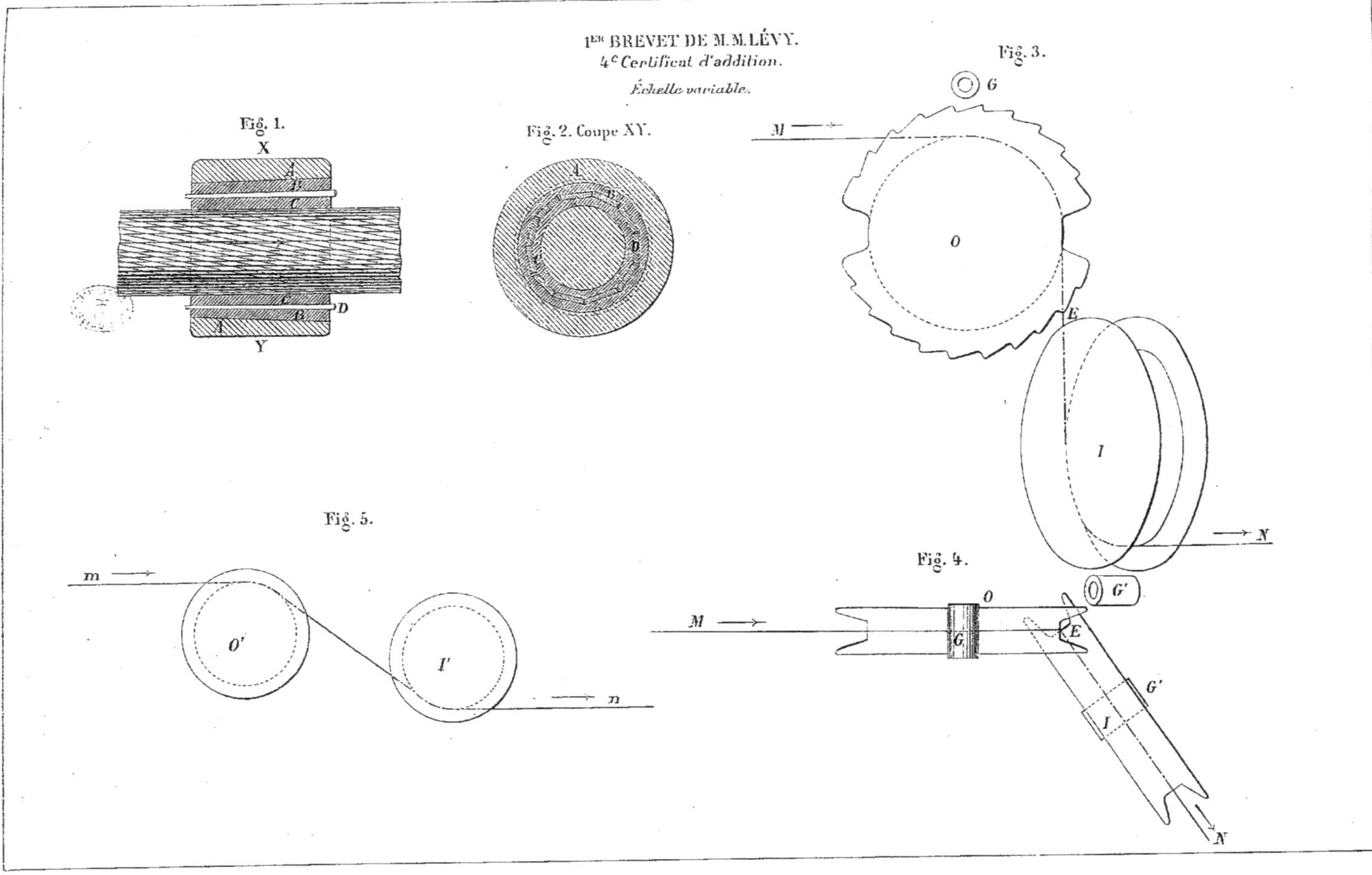
1er BREVET DE M. M. LÉVY.
4e Certificat d'addition.
Échelle variable.
Fig. 1.
X
A
B
C
D
Y
Fig. 2. Coupe XY.
Fig. 3.
G
M
O
E
I
N
Fig. 5.
m
O'
I'
n
Fig. 4.
O
G'
M
G
E
J
N

1er BREVET DE M.M. LÉVY.
5e Certificat d'addition.
Fig. 1.
Fig. 2.
Fig. 3.
Fig. 4.
Fig. 5.
Fig. 6.
Fig. 7.
Fig. 8.

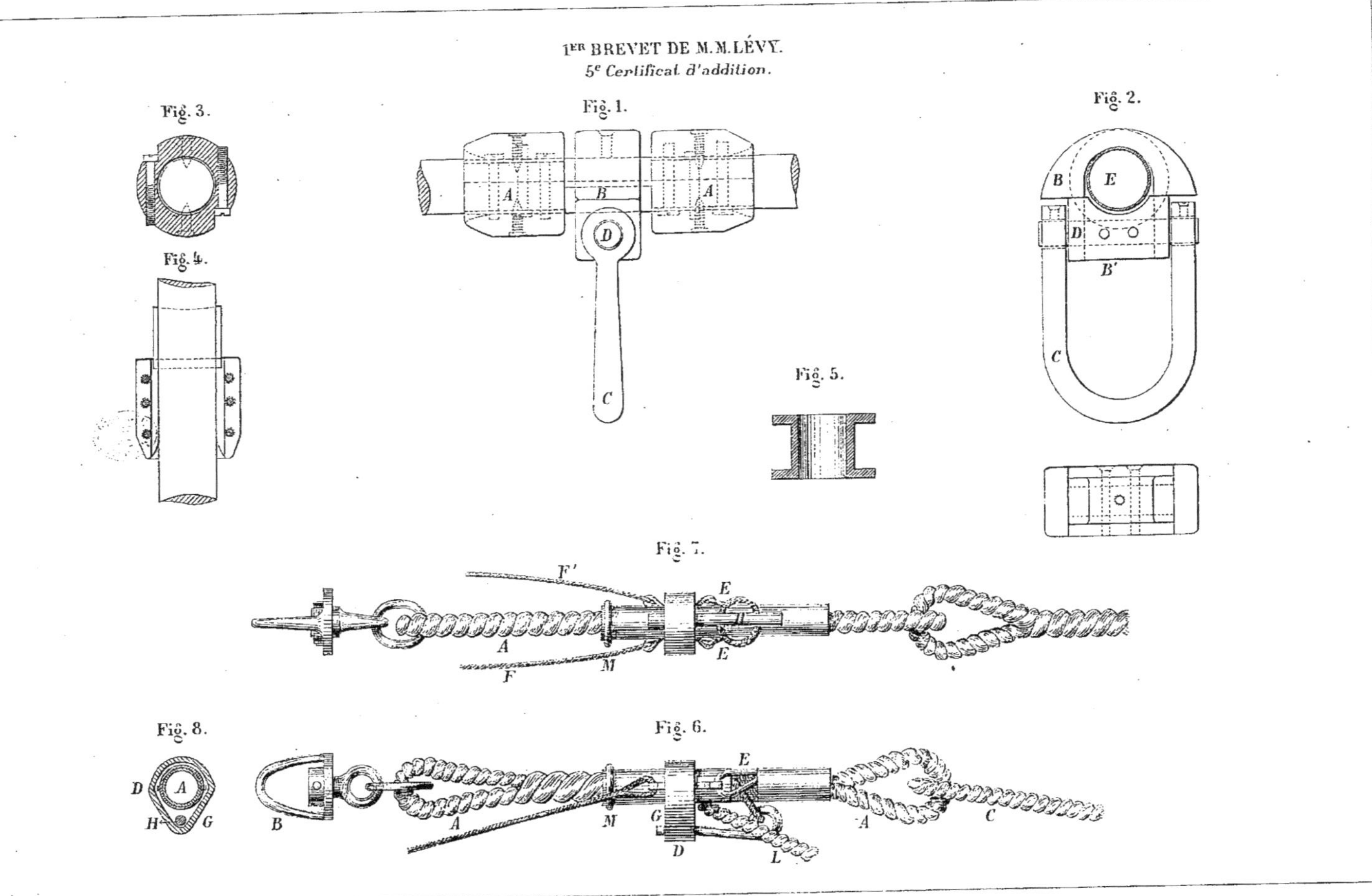

Pl. XXXV.

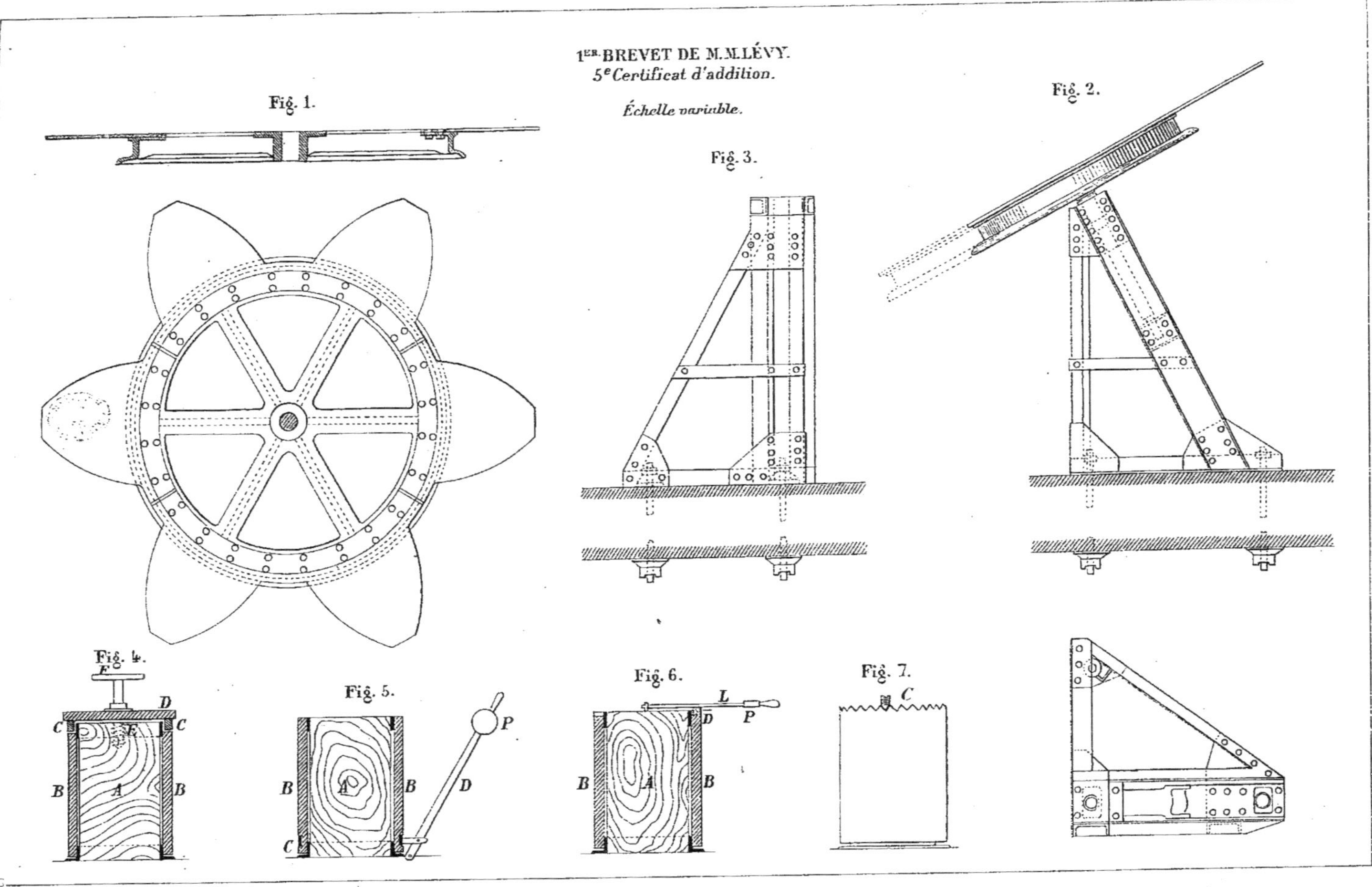
1er BREVET DE M.M. LÉVY.
5e Certificat d'addition.
Échelle variable.
Fig. 1.
Fig. 2.
Fig. 3.
Fig. 4.
E
D
C
E
C
B
A
B
Fig. 5.
P
B
A
B
D
C
Fig. 6.
L
D
P
B
A
B
Fig. 7.
C

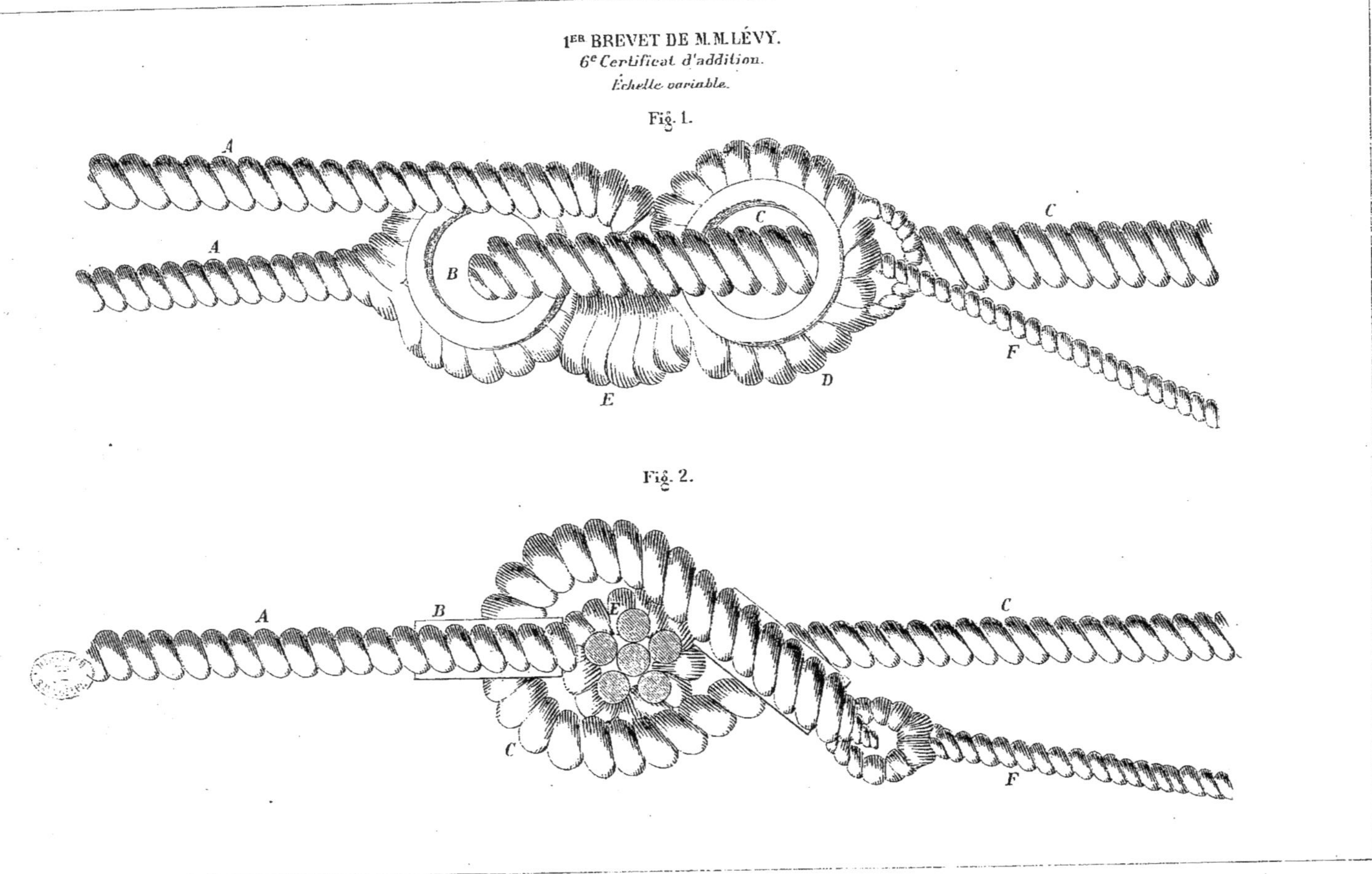
1ER BREVET DE M.M. LÉVY.
6e Certificat d'addition.
Échelle variable.
Fig. 1.
A
A
B
C
C
D
E
F
Fig. 2.
A
B
E
C
C
F

3me BREVET DE M. ORIOLLE (N° 195 124).

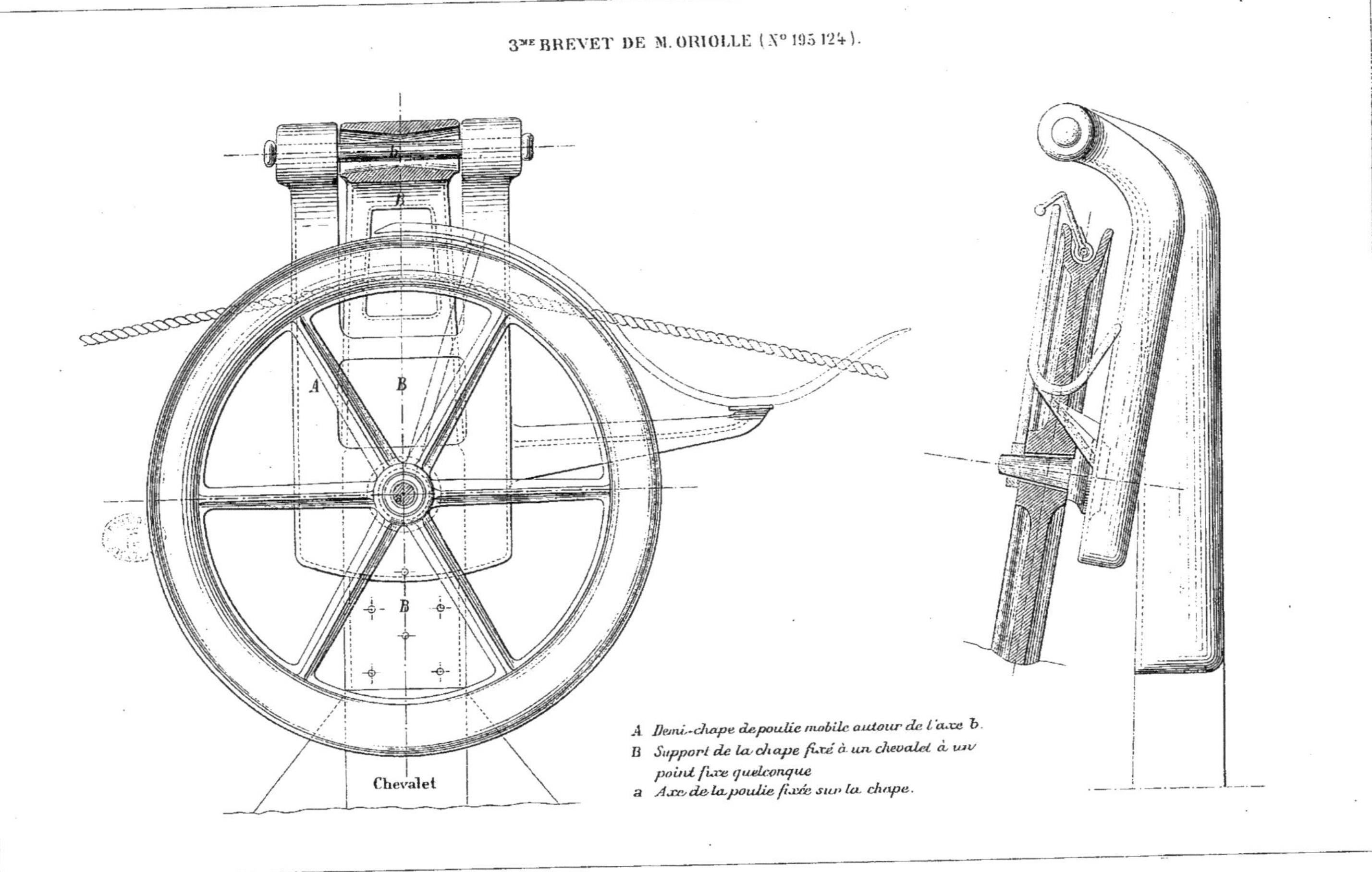

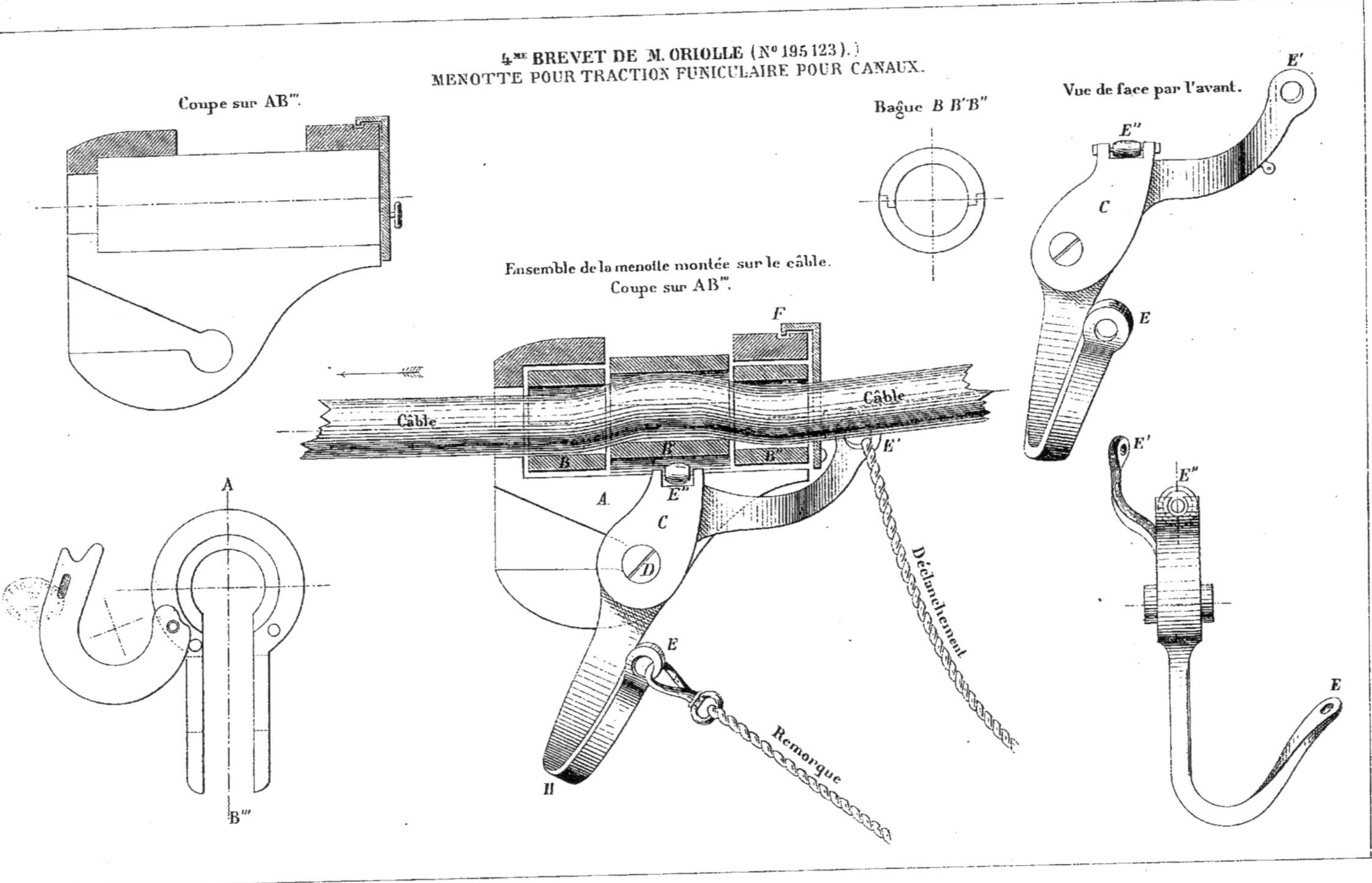

4me BREVET DE M. ORIOLLE (N° 195123.)
MENOTTE POUR TRACTION FUNICULAIRE POUR CANAUX.
Coupe sur AB'''.
Bague B B'B''
Vue de face par l'avant.
Ensemble de la menotte montée sur le câble.
Coupe sur AB'''.
Câble
Câble
Déclanchement
Remorque

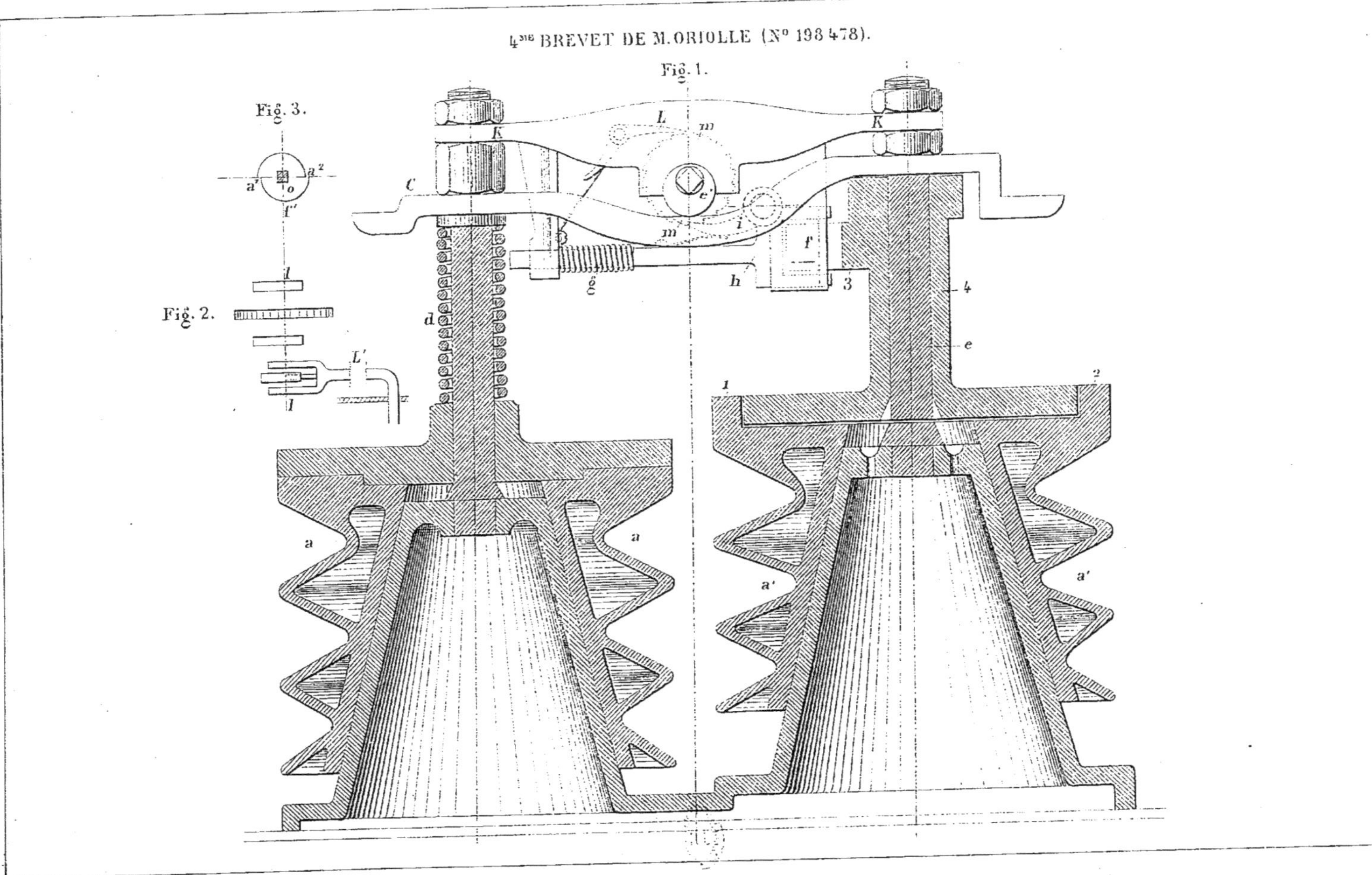
4me BREVET DE M. ORIOLLE (No 198478).
Fig. 1.
Fig. 2.
Fig. 3.

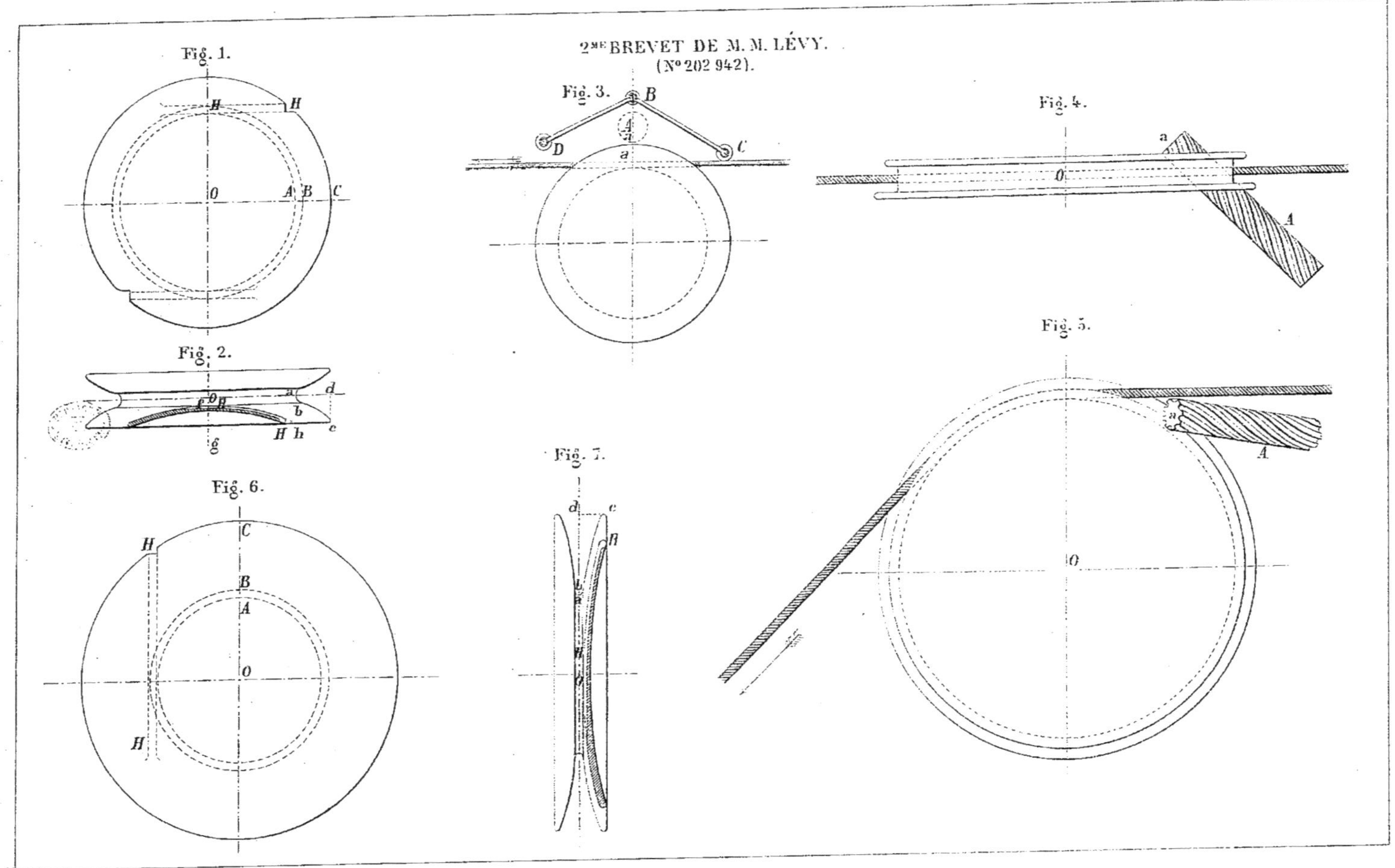
2ME BREVET DE M. M. LÉVY.
(N° 202 942).
Fig. 1.
Fig. 2.
Fig. 3.
Fig. 4.
Fig. 5.
Fig. 6.
Fig. 7.

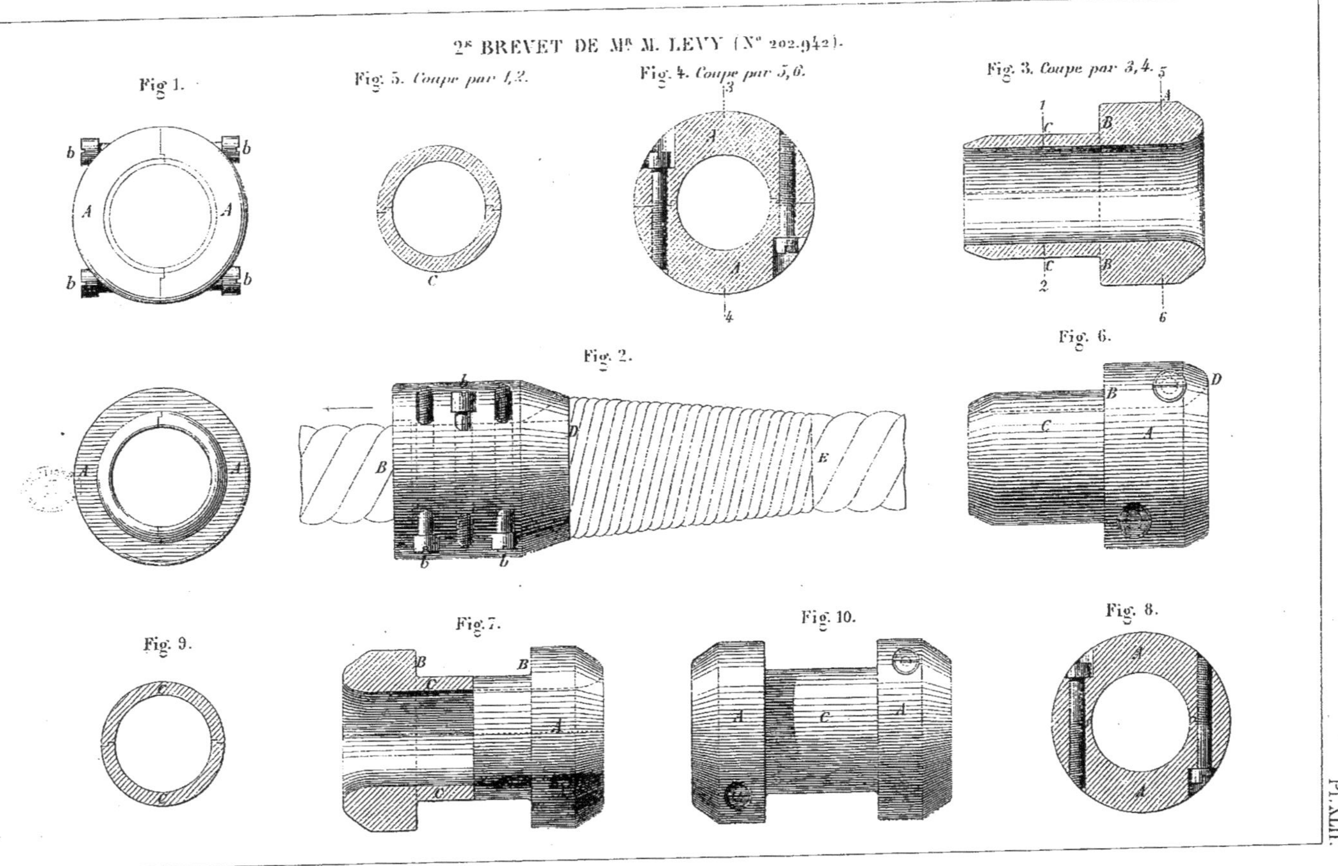

2e BREVET DE Mr M. LEVY (No 202.942).
Fig 1.
Fig. 5. Coupe par 1,2.
Fig. 4. Coupe par 5,6.
Fig. 3. Coupe par 3,4.
Fig. 2.
Fig. 6.
Fig. 9.
Fig. 7.
Fig. 10.
Fig. 8.
A
B
C
D
E
b
1
2
3
4
5
6

2E BREVET DE Mr M. LEVY (No 202.942).

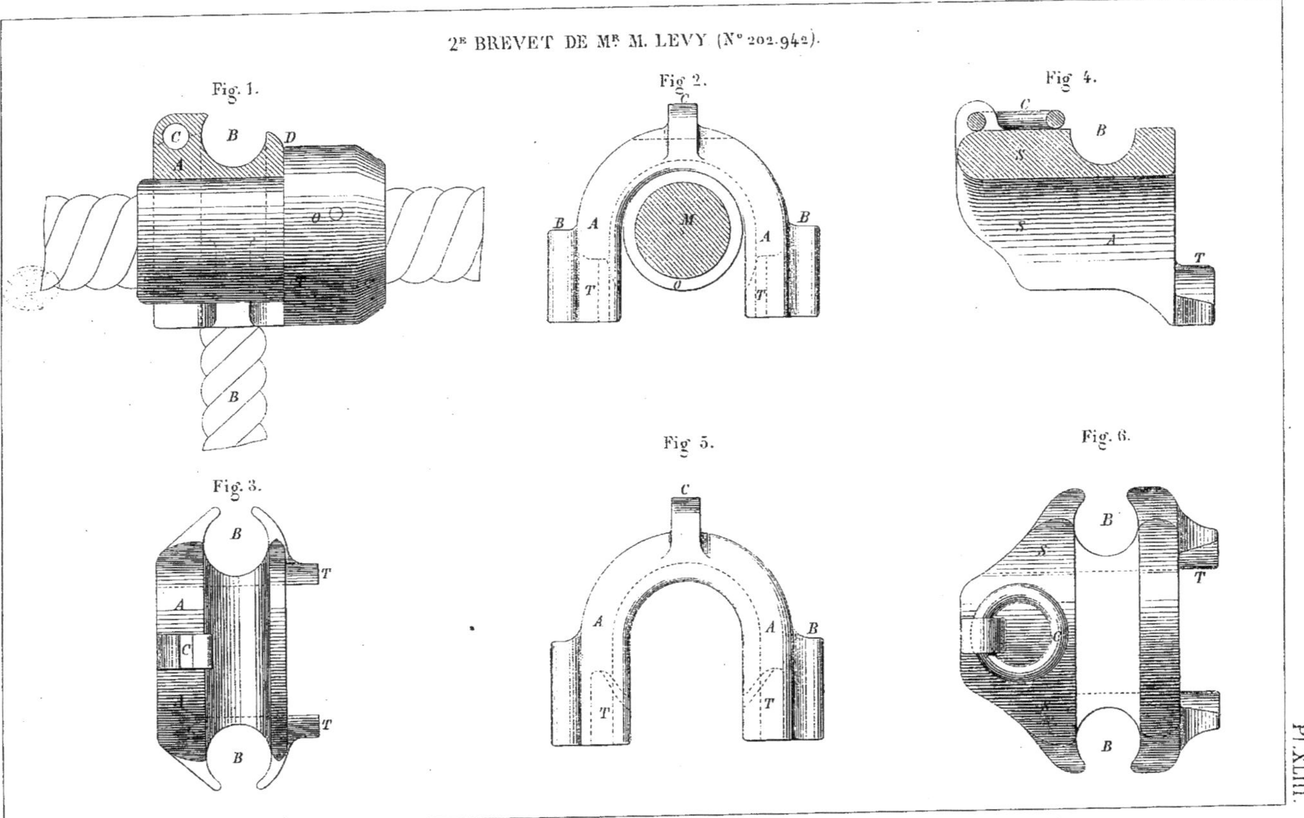

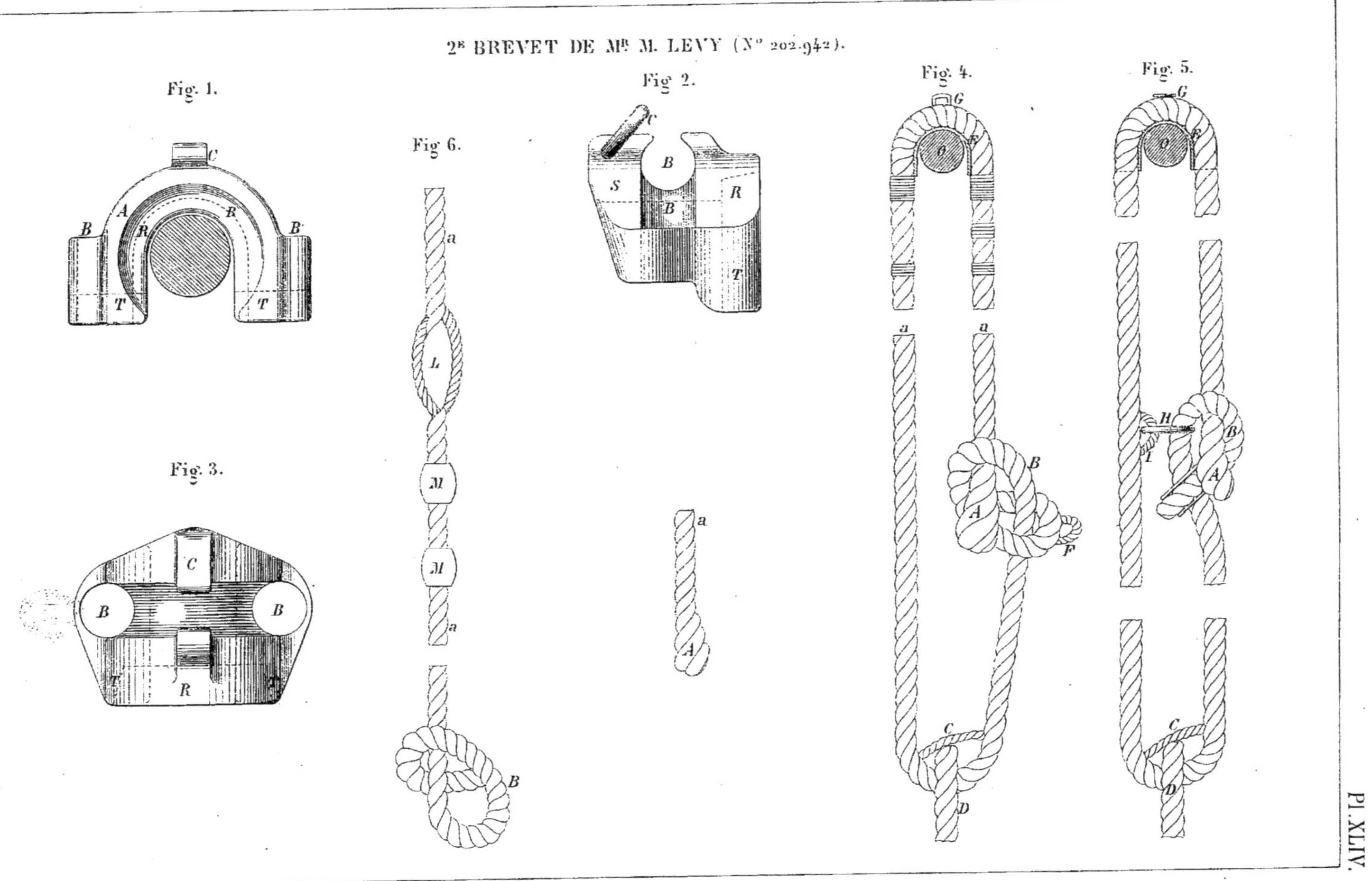
2e BREVET DE Mr M. LEVY (No 202.942).
Fig. 1.
Fig. 2.
Fig. 3.
Fig. 4.
Fig. 5.
Fig. 6.

2E BREVET DE MR M. LEVY (No 202.942).

Fig. 1.

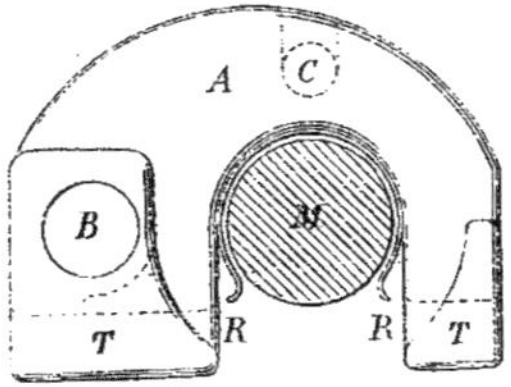

Fig. 2.

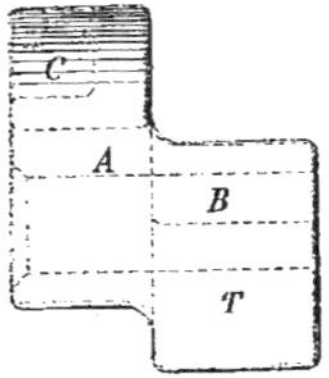

Fig. 6.

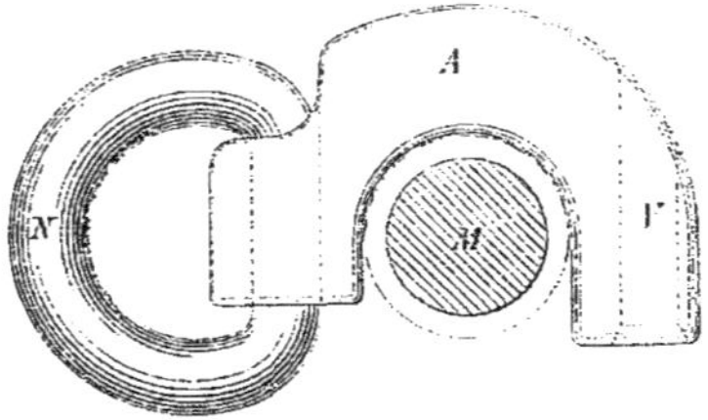

Fig. 3.

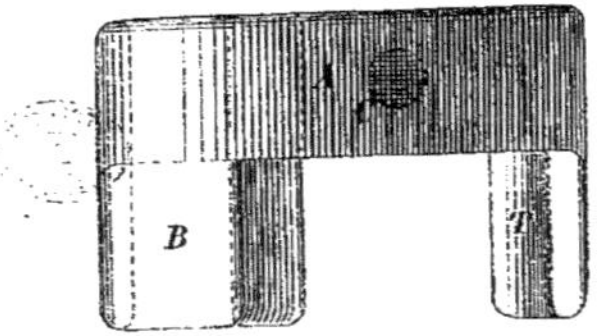

Fig. 4.

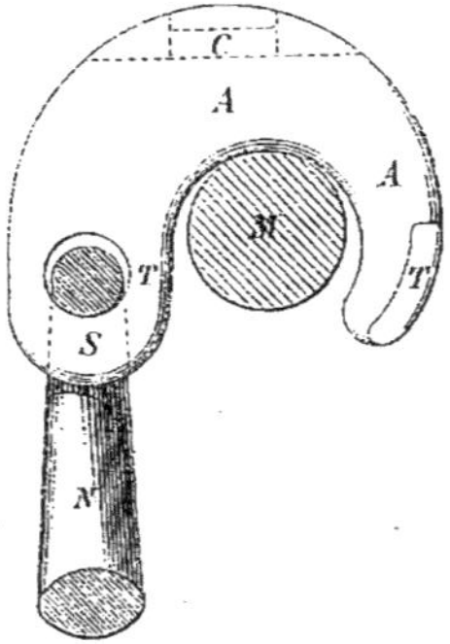

Fig. 5.

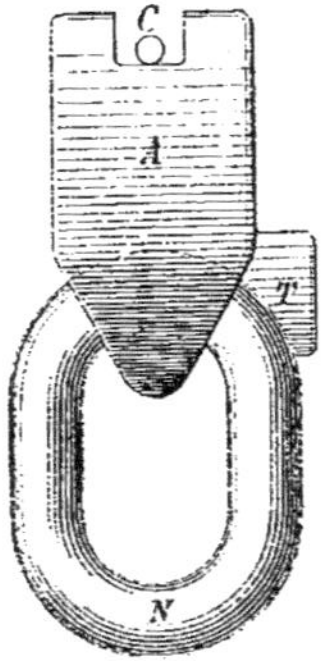

Fig. 7.

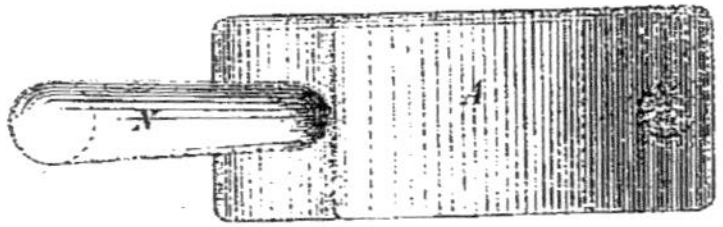

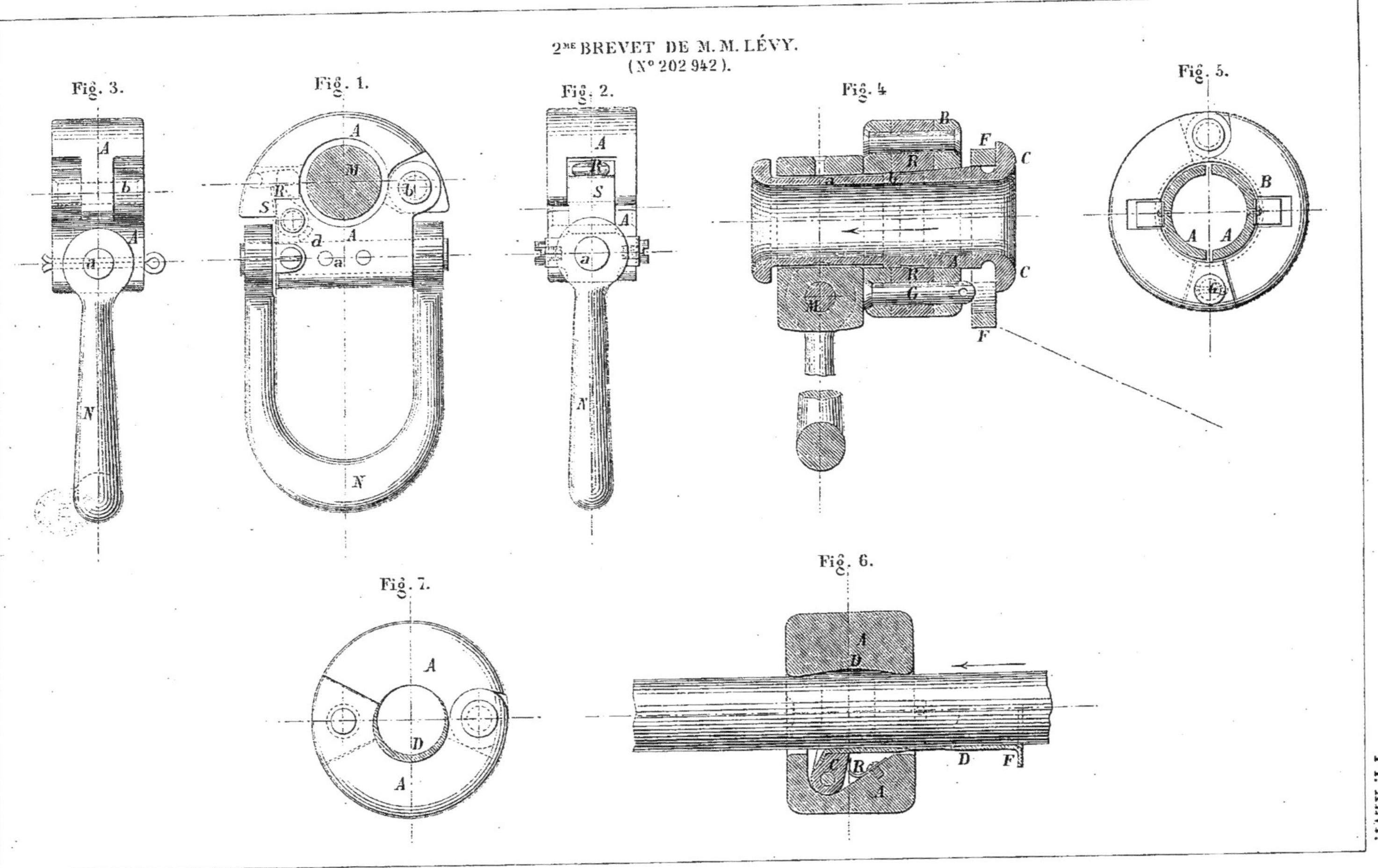
2me BREVET DE M. M. LÉVY.
(N° 202 942).
Fig. 3.
Fig. 1.
Fig. 2.
Fig. 4
Fig. 5.
Fig. 7.
Fig. 6.

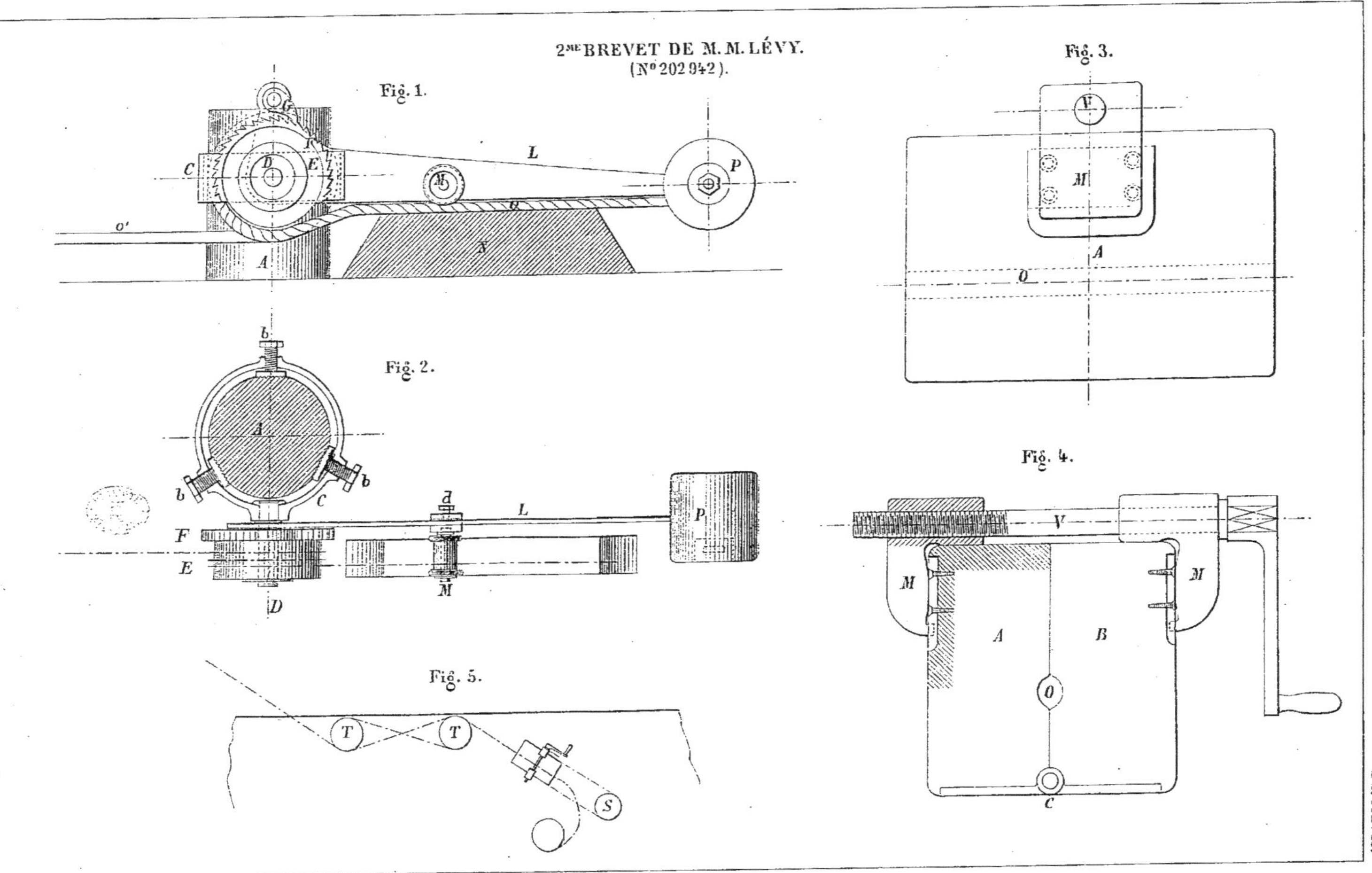

Pl. XLVII.

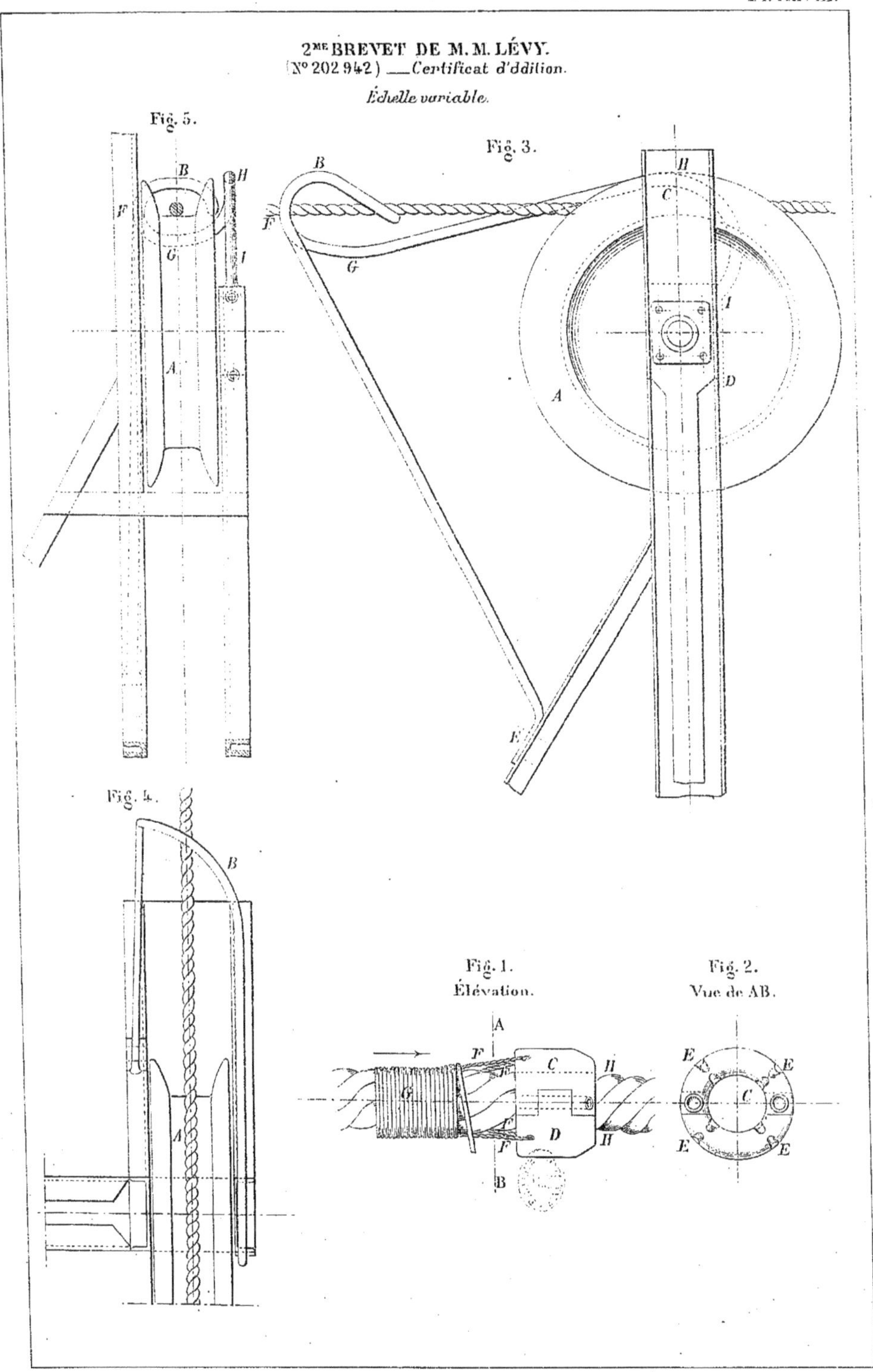
2ME BREVET DE M. M. LÉVY.
(N° 202 942) — Certificat d'addition.
Échelle variable.
Fig. 5.
Fig. 3.
Fig. 4.
Fig. 1.
Élévation.
Fig. 2.
Vue de AB.
A
B
C
D
E
F
G
H
I

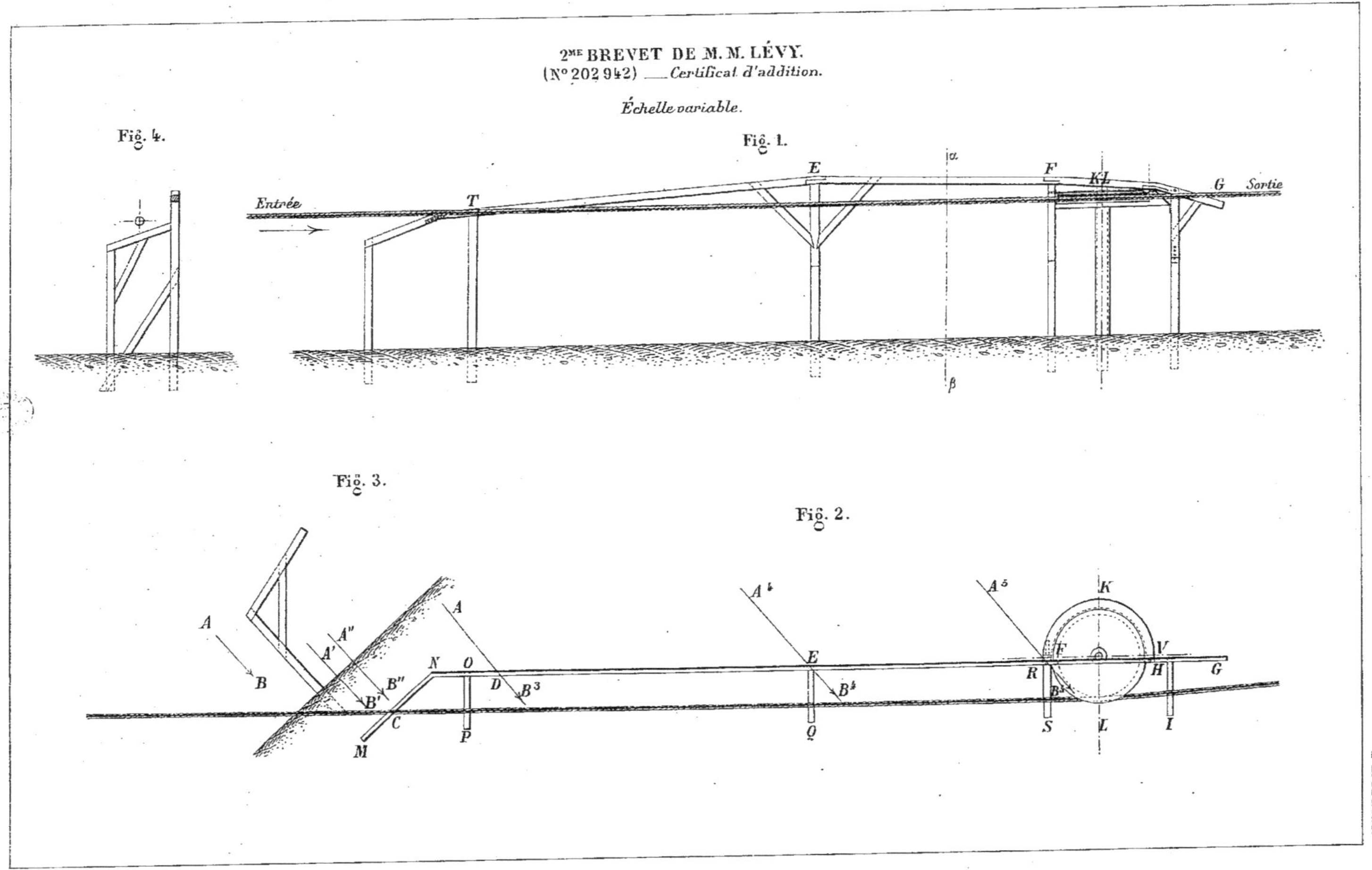
2ME BREVET DE M. M. LÉVY.
(N° 202 942) — Certificat d'addition.
Échelle variable.
Fig. 4.
Fig. 1.
Entrée
Sortie
Fig. 3.
Fig. 2.

POULIES DE SUPPORT.

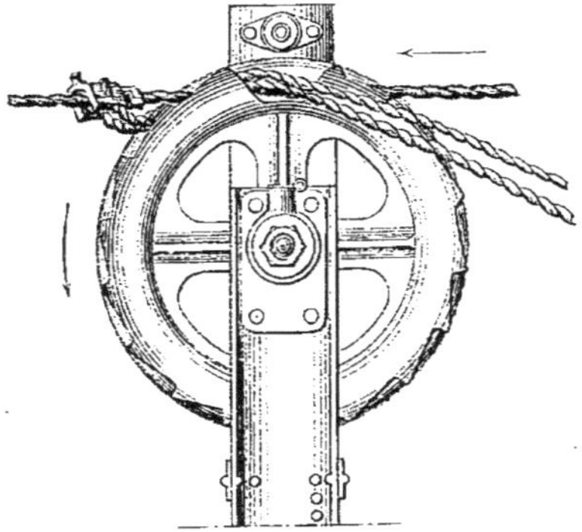

Fig. 1._ L'amarre prenant un cran.

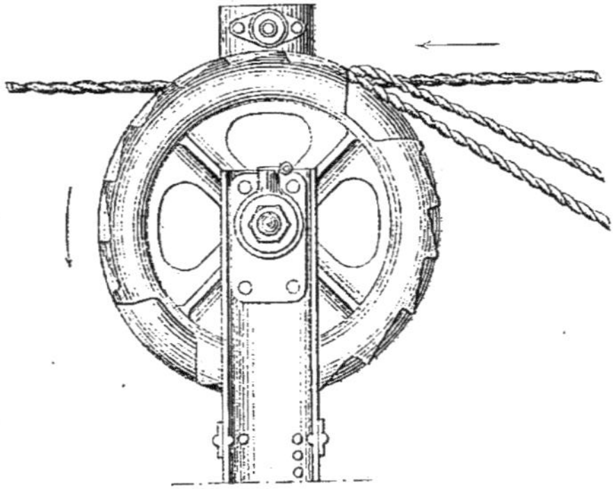

Fig. 2._ Cran au sommet.

Fig. 3._ L'amarre quitte le cran.

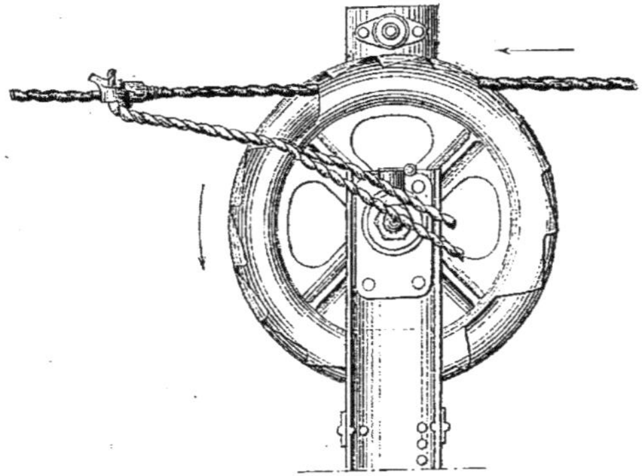

Fig. 4._ Plan. Obliquité de l'amarre.

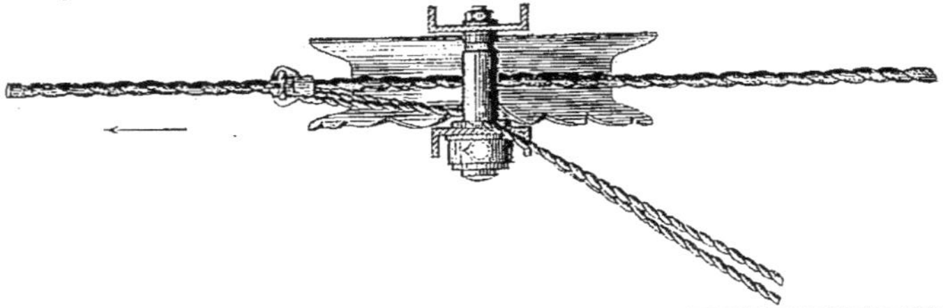

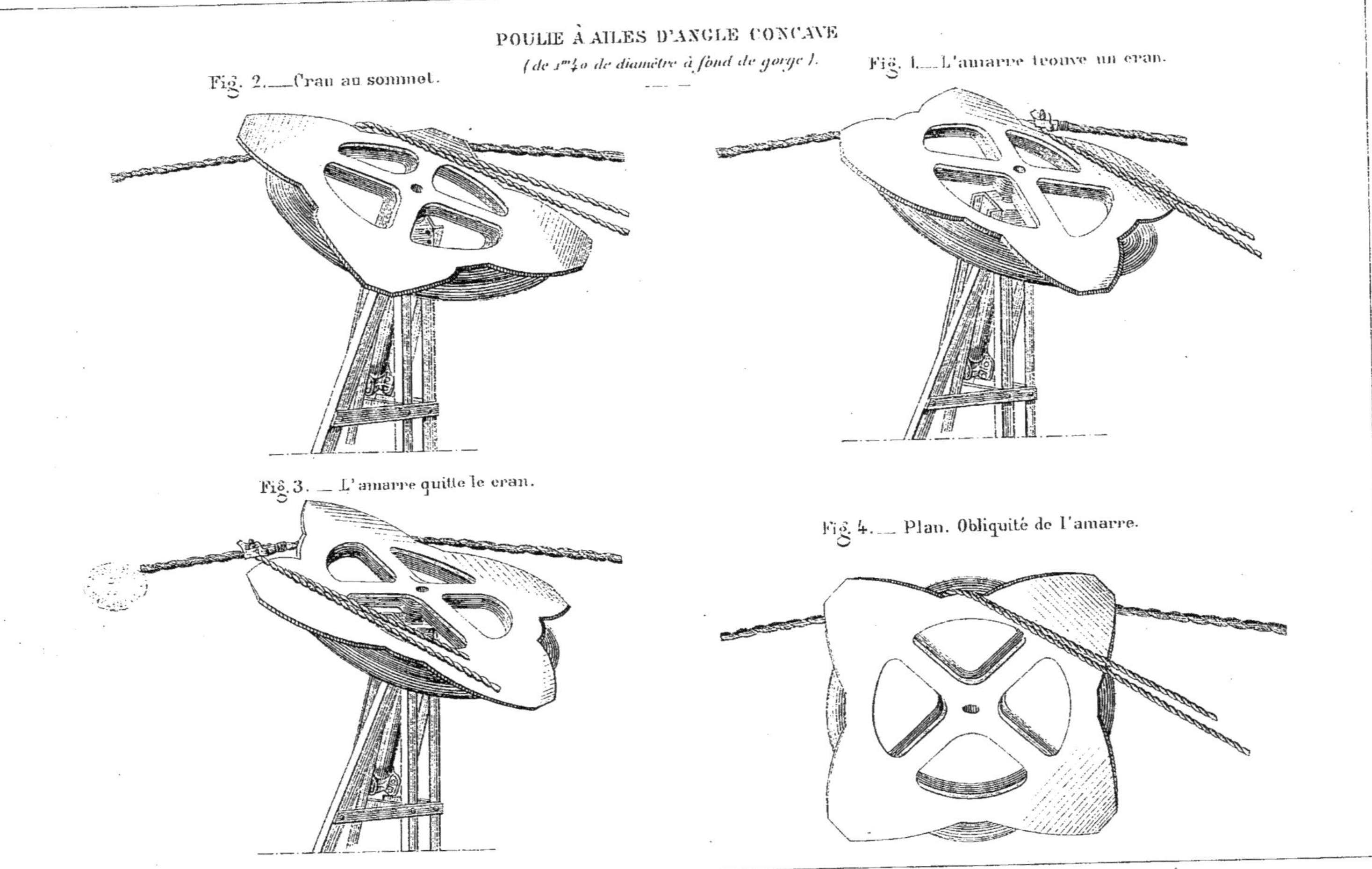
POULIE À AILES D'ANGLE CONCAVE
(de 1m40 de diamètre à fond de gorge).
Fig. 1. — L'amarre trouve un cran.
Fig. 2. — Cran au sommet.
Fig. 3. — L'amarre quitte le cran.
Fig. 4. — Plan. Obliquité de l'amarre.

POULIES À AILES D'ANGLE CONCAVE DE 2^{m} DE DIAMÈTRE À FOND DE GORGE.

POULIES À AILES D'ANGLE CONCAVE.

(Disposition applicable au cas où les 2 brins du câble font un angle très obtus).

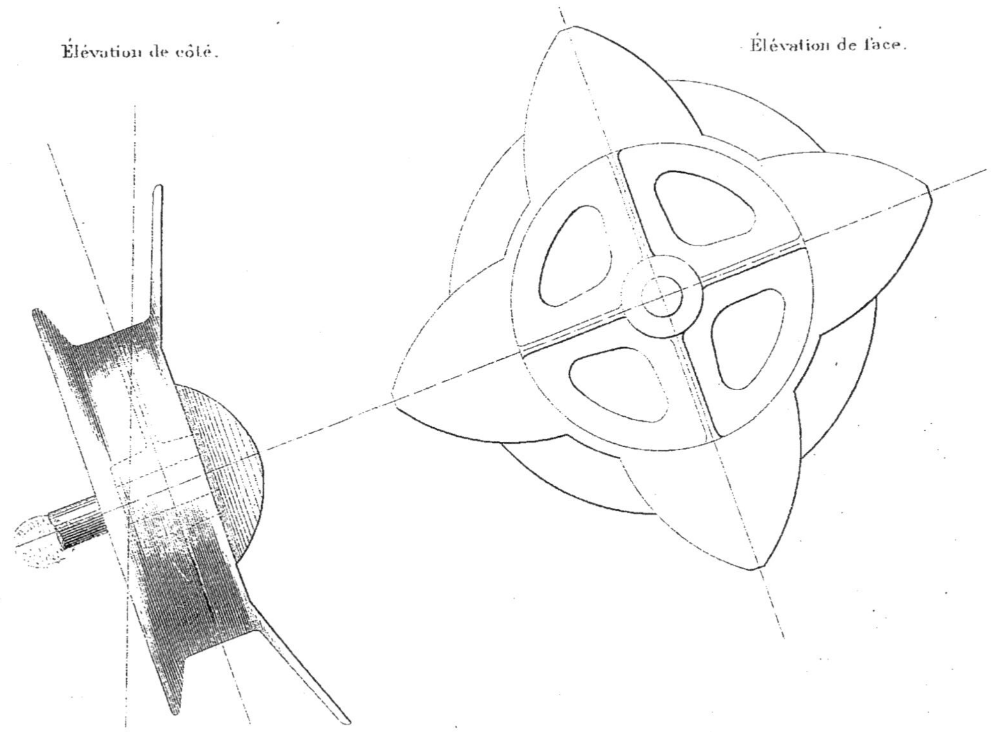

Élévation de côté.

Élévation de face.

POULIES DOUBLES

RÉALISANT À LA FOIS UN CHANGEMENT D'ALTITUDE ET DE DIRECTION.

www.ingramcontent.com/pod-product-compliance
Ingram Content Group UK Ltd.
Pitfield, Milton Keynes, MK11 3LW, UK
UKHW020304230726
13925UKWH00001B/206

9 782013 361521